导电
纳米复合材料

韩 璐 李路海 危 岩 编著

Conductive
Nanocomposite

科学技术文献出版社
SCIENTIFIC AND TECHNICAL DOCUMENTATION PRESS

·北京·

图书在版编目（CIP）数据

导电纳米复合材料 / 韩璐，李路海，危岩编著. —北京：科学技术文献出版社，2020. 11
（2022.9重印）
ISBN 978-7-5189-7350-7

Ⅰ.①导…　Ⅱ.①韩…　②李…　③危…　Ⅲ.①导电材料—纳米材料—复合材料
Ⅳ.①TM24　②TB383

中国版本图书馆 CIP 数据核字（2020）第 223115 号

导电纳米复合材料

策划编辑：郝迎聪　　　责任编辑：王　培　　　责任校对：张永霞　　　责任出版：张志平

出　版　者	科学技术文献出版社	
地　　　址	北京市复兴路15号　邮编100038	
编　务　部	（010）58882938，58882087（传真）	
发　行　部	（010）58882868，58882870（传真）	
邮　购　部	（010）58882873	
官方网址	www.stdp.com.cn	
发　行　者	科学技术文献出版社发行　全国各地新华书店经销	
印　刷　者	北京虎彩文化传播有限公司	
版　　　次	2020 年 11 月第 1 版　2022 年 9 月第 3 次印刷	
开　　　本	787×1092　1/16	
字　　　数	296千	
印　　　张	13　彩插4面	
书　　　号	ISBN 978-7-5189-7350-7	
定　　　价	68.00元	

作者简介

韩璐

博士，副教授，任职于北京印刷学院。主要研究方向为纳米生物传感器在癌症早期诊断领域的应用研究，以及生物3D打印技术在组织工程领域的基础应用研究。作为第一作者发表SCI收录文章10余篇，其中5篇发表在 *ACS Nano*、*Biomaterial*、*Biosensor and Bioelectronics* 和 *Journal of Controlled Release* 等国际顶尖期刊上；申请专利4件，授权1件。曾承担中国博士后基金面上项目1项、国家自然科学基金青年项目1项，北京市教育委员会科技计划面上项目2项和北京印刷学院"北印英才"项目。现承担北京市教育委员会特色资源库专项和北京市教育委员会"实培"计划项目。

李路海

博士，教授。科技部中小企业创新专家库成员；全国印刷电子产业技术创新联盟副秘书长；中国感光学会学术带头人，数字印刷标委会、印刷机械标委会、半导体标委会委员，全国新闻出版行业领军人才。现任职于北京印刷学院，从事电子墨水和电子纸及导电油墨等功能印刷包装材料研究，负责北京市印刷电子工程技术研究中心建设。获省部级三等奖以上奖励4次，市级研究成果奖励3次，省级新产品鉴定4个；雅昌教育特别奖1项，北京市职工创新技术奖一等奖1项。发表SCI收录期刊文章24篇，EI收录期刊文章40余篇。中国发明专利授权20件。主编出版了《印刷油墨着色剂》《印刷包装功能材料》《涂布复合技术》《印刷电子的前世今生》等著作。

危岩

国际著名材料化学家，博士，教授。曾获国家杰出青年基金（1998年）、中科院杰出海外学者基金（2003年）和教育部长江学者讲座教授（2005年）称号。作为国家最高层次引进人才，于2009年年底全职加盟清华大学，研究方向为纳米高分子材料及生物医学、能源、水处理、智能器件和3D打印技术。已发表论文1135篇（被引45 000余次，H指数105）。2011年，成为科技部973纳米仿生能源专项首席科学家。2018年，被聘为国家自然科学基金"分子聚集发光"基础科学中心的骨干科学家。2014—2019年，每年被列为全球最高被引用的科学家之一。

序　言

从功能特性的角度来看，复合材料可分为电、磁、声、光、热、摩擦、阻尼、防弹和辐射等功能复合材料。其中，导电复合材料包括聚合物基导电复合材料、压电复合材料、陶瓷基导电复合材料、水泥基导电复合材料、金属基导电复合材料、超导复合材料和导电纳米复合材料。近年来，随着纳米材料与纳米技术的飞跃式发展，不断涌现出新型的导电纳米材料，如迈克烯（MXene）、二硫化钼（MoS_2）和黑磷（BP）等。然而，单一的导电纳米材料很难满足实际应用的需求。因此，通过将两种或两种以上纳米材料进行复合，利用各组分之间的协同效应，避免各成分的缺陷，实现取长补短的效果。为了充分展示国内外导电纳米复合材料的最新成果，笔者基于 10 多年的科研基础和教学经验编写了本书。

与复合材料相同，导电纳米复合材料通常由两种材料组成，一种是基体材料，其特点是连续相；另一种是功能体材料，其特点是分散相。本书根据基体材料的不同进行分章撰写，第二章以聚合物为基体，第三章以碳材料为基体，第四章以二维纳米材料为基体。需要特别指出的是第五章，该章节是介绍聚合物基介电复合材料。我们知道，导电纳米复合材料应用于电子器件构建时，通常也会用到介电材料，故在本书中一并撰写了介电复合材料。在本书撰写过程中，所采用的撰写体例是：先介绍单一材料的结构、性质和制备方法，其中在说明材料的性质时，尤其关注材料的导电性；接下来介绍以该材料为基体的复合材料，通过查阅大量资料，重点撰写多种复合材料的制备方法及应用领域。本书具有以下特点：

①涉及面较广。无论是单一材料种类、性质和制备方法，还是复合材料种类，制备方法和应用领域均非常全面。

②引用文献较多。几乎每一部分内容都引用 1～3 篇相应的参考文献，可以给读者以启发和引导。

③编写体例简单，可作为工具书，以供读者参考。

本书适用于从事导电纳米复合材料、电子器件研究的专业科研人员，也可作为材料科学与工程专业研究生的参考书，其基本理论和知识也完全适用于材料相关专业的本科生，帮助他们开阔视野，此外对导电纳米材料感兴趣的读者亦可从中得到诸多启发。

在编著过程中，参考了一些中文期刊和硕博论文资料，同时引用了大量的参考文献，在此一并致谢中国知网数据库，以及 Nature、Science、ACS、RSC、Elsevier 和 Willey 等英文数据库。此外，本书得到了北京印刷学院各级领导、科学技术文献出版社相关人员的大力支持，得到了南昌大学张小勇教授的指导，以及北京印刷学院胡堃老师等多位同事的帮助，谨此对他们表示诚挚的谢意。本书的出版，受到国家自然科学基金、北京市教委"绿色印刷与出版技术协同创新中心"项目的经费资助，在此表示感谢。最后，还要感谢我的家人对我工作的支持，没有他们，就没有本书的顺利完稿。

纳米材料和纳米技术涉及面广，限于笔者研究水平和认知程度，对于不同概念的理解，特别是文献标注方面，必然存在不详、不妥之处，期待专家、读者批评指正，以便今后逐步完善。

笔者

2020 年 10 月

目　录

第一章　概　论 ·· 001

1.1　导电材料 ··· 001

1.1.1　导电材料的定义 ·· 001

1.1.2　导电材料的分类 ·· 001

1.2　复合材料与导电复合材料 ··· 003

1.2.1　复合材料的定义 ·· 003

1.2.2　复合材料的命名 ·· 003

1.2.3　复合材料的分类 ·· 004

1.2.4　导电复合材料 ·· 004

1.3　纳米复合材料 ··· 005

1.4　导电纳米复合材料 ·· 006

第二章　聚合物基导电纳米复合材料 ··· 009

2.1　结构型导电高分子基复合材料 ·· 009

2.1.1　共轭体系高分子的结构 ·· 010

2.1.2　共轭体系高分子的导电机制 ·· 014

2.1.3　共轭体系高分子的制备方法 ·· 016

2.1.4　结构型导电高分子基复合材料的制备及应用 ··· 020

2.2　复合型导电高分子材料 ··· 023

2.2.1　导电功能填料 ·· 023

2.2.2　复合型导电高分子材料的导电机制及影响因素 ·· 029

2.2.3　复合型导电高分子材料的制备方法 ·· 033

2.2.4 复合型导电高分子材料的应用 ·· 036

2.3 纤维素基导电复合材料 ··· 040

2.3.1 纤维素 ··· 040

2.3.2 纤维素基导电复合材料 ··· 041

2.3.3 纤维素基导电复合材料的应用 ·· 042

参考文献 ··· 044

第三章 碳基导电纳米复合材料 ··· 048

3.1 石墨烯基导电纳米复合材料 ··· 049

3.1.1 石墨烯的结构 ··· 049

3.1.2 石墨烯的性能 ··· 049

3.1.3 石墨烯的制备 ··· 050

3.1.4 石墨烯基导电纳米复合材料的制备 ·· 053

3.1.5 石墨烯基导电纳米复合材料的应用 ·· 058

3.2 碳纳米管基导电复合材料 ··· 061

3.2.1 碳纳米管的结构 ··· 061

3.2.2 碳纳米管的性能 ··· 062

3.2.3 碳纳米管的制备 ··· 063

3.2.4 碳纳米管基导电复合材料的制备 ··· 064

3.2.5 碳纳米管基导电复合材料的应用 ··· 071

3.3 活性炭基导电复合材料 ··· 073

3.3.1 活性炭结构及性质 ··· 073

3.3.2 活性炭的制备 ··· 074

3.3.3 活性炭基导电复合材料的制备 ··· 076

3.3.4 活性炭基导电复合材料的应用 ··· 077

3.4 有序介孔碳基导电复合材料 ··· 080

3.4.1 有序介孔碳的结构及性能 ··· 080

3.4.2 有序介孔碳的制备方法 ··· 081

3.4.3 有序介孔碳基导电复合材料的制备 ·· 084

3.4.4 有序介孔碳基导电复合材料的应用 ·· 087

3.5 富勒烯基导电复合材料 ··· 089

3.5.1 富勒烯的结构 …………………………………………………………… 089

3.5.2 富勒烯的性质 …………………………………………………………… 090

3.5.3 富勒烯的制备方法 ……………………………………………………… 090

3.5.4 富勒烯基导电纳米复合材料 …………………………………………… 091

3.5.5 富勒烯基导电纳米复合材料的应用 …………………………………… 093

3.6 碳纤维基导电复合材料 ……………………………………………………… 094

3.6.1 碳纤维的结构 …………………………………………………………… 094

3.6.2 碳纤维的性能 …………………………………………………………… 095

3.6.3 碳纤维（PAN 基）的制备工艺 ………………………………………… 095

3.6.4 碳纤维基复合材料 ……………………………………………………… 097

3.6.5 碳纤维基导电复合材料的应用 ………………………………………… 098

3.7 碳包覆复合材料 ……………………………………………………………… 099

参考文献 ……………………………………………………………………… 100

第四章 新型二维纳米材料基导电复合材料 …………………………………… 108

4.1 过渡金属硫化物基导电复合材料 …………………………………………… 109

4.1.1 过渡金属硫化物的结构 ………………………………………………… 109

4.1.2 过渡金属硫化物的性质 ………………………………………………… 110

4.1.3 过渡金属硫化物的制备方法 …………………………………………… 111

4.1.4 过渡金属硫化物基导电复合材料的制备方法 ………………………… 113

4.1.5 过渡金属硫化物基导电复合材料的应用 ……………………………… 116

4.2 过渡金属碳 / 氮化物基导电复合材料 ……………………………………… 121

4.2.1 过渡金属碳 / 氮化物的结构 …………………………………………… 121

4.2.2 过渡金属碳 / 氮化物的性质 …………………………………………… 122

4.2.3 过渡金属碳 / 氮化物的制备方法 ……………………………………… 123

4.2.4 过渡金属碳 / 氮化物基导电复合材料的制备方法 …………………… 127

4.2.5 过渡金属碳 / 氮化物基导电复合材料的应用 ………………………… 128

4.3 金属—有机框架材料基导电复合材料 ……………………………………… 131

4.3.1 金属—有机框架材料的结构及特点 …………………………………… 131

4.3.2 金属—有机框架材料的分类 …………………………………………… 132

4.3.3 金属—有机框架材料的性质 …………………………………………… 134

4.3.4　金属—有机框架材料的制备方法 ···································· 137

4.3.5　金属—有机框架材料基导电复合材料的制备方法 ················· 140

4.3.6　金属—有机框架材料基导电复合材料的应用 ····················· 143

4.4　石墨相氮化碳基导电复合材料 ·· 144

4.4.1　石墨相氮化碳（g-C₃N₄）的结构 ··································· 145

4.4.2　石墨相氮化碳（g-C₃N₄）的性质 ··································· 145

4.4.3　石墨相氮化碳（g-C₃N₄）的制备方法 ······························ 146

4.4.4　g-C₃N₄基导电复合材料 ··· 148

4.4.5　g-C₃N₄基导电复合材料的应用 ······································ 151

4.5　层状双金属氢氧化物（Layered Double Hydroxide，LDHs）基复合材料 ··· 153

4.5.1　LDHs 的结构 ·· 153

4.5.2　LDHs 的性质 ·· 154

4.5.3　LDHs 基复合材料的制备方法 ······································ 155

4.5.4　LDHs 基复合材料的应用 ·· 156

4.6　黑磷（Black Phosphorus，BP）基复合材料 ··························· 158

4.6.1　BP 的结构 ··· 158

4.6.2　BP 的性质 ··· 159

4.6.3　BP 基复合材料的制备方法 ··· 160

4.6.4　BP 基复合材料的应用 ··· 161

参考文献 ·· 163

第五章　聚合物基介电复合材料 ·· 169

5.1　介电材料的极化理论 ·· 169

5.2　介电材料的性能参数 ·· 171

5.3　常用介电材料 ··· 172

5.3.1　陶瓷介电材料 ·· 173

5.3.2　聚合物介电材料 ·· 174

5.3.3　聚合物基介电复合材料 ·· 176

5.4　聚合物基介电复合材料的理论模型 ······································ 176

5.4.1　界面结构模型 ·· 176

5.4.2　介电常数计算模型 ·· 177

5.5 影响聚合物基复合材料介电性能的因素 ………………………………… 179

  5.5.1 填料粒子的尺寸 ………………………………………………… 179

  5.5.2 填料粒子的形貌 ………………………………………………… 181

  5.5.3 填料粒子的表面改性 …………………………………………… 182

5.6 聚合物基介电复合材料 ……………………………………………………… 183

  5.6.1 陶瓷填料 ………………………………………………………… 184

  5.6.2 导电填料 ………………………………………………………… 187

  5.6.3 聚合物基多层膜结构设计 ……………………………………… 190

5.7 聚合物基介电复合材料的制备方法 ………………………………………… 190

  5.7.1 固相加工法 ……………………………………………………… 191

  5.7.2 液相加工法 ……………………………………………………… 192

5.8 聚合物基介电复合材料的应用 ……………………………………………… 193

  5.8.1 有机场效应晶体管 ……………………………………………… 194

  5.8.2 嵌入式电容器 …………………………………………………… 194

  5.8.3 储能元件 ………………………………………………………… 195

  5.8.4 可穿戴设备 ……………………………………………………… 196

参考文献 …………………………………………………………………………… 196

第一章 概 论

1.1 导电材料

1.1.1 导电材料的定义

导电材料是指具有导电特性的物质，包括电阻材料、电热与电光材料、导电与超导材料、半导体材料、介电材料、离子导体和导电高分子材料等。通常，人们只是简单地根据固体在室温下所具有的不同电导率或电阻率，把导电功能材料分为导体、半导体和绝缘体。其中，导体具有良好的导电性能，其电导率 $\sigma = 10^2 \sim 10^8 \, \mathrm{S \cdot m^{-1}}$；绝缘体的导电性能极差，其电导率 $\sigma < 10^{-10} \mathrm{S \cdot m^{-1}}$；而半导体的导电性介于上述两者之间，其电导率 $\sigma = 10^{-10} \sim 10^2 \, \mathrm{S \cdot m^{-1}}$。

1.1.2 导电材料的分类

如果按材料的综合性质、功能与作用分类，则导电材料可分为无机导电材料和高分子导电材料。其中，无机导电材料又分为金属纳米材料、金属氧化导电材料、金属离子系导电材料和碳系导电材料，高分子导电材料分为结构型导电高分子材料和复合型导电高分子材料。

（1）无机导电材料

①金属纳米材料：金属材料是一类具有光泽、延展性、易导电、易传热等性质的材料。一般分为黑色金属和有色金属两种。黑色金属包括铁、铬、锰及其合金；有色金属是指除铁、铬、锰以外的所有金属及其合金。其中，导电、导热性最好的金属材料是银。

金属纳米材料是纳米材料的一个重要分支，包括零维、一维及二维的金属纳米材料。零维金属纳米材料如纳米粉体、原子团簇等，一维金属纳米材料如纳米线、纳米棒、纳米管等，二维金属纳米材料如超薄膜、多层膜及超晶格等。

金属纳米材料将金属的物理化学性质与纳米材料的特殊性能有机地结合起来，因而具有更多独特的性质。当金属纳米微粒的粒径小于或等于光波波长、德布罗意波长、超导态相干长度等时，其性能将发生新的变化，表现在电阻随尺寸下降而增大，对光的反射率随尺寸下降而降低，熔点随尺寸下降而降低，硬度比相应的块状金属高 3 ~ 5 倍。金属纳米材料具有表面效应，随着颗粒尺寸的减小，其比表面积增大，键态严重失配，金属纳米材料的活性大大提高。此外，金属纳米材料具有久保效应，即小于 10 nm 的纳米微粒强烈地趋于电中性。金属纳米材料所具有的这些特殊性能，奠定了其在电子、能源、化学催化和生物等领域的重要地位。

②金属氧化导电材料：金属氧化物被认为是目前最有前途的功能材料之一，是由金属阳离子和氧阴离子组成的离子化合物。金属阳离子和氧阴离子之间静电引力的相互作用形成了牢固的固体离子键。由于离子键不具有方向性和饱和性，有利于正负离子的空间堆积而无限延展形成不同的晶体结构，从而表现出独特的物理性质，可以涵盖从绝缘体到超导体及磁性材料性能的不同方面。在化学结构上，通常金属氧化物的 s 轨道被完全填满，所以大多数金属氧化物具有良好的热稳定性和化学稳定性。另外，部分金属氧化物的 d 轨道没有被完全填充，因此它们具有各种独特的性能，如宽的能带间隙、高的介电常数、活跃的电子转移能力及优异的导电性、光学性能、电致变色性能、气敏性能、快速响应等性能，使金属氧化物可应用于光、电、磁、传感等不同领域，包括介电电容器、铁电存储器、压电传感、光发射、光电检测、光催化剂、气体传感器、场效应晶体管、燃料电池、磁性元件和太阳能电池等。到目前为止，金属氧化物已经成为一类非常重要的半导体材料，因其丰富可变的性能可满足不同的应用需求，使其具备更加广泛的应用前景。

③金属离子系导电材料：金属离子系导电材料中，应用最广泛的是锂离子、铁离子、钠离子等。离子系导电材料的优点是稳定性好、成本价格低、导电性好、颜色较浅，缺点是对环境污染严重、资源浪费且在使用过程中存在一定的安全隐患。随着智能手机、数码相机、能源汽车等高科技产品的快速发展，国内外学者对锂离子导电材料的研究备受关注。

④碳系导电材料：碳系导电材料包括石墨、炭黑、碳纤维、金刚石、富勒烯、碳纳米管和石墨烯等，具有导电性好、着色力强、化学稳定性高、密度小、价格低廉等特点，以其制备的导电油墨、导电胶等广泛应用于电子、化工等领域。碳系导电材料存在的不足主要是分散稳定性差、颜色深，因此实际应用中受到一定的限制。

（2）高分子导电材料

高分子导电材料按其结构和组成的不同，可分为结构型导电高分子材料和复合型导电高分子材料两大类。

①结构型导电高分子材料：结构型导电高分子，又称本征型导电高分子，是指分子结构本身能导电或经掺杂处理之后具有导电功能的共轭聚合物，如聚乙炔、聚苯胺、聚吡咯、聚噻吩、聚呋喃等。虽然这类材料的研究已经取得了重大进展，但由于其本身刚度大、难熔难溶，多数掺杂剂毒性大、腐蚀性强，且其导电稳定性、重复性差，电导率分布范围较窄，成本较高，因此其实用价值有限。

②复合型导电高分子材料：复合型导电高分子材料是指导电填料添加到高分子基体中，

通过分散复合、层积复合、表面复合或梯度复合等方式处理，得到具有导电功能的多相复合体系，该体系以聚合物基体为连续相、导电填料为分散相。这类材料既具有导电填料的导电性及电磁屏蔽性，又具有高分子基体的热塑性及成型性，因而具有加工性好、工艺简单、耐腐蚀、价格低等优点，现已被广泛应用于电子工业、信息产业及其他各种工程应用中。

1.2 复合材料与导电复合材料

1.2.1 复合材料的定义

根据国际标准化组织（International Organization for Standardization，ISO）的定义，复合材料（Composite Materials）是由两种或两种以上物理和化学性质不同的物质组合而成的一种多相固体体系。复合材料的组分材料虽然保持相对独立性，但复合材料的性能却不是组分材料性能的简单加和，而是有着重要的改进。在复合材料中，通常有一相为连续相，称为基体（matrix）；另一相为分散相，称为增强体（reinforcement）。

复合材料是由多相材料复合而成，其共同特点是：

①可综合发挥各种组分材料的优点，使一种材料具有多种性能，具有天然材料所没有的性能。

②可根据对材料性能的需要，对复合材料进行设计和制备。

③复合材料中的增强体材料，可为一维、二维、三维或多维状态。

复合材料性能的可设计性是复合材料的最大特点。影响复合材料性能的因素有很多，主要包括增强体材料的性能、含量及分布状况，基体材料的性能、含量，以及它们表面的物理、化学状态。复合材料的性能还取决于复合材料的制造工艺条件、复合方法和使用环境条件等。复合材料既能保留原组分材料的主要特性，并通过复合效应获得组分材料所不具备的性能，还可以通过材料设计使各组分的性能相互补充并彼此关联，从而获得新的性能。

1.2.2 复合材料的命名

目前，复合材料还没有统一的命名方法，比较认同的观点是根据基体和增强体的名称来命名，通常有以下 3 种情况。

①强调基体时，以基体材料的名称为主。如聚合物基复合材料、碳基复合材料等。

②强调增强体时，以增强体材料的名称为主。如玻璃纤维增强复合材料，碳纤维增强复合材料、陶瓷颗粒增强复合材料等。

③基体材料名称与增强体材料并用。这种命名方法常用来表示某一种具体的复合材料，习惯上把增强体材料的名称放在前面，基体材料的名称放在后面，再加上"复合材料"。例如，碳纤维和金属基体构成的复合材料称为"玻璃纤维金属复合材料"。为书写方便，也可

只写增强体材料和基体材料的缩写名称，中间加一斜线隔开，后面再加"复合材料"。如玻璃纤维和环氧树脂构成的复合材料，可写作"玻璃/环氧复合材料"。

1.2.3　复合材料的分类

（1）按基体材料分类

①聚合物基复合材料：以有机聚合物为基体的复合材料，如热固性树脂基、热塑性树脂基及橡胶基等。

②金属基复合材料：以金属为基体的复合材料，如轻金属基、高熔点金属基、金属间化合物基等。

③无机非金属基复合材料：以陶瓷材料为基体的复合材料，如玻璃、水泥基等。

（2）按增强体材料形态分类

①纤维增强复合材料：连续纤维复合材料（长纤维）与非连续纤维复合材料（短纤维、晶须）分散于基体材料中而制成的复合材料。

②颗粒增强复合材料：微小颗粒状填料分散于基体中而制成的复合材料。

③片状增强复合材料：人工晶片与天然片状填料分散于基体中的复合材料。

（3）按材料作用分类

① 结构复合材料：以承受力为主要用途的复合材料，力学性能如强度、硬度、塑性和韧性等是其主要性能指标。结构复合材料由增强体和基体复合而成，前者是复合材料中承受载荷的主要组元，后者则使增强体彼此黏接形成整体，并起到传递应力和增韧的作用。结构复合材料可分为树脂基复合材料、金属基复合材料、陶瓷基复合材料、碳/碳基复合材料和水泥基复合材料。

② 功能复合材料：指除力学性能外提供其他物理性能的复合材料，如导电、压电、阻尼、摩擦、屏蔽、阻燃、隔热等。功能复合材料中的基体不仅起到构成整体的作用，而且能够产生协同或加强功能的作用；增强体又可成为功能体组元，它分布于基体组元中。功能复合材料可分为压电复合材料、导电复合材料、磁性复合材料、摩擦功能复合材料和阻尼功能复合材料等。

1.2.4　导电复合材料

目前，导电复合材料主要是指复合型导电高分子材料，它是由聚合物与各种导电物质通过一定的复合方式而构成，包括导电塑料、导电橡胶、导电涂料、导电纤维和导电胶粘剂等。最常用的成型加工方法有表面导电膜形成法、导电填料分散复合法、导电材料层积复合法等。

表面导电膜形成法，可以用导电涂料蒸镀金属或金属氧化物膜（包括真空蒸镀、溅射、离子镀等），也可以采用金属热喷涂、湿法镀层（化学镀、电解电镀）等形成表面导电膜。例如，聚酯薄膜上蒸镀金、铂或氧化铟等制成透明的导电性薄膜。用电镀法可以在聚四氟乙烯表面镀上各种金属，从而得到表面导电性良好的材料，可用来制作电容器，也可用于需要降低表面电阻、消除静电的场合。

导电填料分散复合法是目前生产导电高分子材料的主要方法，可用于制造各类导电高分子材料。导电填料过去常用炭黑（如乙炔黑、石油炉黑、热裂法炭黑等），现在多采用碳纤维、石墨纤维、金属粉、金属纤维及碎片、镀金属的玻璃纤维及其他各种新型导电填料。

导电材料层积复合法是将碳纤维毡、金属丝、片、带等导电层与塑料基体层叠压在一起制成的导电塑料。采用的金属丝、片、带主要有钢、铝、铜和不锈钢。

1.3 纳米复合材料

纳米复合材料（nanocomposite）是 20 世纪 80 年代中期 Roy 提出的，指的是分散相尺度至少有一维小于 100 nm 的复合材料。由于纳米粒子具有大的比表面积，表面原子数、表面能和表面张力随粒径下降急剧上升，使其与基体有强烈的界面相互作用，其性能显著优于相同组分常规复合材料的物理机械性能，纳米粒子还可赋予复合材料热、磁、光特性和尺寸稳定性。

纳米复合材料与常规的无机填料 / 聚合物复合体系不同，不是有机相与无机相简单的混合，而是两相在纳米尺寸范围内复合而成。由于分散相与连续相之间界面积非常大，界面间具有很强的相互作用，产生理想的黏结性能，使界面模糊。当物质的粒子尺寸进入纳米数量级时，就会具有许多普通材料没有的特殊物理、化学性质，如表面效应、小尺寸效应、量子尺寸效应、宏观量子隧道效应、介电限域效应和库仑堵塞与量子遂穿等。

①表面效应：纳米复合材料的表面效应是指复合纳米粒子的表面原子数与总原子数之比随着粒径的变小而增大，引发性质上的改变。当粒子直径接近原子直径时，表面原子占总原子的分数增加，表面效应的作用表现得十分明显，纳米复合粒子的表面能、表面积及化学活性等都变大。纳米复合材料的表面效应主要表现为化学活性高、熔点较低、表热大。

②小尺寸效应：当复合纳米微粒尺寸与光波的波长、传导电子的德布罗意波长及超导态的相干长度或穿透深度等物理特征尺寸相当时，晶体周期性的边界条件将被破坏，光、热、力、声、化学活性等与传统粒子相比发生了很大变化，被称为复合纳米粒子的小尺寸效应。复合纳米颗粒尺寸减小，比表面积增大，催化性、化学活性、熔点、磁性、热阻、光学性能和电学性能等与传统晶粒相比均有很大的改变，使纳米复合材料具有一些独特的、多样化的性质。这种效应为纳米复合材料的应用开拓新的领域。

③量子尺寸效应：金属大块材料的能带可以看成是连续的，而介于大块材料和原子之间的纳米材料的能带将分裂成分立的能级，这被称为能级量子化。能级间的间距伴随着颗粒尺寸的减小而变大。当能级间距大于热能、静电能、磁能、光子能量、静磁能或超导态的凝聚能的平均能级间距，会出现一些与大块材料不同的特性，即量子尺寸效应。量子尺寸效应导致纳米复合颗粒的光、电、磁、热及超导电性等特征与普通的大块材料明显不同。

④宏观量子隧道效应：微观粒子具有穿越势垒的能力即隧道效应。近年来，人们发现

了一些宏观的物理量，如电荷、微小颗粒的磁化强度、量子相干器件中磁通量等也具有隧道效应，它们可以穿越宏观系统的势垒而发生改变。宏观量子隧道效应的研究对纳米复合材料的研究和应用具有非常重要的意义。

⑤介电限域效应：纳米复合颗粒分散于异质介质中，由于界面引起体系介电增强的现象，这种局部区域的增强称为纳米复合材料的介电限域。

⑥库仑阻塞效应：当体系的尺度进入纳米级时，体系的电荷是量子化的，即充电和放电过程是不连续的。库仑阻塞能是前一个电子对后一个电子的库仑排斥能。这就导致了对一个小体系的充放电过程，电子不能集体传输，而是一个一个单电子的传输。通常把这种单电子输运行为称为库仑阻塞效应。

纳米复合材料的构成形式，概括起来有以下几种类型：0-0 型、0-1 型、0-2 型、0-3 型、1-3 型、2-3 型等。①0-0 型复合，即不同成分、不同相或不同种类的纳米微粒复合而成的纳米固体或液体，通常采用原位压块、原位聚合、相转变、组合等方法实现；在一维方向排列称纳米丝，在二维方向排列称纳米薄膜，在三维方向排列称纳米块体材料。其中，聚合物基纳米复合材料的 0-0 型复合主要体现在纳米微粒填充聚合物原位形成的纳米复合材料。②0-1 型复合，即把纳米微粒分散到一维的纳米线或纳米棒中所形成的复合材料。③0-2 型复合，即把纳米微粒分散到二维的纳米薄膜中，得到纳米复合薄膜材料。它又可分为均匀弥散和非均匀弥散两类。有时候也把不同材质构成的多层膜称为纳米复合薄膜材料。④0-3 型复合，即纳米颗粒分散在常规固体粉体中，这是聚合物基无机纳米复合材料合成的主要方法之一；从加工工艺的角度讲，纳米复合材料的合成主要采用的是 0-3 型复合形式。⑤1-3 型复合，主要是碳纳米管、纳米晶须与常规聚合物粉体的复合，对聚合物有明显的增强作用。⑥2-3 型复合，指无机纳米片体与聚合物粉体或聚合物前驱体的复合，主要体现在插层纳米复合材料的合成。从目前纳米复合材料的发展状况看，2-3 型纳米复合材料是发展非常强劲的一种复合形式。

1.4　导电纳米复合材料

根据以上对纳米复合材料的定义，导电纳米复合材料可定义为：分散相的大小为纳米级（1 ~ 100 nm）的超微细分散体系与基体材料复合所得的一类材料，其中分散相颗粒或基体材料具有导电性，抑或二者均具有导电性。在 21 世纪，导电纳米复合材料将迅速发展成为最先进的功能复合材料之一。导电纳米复合材料可分为两大类：①将导电填料加入到基体中构成的复合材料。基体可为非导电高分子材料如纤维素等，导电填料可为碳、金属和金属氧化物纳米颗粒等。②基体本身具有导电功能的复合材料。基体可为导电高分子、碳系纳米材料、新型二维纳米颗粒等。根据基体材料的不同，分为以下几种导电复合材料。

（1）聚合物基导电纳米复合材料

在研究导电聚合物的微 / 纳米结构的同时，更多的科研学者将目光聚集到了导电聚合物纳米复合材料的制备及性质研究上。他们将导电聚合物与其他物质在纳米尺度下进行复合，试图通过对复合方式、复合比例及各组分的微/纳米尺度的调控，控制得到纳米复合材料的性能。而研究结果表明，这种纳米尺度的复合，一方面，可以通过组分间的协同效应使导电聚合物复合材料的原有性能大幅提高；另一方面，通过引入新的组分可以赋予导电聚合物新的功能。

聚合物基导电复合材料是以聚合物为基体材料。此类复合材料包括两类，一是以导电高分子材料为基体，通过复合金属、金属氧化物、碳材料等，得到电导率较高的导电复合材料；二是以非导电高分子材料为基体，添加导电填料，通过各种复合方式得到的具有导电功能的多相复合体系。这类材料不仅具有导电填料的导电性，又具有高分子基体的热塑性和成型性。

（2）碳基导电纳米复合材料

不同于其他元素，碳元素是自然界中唯一一种同时具有 4 种维度同素异形体的元素。碳元素独特的原子轨道结构赋予了其丰富多样的形态和性质，常见的微纳米尺度的碳材料有碳量子点（CQDs）、富勒烯（C_{60}）、碳纳米管（CNTs）、碳纳米纤维（CNF）、石墨烯（GR）、石墨、金刚石及生物质碳（BPC）等。碳材料具有成本低、导电性好、稳定性高、微观结构和表面性质易调节等优点。此外，碳材料由于孔道结构丰富、可调，其可作为载体负载其他电化学活性组分，进一步提升碳材料自身的物化性能。

碳复合材料作为碳材料的衍生体，除了具备碳材料的化学活性、电学、力学等性能外，还结合了复合组分的性能，因而具有组成、结构、性能多样化的特点。所以，通过设计碳材料的微观纳米结构、表面化学性质及引入其他高电化学活性组分，得到性能优异的碳基复合材料，使之具有更广泛的应用前景。

（3）二维纳米材料基导电复合材料

二维纳米材料是指在水平面上具有无限拓展空间而在垂直方向上仅具有纳米级别厚度的材料。具有超强导电性、导热性、超高比表面积和优异机械性能的石墨烯的成功剥离引发了二维材料的研究热潮。过渡金属硫化物、金属氢氧化物/氧化物、片状钙钛矿、石墨相氮化碳、六方氮化硼等越来越多的二维材料受到广泛关注。二维材料的表面效应、小尺寸效应、量子效应、电子结构可调控等特点使其具有优异的电、光、磁、热、力学、机械和几何性能，在半导体器件、传感、电化学储能及光电催化等领域展现出广阔的应用前景。

二维导电复合材料是以二维纳米材料为基底，由两种或两种以上组分经过复合方法制备而成，各种组分在性能上互相取长补短，进一步拓宽了二维纳米材料的应用范围。

（4）聚合物基介电复合材料

高介电材料是电子电气行业的一种关键材料。电子产品小型化要求印刷电路板的面积大幅减小，但是电路板上的大量无源元件（如电容器）限制了电路板的进一步缩小。其中一种解决策略是把大量无源元件嵌入印刷电路板内部，制备立体电路板。这种新型电路板的设计与制备要求开发出新型稳定的高介电材料。电气设备的大型化可以提高运行效率，但也对材料的安全稳定性能提出更严的要求，特别是在电机、电缆一些电应力集中的地方。而开发新型的高性能高介电材料可以提高电应力控制，保证大型电气设备的稳定运行。另外，储能设备的高能化也对高介电材料提出了新的要求。这些储能设备往往是某些设备（如高能武器）的核心。由此可见，这些新技术的发展都离不开新的高介电材料。因此，高介电材料开发不仅是当前科学研究的热点，也是发展国民经济和保障国家安全的迫切需求。

聚合物基介电复合材料是以有机聚合物为基体，将具有高介电常数或易极化的微纳米尺寸的无机颗粒或其他有机物作为填料复合而成，综合了无机材料的高介电性能，同时还兼备聚合物的黏结性、韧性、易加工性，在信息、电子电气等行业具有广泛应用。该领域的研究与应用的关键是材料合成路线的设计与性能的有机结合，聚合物基体与表面修饰无机颗粒界面的良好作用，使其具有优良的介电特性。将聚合物基介电复合材料的填料颗粒分为铁电陶瓷、金属氧化物、碳纳米类、金属导电颗粒、全有机高分子等几种类型，并概述了各种类型的聚合物基介电复合材料的研究状况，着重分析了聚合物与无机颗粒界面的理论模型，阐述了该复合材料的制备方法和应用现状。

第二章 聚合物基导电纳米复合材料

1977年，美国加州圣·巴巴拉分校的 A. J. Heeger、宾夕法尼亚大学的 A. G. Mac Diarmid 和日本筑波大学的白川英树 H. Shirakawa 等合作，发现用 I_2 或 AsF_5 进行 P- 型掺杂反式聚乙炔（PA），可将电导率提高 12 个数量级，达到 10^3 S·cm^{-1} 以上，接近金属铋的电导率[1]。这一发现打破了聚合物都是绝缘体的传统观念，由此发展起一门新型学科—导电高分子材料。导电高分子材料通常指一类具有导电功能且电导率在 10^{-6} S·cm^{-1} 以上的高分子材料。导电高分子材料除具有与金属相似的特性（高电导率）之外，还具有聚合物的一般特点，如质量轻、易加工、耐腐蚀、可大面积成膜、机械稳定性好等优点，已经广泛应用在超级电容、电磁屏蔽、生物传感器和电化学等领域。随着航空工业及电子信息产业的高速发展，对材料的质量、强度、导电性等综合性能都提出了更高的要求，这就给聚合物基导电复合材料的发展提供了前所未有的机遇。

根据聚合物基导电复合材料的结构特征和导电机制，可分为以下两类：

①结构型（或称本征型）导电高分子材料。结构型导电高分子材料是指高分子本身具有共轭 π 体系，这种结构可以提供导电所需的载流子（电子、离子或者空穴），在电场或者磁场作用下就可以产生电流，材料表现出一定的导电性能。

②复合型导电高分子材料。复合型导电高分子材料是指将导电填料添加到高分子基体中，通过各种工艺制备出可导电的高分子材料。常见的产品有导电橡胶、导电涂料、有机电热元件、电阻器、电磁屏蔽和导电黏合剂等。

2.1 结构型导电高分子基复合材料

结构型导电高分子又称本征型导电高分子（Intrinsically Conducting Polymer，ICP），是指高分子材料本身或经过少量掺杂处理而具有导电性能的材料，其电导率可达半导体甚至金属导体的范围（$10^{-9} \sim 10^{5}\,S \cdot cm^{-1}$）。根据导电载流子的不同，结构型导电高分子主要分为离子型和电子型两类。

①离子型导电高分子，通常又叫高分子固体电解质（Solid Polymer Electrolytes，SPE）。它们导电时的载流子主要是离子，如聚环氧乙烷、聚丁二酸乙二醇酯及聚乙二醇亚胺等。

②电子型导电高分子，指的是以共轭高分子为结构主体的导电高分子材料，导电时的载流子主要是电子（或空穴）。电子型导电高分子是目前世界导电高分子材料研究开发的重点。对于电子型导电高分子材料，作为主体的高分子聚合物，大多为共轭体系（至少是不饱和键体系），长共轭链中 π- 键电子较为活泼，特别是与掺杂剂形成电荷转移配合物后，容易从轨道上逃逸出来而形成自由电子。大分子链内和链间 π- 电子轨道重叠交盖所形成的导电能带为载流子的转移和跃迁提供了通道。在外加能量和大分子链振动的推动下，便能传导电流。

对于不同的导电高分子，导电形式可能有所不同，但在许多情况下，高分子的导电是由这两种导电形式共同承担。一般认为，4 类聚合物具有导电性，即高分子电解质、共轭体系聚合物、电荷转移络合物和金属有机螯合物。其中，除高分子电解质是以离子传导为主外，其余 3 类聚合物都是以电子导电为主。这 4 类导电高分子目前均有不同程度的发展。下面主要介绍共轭体系聚合物。

2.1.1 共轭体系高分子的结构

共轭体系高分子是指具有共轭双键结构的小分子发生聚合反应所制备的导电高分子。自 1977 年聚乙炔（PA）首次出现以来，陆续有更多种共轭体系高分子被发现，如聚吡咯（PPy）、聚对苯（PPP）、聚对苯乙炔（PPV）和聚噻吩（PTh）及其衍生物等，如图 2.1 所示。总体来说，此类聚合物主链上的共轭 π 键是由交替的单键和双键构成，电子在内部的高分子链上自由移动，从而产生导电性。而且，共轭体系高分子的导电性可以自由切换至绝缘体与金属导体之间，通过掺杂和脱掺杂可以实现十几个数量级的跃变。

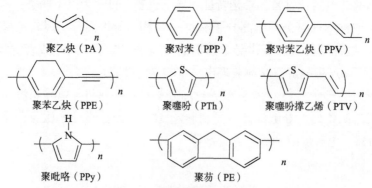

图 2.1 常见共轭体系高分子

（1）聚苯胺

聚苯胺（PANI）易合成、易处理、生产成本低、耐高温及抗氧化性能好，具有令人较为满意的导电性能，被认为是最有可能得到实际应用的导电高分子之一。

　　20 世纪初，英国的 Green 和德国的 Willstatter 两个研究小组采用各种氧化剂和反应条件对苯胺进行氧化，得到一系列不同氧化程度的苯胺低聚物。Willstatter 将苯胺的基本氧化产物和缩合产物通称为苯胺黑。而 Green 分别以 H_2O_2、$NaClO_3$ 为氧化剂合成了 5 种具有不同氧化程度的苯胺八聚体，并根据其氧化程度的不同分别命名为全还原式（leucoemeraldine）、单醌式（protoemeradine）、双醌式（emeraldine）、三醌式（nigraniline）、四醌式即全氧化式（pernigraniline）。这些结构形式及命名有的至今仍被采用。1987 年，MacDiarmid 提出了苯式/醌式结构单元共存的聚苯胺结构模型，聚苯胺的分子结构是由还原单元（—B—NH—B—NH—）和氧化单元（—B—N＝Q＝N—）构成，其中 B 和 Q 分别指苯环和醌环。聚苯胺的结构如图 2.2 所示。

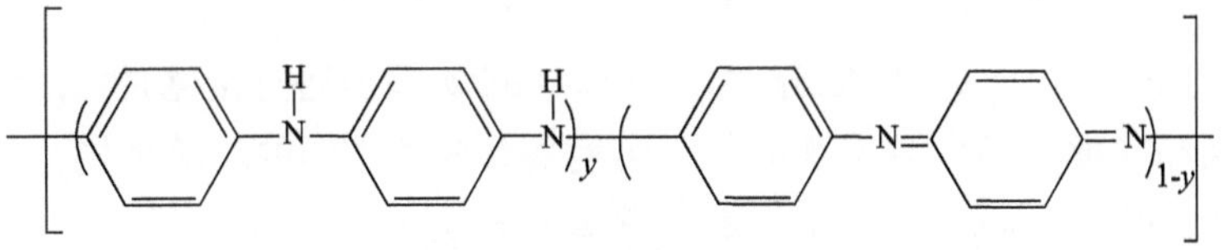

图 2.2　聚苯胺的结构

　　其中，y 值表示聚苯胺氧化 – 还原程度，其值在 0 和 1 之间。当 $y=1$ 时为完全还原的全苯式结构，对应着全还原态；$y=0$ 为苯 – 醌交替结构，对应着全氧化态；而 $y=0.5$ 对应着中间氧化态。根据还原和氧化单元的含量不同，聚苯胺具有不同程度的氧化状态，这些氧化状态可以通过氧化还原反应实现互相转化，具体转化机制如图 2.3 所示。

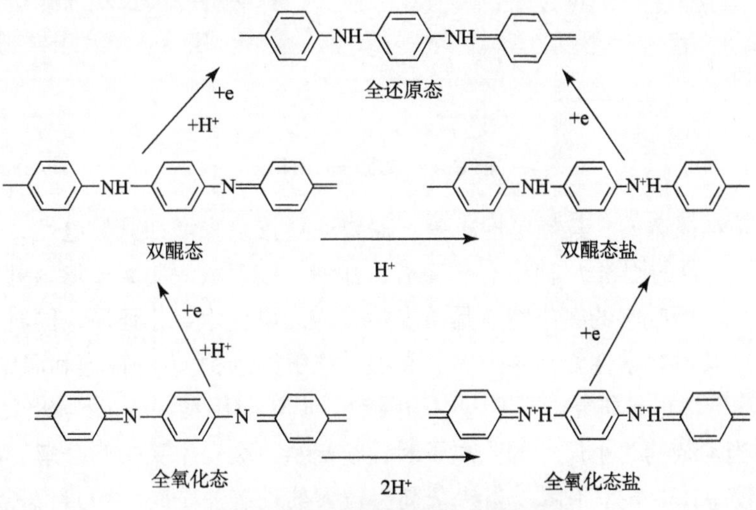

图 2.3　不同形态聚苯胺相互转换机制

　　无论通过电化学方法还是在酸性溶液中进行苯胺单体的氧化，最终稳定态的产物都包含 3 种形态的聚苯胺。氧化还原过程改变了聚苯胺自身的电子结构，因此不同形态的聚苯胺呈现出不同的颜色和电导率，还原态的聚苯胺呈现透明色和蓝色，电导率均低于 $10^{-5}\,S\cdot cm^{-1}$；氧化态的聚苯胺呈现紫色和绿色，其中紫色聚苯胺电导率为 $10^{-5}\,S\cdot cm^{-1}$，绿色为 $15\,S\cdot cm^{-1}$。质子化聚苯胺的颜色为翠绿色，电导率为 $15\,S\cdot cm^{-1}$，而翠绿亚胺碱聚苯胺的电导率只有 $10^{-5}\,S\cdot cm^{-1}$。在质子酸掺杂过程中，亚胺位点被透明质酸质子化为双极化子态，双极化子经过离解后形成非定域的极子晶格，即聚半醌自由基阳离子盐。这种随后形成的翠绿亚胺盐电导率高达 100 S·cm^{-1}，远远高于一般的高分子（10^{-9} S·cm^{-1}），仅次于典型金属电导率（10^4 S·cm^{-1}）。

（2）聚吡咯

聚吡咯（PPy）是杂环共扼型电子导电高分子。早在 1916 年，Angeli 等通过氧化吡咯首次制得聚吡咯粉末，称之为"吡咯黑"。1968 年，Dallolio 等首次在硫酸溶液中采用电化学法制得聚吡咯膜，其电导率为 8 S·cm^{-1}。1973 年，Gardin 科学家采用化学氧化法合成聚吡咯粉末状。1979 年，Diaz 和 Kanazawa 等人首次在有机溶剂乙腈中采用电化学方法，通过阳极氧化反应，在铂电极表面得到一种柔性的、性能较稳定的优质导电 PPy 薄膜，其电导率高达 100S·cm^{-1}，从此聚吡咯进入人们的视野，受到广泛关注。

吡咯是含氮原子的五元杂环化合物。聚吡咯的制备是通过吡咯的 2，5 位偶联，由排列方式不同的相邻的吡咯环构成重复单元，聚吡咯有 3 种不同的二级结构，即 α，α' 结构、α，β' 结构和 β，β' 结构（图 2.4）。聚吡咯具有碳碳单键和双键交替排列的 π-π 共轭结构，其中双键是由 π 电子和 σ 电子组成，σ 电子在碳原子间形成共价键。σ 电子因为共价键被固定而无法移动，π 电子离域在整个体系中，因此类似于金属中的自由电子，在外界电场的作用下，π 电子可以沿着聚吡咯分子链快速移动，使其具有导电性，电导率为 $10^2 \sim 10^3$ S·cm^{-1}。

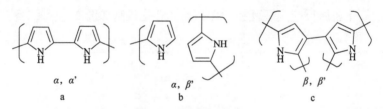

图 2.4　聚吡咯的结构

纯聚吡咯是本征态的，其导电性较差，需要通过掺杂来增加其导电性，因此掺杂剂是影响其导电性最主要的因素。使用有机磺酸、盐酸、高氯酸等阴离子掺杂剂，可得到导电性良好的聚吡咯。聚吡咯的突出特点是可发生可逆的电化学氧化还原，同时伴随着掺杂和去掺杂的过程。其电化学性能与掺杂离子类型、电解液的种类、pH 值和温度等有关。

聚吡咯的稳定性也是研究中需要考虑的因素。其影响因素一般为掺杂剂、介质、温度、形貌结构等。当掺杂剂为小尺寸的阴离子时，在高温下会发生聚吡咯分解和阴离子脱离基体，其稳定性较差，电导率下降；当掺杂剂为较大的长链分子时，200℃下依然比较稳定，放置一段时间电导率变化不大。聚吡咯在中性和碱性条件下被氧化发生质子化，导致导电性下降，而在酸性条件下相对比较稳定。聚吡咯由于其具有独特的氧化还原电化学性能，广泛应用于超级电容器、金属防腐、电催化、电化学传感器等领域。

（3）聚噻吩

1980 年，Yamamoto 等采用金属催化剂首次制备聚噻吩（PTh），但是合成的 PTh 不带取代基，由于主链结构的刚性，导致其不溶不融，加工困难。直到 1986 年，Elsenbaumer 等合成了可溶性烷基取代聚噻吩，之后其他研究组又先后报道了关于新型聚噻吩衍生物的制备。早期的研究工作表明，取代基不仅影响聚合物分子结构和能带结构，而且还影响聚合物的聚集形式、结构和微观分子能级分布规律。当噻吩环上氢原子被长链烷基、烷氧基等基团取代后，由于长链取代基的空间作用，降低了链间附着性和主链刚性，提高了噻吩环间扭曲角和主链构象混乱度，因此显著改善了聚合物的溶解性。

聚噻吩的主链主要由 sp^2 键链接而成，其碳原子上皆有一个价电子未配对，形成垂直于 sp^2 平面的未配对键，而未配对电子易与相邻原子产生配对化（dimerization）现象，给自由电子提供了离域跃迁的条件，进而产生导电。然而，为了使共轭高分子达到较好的导电效果，通常可通过掺杂或与其他材料进行复合等方式加强导电的稳定性，使其导电度能够大幅提升并介于半导体与导体之间。

聚噻吩除了通过掺杂的方式增强导电的性能以外，在合成聚噻吩的过程中，噻吩（Th）单体间连接方式的不同对导电性能也会造成一定的影响。聚噻吩环上有两类 C 原子，分别为 α-C 与 β-C，因此噻吩在发生聚合反应的过程中可产生 3 种连接方式（α-α、β-β 与 α-β），其中，由于 α-α 连接方式出现的扭转角度最低，因此具有更高的电导率。另外，聚噻吩也可与一些复合材料进行掺杂达到更高的电导率，其机制主要是透过 π-π 键共轭作用结合在一起，并形成一个个相对独立的导电单元，而这些导电单元相对于纯的聚噻吩而言，也具有更高的电导率。然而，要合成出这些聚噻吩类共轭高分子的方法有许多种，从最常见的化学聚合法、电化学聚合法，到近几年因注重环保、经济所开发的固相聚合法与自身酸催化聚法，各种合成方法均有优缺点及其适用范围，如何设计并实现应用是现今科技研究者的共同目标。

除了导电性质之外，聚噻吩还具有奇特的光学性质，在特殊的环境下会导致其主链发生扭转且共轭结构遭到破坏，以至于产生颜色的变化，使其应用于传感器等领域。不仅如此，由于聚噻吩结构的特点，通过在 α、β 位置连接各种基团，可以合成出具有多种性质的衍生物并应用于多个领域。因为这些特殊性质，近年来聚噻吩及其衍生物在光电材料、热电材料、防静电材料、电容器等领域有着广泛的应用。

（4）聚 3，4-乙撑二氧噻吩

聚 3，4-乙撑二氧噻吩（PEDOT）是一种聚噻吩衍生物的新型导电高分子，由 1988 年拜尔（Bayer AG）科学家在专利中首次提出。在随后的几年中，PEDOT 迅速在导电高分子领域占据重要位置。EDOT 单体分子结构中有两个 O 原子和 S 原子形成 O-S 键，这种结构使 PEDOT 分子趋于平面化，从而使离域 p 电子平均化，有效减小了分子能隙。3，4 位的乙撑二氧基使噻吩环上的电子密度有效增加，降低了 EDOT 单体的氧化电势，PEDOT 分子的氧化掺杂电势也随之降低，因此可以获得优良的掺杂状态。在 PEDOT 分子中，其噻吩结构中的醚基具有强电子供体效应，另外噻吩环上 β，β' 位的醚基可以阻止 EDOT 单体在聚合过程中形成 α-β' 连接，所以噻吩环上自由的 α，α' 位具有较高的反应活性。因此，EDOT 还可以作为基本单元，构建多种高分子共轭体系，得到具有独特电学和光学性质的发光材料、低能带系统、有机半导体系统。在过去的 10 年中，科学家们利用这些特点，将 PEDOT 的一些特殊的化学性质，与之前发现的电化学和光学性质结合，合成了多种类型的导电聚合物。

本征态的 PEDOT 因在大多数溶剂中不溶而难于加工，导电性差，在空气中容易氧化，为了提高 PEDOT 的性能且使其具有更好的可加工性，一般会选择对聚合物单体加以修饰或掺杂处理。例如，在 3，4- 乙撑二氧噻吩中掺杂各种基团或采用一些新的聚合方法，将高分子电解质聚苯乙烯磺酸根（PSS）作为掺杂阴离子，在对 EDOT 进行化学氧化聚合时可以得到 PEDOT 和 PSS 的水分散液，其中 PEDOT 是它的氧化态。如图 2.5a 所示，PSS 长链的每个苯基环都有一个酸性 SO_3H（磺酸盐）组作为模板聚合物，使 EDOT 在被过硫酸钠氧化聚合过程中成阳离子型，这使得 PEDOT 具有较高的导电性。如果再经过二甲亚砜（DMSO）或乙二醇（EG）等掺杂剂进一步掺杂，其电导率可以达到 10^3 $S·cm^{-1}$。一般来讲，PEDOT 的聚合度比较有限，假设 PEDOT 是一组长度约为 20 个重复单位的寡聚物，则 PSS 的分子量要高得多，它的作用是作为对抗离子使 PEDOT 分散在水介质中，如图 2.5b 所示。PEDOT：PSS 凝胶颗粒具有良好的加工特性，非常容易加工成薄、透明、导电的薄膜，其厚度可以非常小，使其变得更加透明，在太阳能板电极、有机发光二极管（OLED）、抗静电等领域得到了广泛应用。

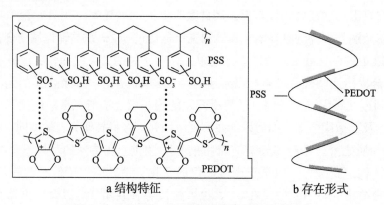

a 结构特征　　　　　　b 存在形式

图 2.5　PEDOT：PSS 的结构特征及存在形式

2.1.2　共轭体系高分子的导电机制

（1）电子导电

共轭体系高分子是指分子主链中碳 – 碳单键和双键交替排列的聚合物，典型代表是聚乙炔。由于分子中双键的 π 电子的非定域性，这类聚合物大多表现出一定的导电性。具有导电性的共轭体系高分子必须具备两个条件：一是分子轨道能强烈离域；二是分子轨道能相互重叠。满足这两个条件的共轭体系高分子，就能通过自身的载流子产生和输送电流。在共轭体系高分子中，电子离域的难易程度取决于共轭链中 π 电子数和电子活化能的关系。理论与实践研究均表明，共轭体系高分子的分子链越长，π 电子数越多，则电子活化能越低，即电子越易离域，其导电性越好。此外，共轭链的结构也影响其导电性。共轭链可分为受阻共轭和无阻共轭。

①受阻共轭：共轭链中存在庞大的侧基或强极性基团，会引起共轭链的扭曲、折叠等，从而使 π 电子离域受到限制。π 电子离域受阻越大，则分子链的电子导电性就越差。如下面的聚烷基乙炔和脱氯化氢聚氯乙烯，都是受阻共轭高分子的典型例子。

聚烷基乙炔

$\sigma = 10^{-15} \sim 10^{-10} \, S \cdot cm^{-1}$

脱氯化氢聚氯乙烯

$\sigma = 10^{-12} \sim 10^{-9} \, S \cdot cm^{-1}$

②无阻共轭：共轭链分子轨道上不存在"缺陷"，整个共轭链的 π 电子离域不受影响。因此，这类聚合物是较好的导电或半导体材料。例如，反式聚乙炔、聚丙苯、热解聚丙烯腈等都是无阻共轭链的例子。顺式聚乙炔分子链发生扭曲，π 电子离域受到一定阻碍，因此，其电导率低于反式聚乙炔。

聚乙炔

顺式：$\sigma = 10^{-7} \, S \cdot cm^{-1}$

反式：$\sigma = 10^{-3} \, S \cdot cm^{-1}$

聚丙苯

$\sigma = 10^{-4} \, S \cdot cm^{-1}$

热解聚丙烯腈

$\sigma = 10^{-1} \, S \cdot cm^{-1}$

（2）掺杂导电

尽管共轭聚合物有较强的导电倾向，但电导率并不高。反式聚乙炔虽有较高的电导率，但通过深入研究发现，这是由于电子受体型的聚合催化剂残留所致。如果完全不含杂质，聚乙炔的电导率会很小。共轭聚合物的能隙很小，电子亲和力很大，这表明它容易与适当的电子受体或电子给体发生电荷转移。例如，在聚乙炔中添加碘或五氧化砷等电子受体，由于聚乙炔的 π 电子向受体转移，电导率可增至 $10^4 \, S \cdot cm^{-1}$，达到金属导电的水平。另外，由于聚乙炔的电子亲和力很大，也可从作为电子给体的碱金属接受电子而使聚乙炔电导率上升。这种因添加了电子受体或电子给体而提高电导率的方法称为掺杂。

共轭聚合物的掺杂与无机半导体掺杂不同，其掺杂浓度可以很高，最高可达每个链节 0.1 个掺杂剂分子。随掺杂量的增加，电导率可由半导体区增至金属区。掺杂的方法可分为化学法和物理法两大类，前者有气相掺杂、液相掺杂、电化学掺杂、光引发掺杂等，后者有离子注入法等。掺杂剂有很多种类型，下面是一些主要品种。

①电子受体

卤素：Cl_2, Br_2, I_2, ICl, ICl_3, IBr, IF_5;

路易氏酸：PF_5, As, SbF_5, BF_3, BCl_3, BBr_3, SO_3;

质子酸：HF, HCl, HNO_3, H_2SO_4, $HClO_4$, FSO_3H, $ClSO_3H$, $CFSO_3H$;

过渡金属卤化物：TaF_5, WFS, BiF_5, $TiCl_4$, $ZrCl_4$, $MoCl_5$, $FeCl_3$;

过渡金属化合物：$AgClO_3$, $AgBF_4$, H_2IrCl_6, $La(NO_3)_3$, $Ce(NO_3)_3$;

有机化合物：四氰基乙烯（TCNE），四氰代二甲基苯醌（TCNQ），四氯对苯醌、二氯二氰基苯醌（DDQ）。

②电子给体

碱金属：Li, Na, K, Rb, Cs;

电化学掺杂剂：R_4N^+, R_4P^+（R＝CH_3, C_6H_5 等）。

如果用 P_x 表示共轭体系高分子，P^y 表示共轭体系高分子的基本结构单元（如聚乙炔分子链中的 –CH＝），A 和 D 分别表示电子受体和电子给体，则掺杂可用下述电荷转移反应式来表示：

$$P_x + xyA \rightarrow (P^{+y}A_y^-)_x,$$

$$P_x + xyD \rightarrow (P^{-y}D_y^+)_x。$$

电子受体或电子给体分别接受或给出一个电子变成负离子 A^- 或正离子 D^+，但共轭体系高分子中每个链节（P）却仅有 y（$y \leq 0.1$）个电子发生了迁移。这种部分电荷转移是共轭体系高分子出现高导电性的极重要因素。当聚乙炔中掺杂剂含量 y 从 0 增加到 0.01 时，其电导率增加了 7 个数量级，电导活化能则急剧下降。

2.1.3 共轭体系高分子的制备方法

2.1.3.1 共轭体系高分子的合成

合成共轭体系高分子最常用的方法包括化学氧化聚合法、电化学氧化聚合法和酶催化聚合法。

（1）化学氧化聚合法

化学氧化聚合通常是在酸性条件下加入氧化剂引发单体聚合。反应体系一般都很简单，包括聚合物单体、氧化剂、掺杂剂和水。其中，掺杂剂和氧化剂是比较重要的两个部分。掺杂剂的酸性和分子结构影响聚合物的性质，而氧化剂影响聚合物的聚合物程度及产量。常用的氧化剂主要有过硫酸盐类、过氧化氢（H_2O_2）、三氯化铁（$FeCl_3$）和氯金酸等，它们往往同时也是催化剂。目前，合成聚苯胺通常使用的氧化剂为过硫酸铵 $[(NH_4)_2S_2O_8]$，但聚吡咯通常使用 $FeCl_3$。掺杂的酸主要是质子酸，如盐酸。而硫酸、高氯酸等高沸点的酸，由于难以挥发，在产物净化时很难除去，会残留在聚合物表面，因此很少使用。近几年来，为了增加聚合物的可溶性与可加工性，人们采用一些大分子的有机酸如樟脑磺酸、萘磺酸等，这些有机酸的掺杂，可以提高导电高分子在普通有机溶剂中的溶解性，有利于提高其加工性能。化学氧化聚合法制备聚合物主要受反应介质酸的种类及浓度、氧化剂的种类及浓度、反应温度及时间、单体浓度等因素的影响。研究较多的主要是溶液聚合、乳液聚合、微乳液聚合、界面聚合、定向聚合、液晶结合及中间转化法等。

（2）电化学氧化聚合法

这种方法通常是利用电极来引发单体的聚合，从而在电极表面得到聚合物的薄膜。在电化学氧化聚合中，电流、电位，以及电极材料都是可控的因素，可通过改变这些条件来调控聚合物薄膜的厚度和生长过程。电化学氧化聚合产物纯度高，反应条件容易控制，但是需求设备比较复杂，成本高，难于批量生产。以聚苯胺为例，聚苯胺可以通过不同的方法进行合成，如化学氧化法、界面聚合反应、电化学聚合反应、模板法、水热反应等，最常用的就是电化学氧化聚合法。电化学氧化聚合法的机制是在盐酸水溶液中将苯胺单体氧化聚合为低聚物，低聚物再次氧化形成高分子链。聚苯胺的电化学合成有 3 种不同的路径：①恒电位法提供一个固定的电位；②恒电流法提供一个固定的电流；③动态电位法提供一个周期性变化的电流和电位。虽然 3 种方法使用的技术不相同，但是反应器都是由 3 个电极组成，即工作电极、参比电极和辅助电极。最常使用的电极是铂，聚苯胺也可以沉积在铜、铁、金、导电玻璃、不锈钢及石墨电极上。相比于其他化学合成方法，电化学合成法显示出很多独特的优点，如合成方法简单廉价、不需要催化剂参与、可得到均匀同质的纯高分子电镀层。电化学氧化聚合法合成聚苯胺的影响因素有以下 5 个方面：掺杂离子影响产品形貌、高分子生长速率、溶剂的成分、电极材料和电化学聚合温度。

（3）酶催化聚合法

酶具有选择性和单一性等特点，被认为是合成导电高分子材料的理想方法。但是，至今还没有发现理想的酶，现在主要是通过过氧化氢酶催化合成导电高分子材料。我们都知道，聚合反应一般都存在一个问题，即由于聚合反应通常发生在水溶液中，形成的聚合物容易从体系中沉淀出来从而终止聚合物的继续生长。模板导向聚合可以很好地解决这个问题。模板导向聚合是采用阴离子型电解质为模板控制反应头尾聚合，同时它们本身与产物结合成为一部分，无须清除，而且制备的导电高分子材料具有一定的亲水性。Rodolfo 等[2]采用酶催化聚合法制备得到直径约为 50 nm 的聚苯胺颗粒，其电化学性能和光学性能与化学氧化聚合、电化学氧化聚合得到的聚苯胺相似。Liu 等[3]以聚磺苯乙烯为导向模板，通过过氧化氢酶催化聚合制备出水溶性导电高分子材料，并研究反应条件等因素对产物形貌的影响，结果发现这些条件对产物形貌的影响与传统的制备方法一样。

2.1.3.2　导电高分子纳米材料的制备

近年来，快速发展起来的导电高分子纳米材料（如纳米粒子、纳米线、纳米纤维、纳米管、纳米棒）和导电高分子纳米复合材料（包括无机 – 导电高分子纳米复合材料和高分子 – 导电高分子纳米复合材料）使得导电高分子材料的光、电、磁、催化等性能发生了显著变化，同时也获得了一些特殊的纳米效应及特殊性能。制备共轭体系导电高分子纳米材料的方法主要分为两类：模板合成法和无模板法。

（1）模板合成法

模板合成法是制备导电高分子纳米材料、导电高分子纳米复合材料的重要方法。根据模板种类的不同可分为软模板（如表面活性剂、液晶分子等）和硬模板（如氧化铝多孔膜），也可分为无机物模板（如 SiO_2、半导体氧化物、纳米金属粒子等）和有机物模板（如多孔聚碳酸酯膜等）。结合氧化聚合反应、现场掺杂聚合反应、电化学反应、乳液聚合等方法可制备多种结构与形态特征的（如纳米粒子、纳米纤维、纳米管、纳米棒）导电高分子纳米材料。

①软模板法。软模板法是一种制备纳米结构导电高分子的行之有效的方法，步骤简单，

样品纯度高。这种方法是利用分子间的氢键、范德华力、离子键和配位键等相互作用，在一定的化学环境下形成具有特定形貌的管状、线状、球状等结构，进而基于这些结构限定导电高分子材料的生长，从而得到导电高分子纳米材料。

Wan 等[4]采用水杨酸作为表面活性剂，通过调节苯胺单体和水杨酸的浓度比，合成出了纳米管和空心球的聚苯胺。其形成原理是：一定比例下的水杨酸和苯胺能够形成特定形状的胶束，这种胶束可以作为模板使得水杨酸掺杂聚苯胺形成纳米结构。他们[5]又采用 β- 萘磺酸作为表面活性剂合成聚苯胺 / 二氧化钛纳米管复合物，其形成原理同上，也是利用具有双亲性质的表面活性剂 β- 萘磺酸和苯胺单体在溶液中形成的管状胶束作为软模板来获得。该课题组采用多种表面活性剂，如樟脑磺酸、偶氮苯磺酸及一些无机酸（盐酸、磷酸、硝酸）合成了纳米结构的聚苯胺。

采用表面活性剂制备纳米结构导电高分子的实验方法简单，不需要有机溶剂，由于所得的导电高分子能够被这种表面活性剂所掺杂形成其盐类结构，因此反应结束后无须繁琐的后处理过程清除表面活性剂。油包水型反相微乳液也是一种制备纳米结构导电高分子的有效方法，通过调节表面活性剂和助表面活性剂的比例，可以改变微反应器的形状而制备不同形貌的纳米结构导电高分子。Yoon 等[6]采用二（2- 乙基己基）琥珀酸酯磺酸钠 / 环己烷 / 水体系制备出聚吡咯纳米管，且该纳米管具有较高的电导率。

②硬模板法。硬模板法可以通过选取孔径大小不同的模板来控制最终产物的大小。模板法往往可以使导电高分子包裹于基质中，形成特定形状、尺寸（依赖于模板）的纳米复合材料，如果除去模板则可形成空心材料。经常使用的模板有二氧化硅和聚苯乙烯纳米 / 微球等。模板法制备导电高分子纳米材料的途径有两个：一是将聚合物单体先吸附在微颗粒表面，再进行聚合得到微球，然后将核心颗粒溶解即得到中空微球和胶囊；另一种是通过层层组装的方法，通过改变聚电解质的性质直接将导电高分子吸附在微颗粒表面制得微球，除掉中心核获得中空微球和胶囊。Li[7]以孔径为 80 nm 的多孔氧化铝（AAO）为模板，在 5℃低温下对苯胺与吡咯盐酸溶液进行氧化聚合，控制两单体的摩尔比，可得到共聚物纳米纤维，电导率为 12×10^{-3} S·cm^{-1}。由于在高度有序取向的定域空间内发生原位阳离子氧化聚合反应，聚合速率快，生成的纳米原纤丝中的分子链沿模板孔道快速取向生长，导致分子链中的载流子迁移速率快，使得电导率显著增大。

采用硬模板法合成纳米结构导电高分子的主要优点是产物大小可以通过选择不同大小的模板控制。但也存在一些缺陷，如需要繁琐的后处理工作来清除模板，很难实现批量生产，有些模板价格昂贵等。随着导电高分子纳米材料的不断发展，更多的制备方法也相继产生。

Zhang 等[8]采用一种新方法，即将纳米纤维的种子作为模板合成纳米纤维结构的聚苯胺。与传统制备导电高分子的方法类似，不同的是在聚合前加入具有一维结构的纳米材料作为种子模板，这种具有一维结构的种子可以是有机的聚苯胺纤维或者是无机的碳管和五氧化二钒等多种材料。该种子模板法具有以下几个特点，包括合成方法简单、快速，不需要传统的模板，不需要繁琐的后处理过程，聚苯胺纤维结构的产率很高等，因此是一种制备纳米结构导电高分子的通用方法。

（2）无模板法

无论是硬模板法还是软模板法，均不需要复杂、繁琐的设备条件，同时操作较为简单，可通过调控制备好的模板的各种参数即可实现控制微/纳米结构导电高分子材料的直径、直径分布、掺杂状态、反应和形貌，在某种意义上能真正有效地控制微/纳米结构导电高分子材料的合成。但是，该方法还存在聚合反应结束后需清除模板、操作过程繁琐等不足，人们又先后研究出界面聚合法、自组装法、快速混合法、电化学法、酶催化聚合法、超声波参与合成等无模板或胶束参与，即可完成聚合反应的方法。

无模板法是在没有外界模板的帮助下通过采用特定的实验条件直接获得纳米结构导电高分子，该方法具有简单易行、无须表面活性剂和模板后处理、产量高等优点，但也存在一定的缺点，如样品形貌和尺寸比较难控制。

①界面聚合法。界面聚合法是指在水相和有机相界面处发生聚合反应，由于只有界面处聚合单体、氧化剂和掺杂酸同时存在，聚合反应被局限在界面处。聚合过程中，生成的掺杂态导电高分子具有亲水性，易扩散进入水相，而水相中只有氧化剂存在，没有反应单体可以继续反应，因此聚合反应的进一步聚合被终止，有利于形成低维的导电高分子材料。实验结果表明，低浓度的聚合单体有利于导电聚合物纳米线的生成，高浓度则有利于形成无规颗粒。另外，在一定条件下，通过加入表面活性剂和聚电解质能够改善界面聚合法，从而影响聚合产物的形貌。该方法的优点是合成的产物纯度高，掺杂酸和有机溶剂的选择范围比较广，几乎所有的有机酸和无机酸都可以使用。其缺点是反应过程中需使用有机溶剂，降低了反应的时空产率，同时产物还需要一些较复杂的后处理工序，降低了该方法的经济性，不利于该方法的广泛使用。

②自组装法。自组装法是近几年才发展起来的制备低维导电高分子的常用方法，是指聚合反应前或聚合过程中，反应单体通过自组装行为而影响产物的形貌使其发生改变的方法。影响产物形貌的因素主要有两个：第一，单体自组装形成的胶束。如苯胺单体由疏水部分的芳环和亲水部分的氨基组成，当体系处于酸性条件或聚合条件下，一部分单体以阳离子的形式存在，其亲水性变强。因此，苯胺阳离子类似表面活性剂一样通过自组装形成不同的胶束，而胶束的大小、稳定性、形状及其分布则受聚合条件（如苯胺的浓度、酸的浓度、酸的离解性能和反应单体与氧化剂的摩尔比）的影响。第二，聚苯胺及其低聚物的均线性性质。由于聚苯胺及其低聚物本身含有大量的形成氢键的位点，聚苯胺或苯胺分子之间可以通过氢键的方式结合，最终决定了聚苯胺横向和纵向生长方式。

③快速混合法。通常，要实现快速混合法，需要满足两个重要的条件。第一个要求是氧化剂溶液和反应单体溶液均匀混合的时间要小于聚合本身的诱导时间，从而抑制聚合单体的自催化作用和由于不均匀的氧化剂浓度引起的聚合反应不均的现象；第二个要求是聚合需要的氧化剂的量要远小于反应要求的计量值。由于氧化剂在聚合反应初期即被消耗掉，聚合物的二次生长被阻止，因而能够得到形貌较好的导电高分子材料。Tran 等[9]采用快速混合法在聚苯二胺的盐酸水溶液中制备出聚苯胺纳米纤维。通过调整聚苯二胺的浓度可以合成无规团聚体、微米球和纳米纤维网状结构，并对其形成机制进行研究，制备的聚苯胺在化学传感器、分子记忆器和催化领域有广阔的应用前景。

该方法的优点是能够得到纯净的和形貌较好的聚合产物，并且无须后续处理程序，操作简便；而缺点是聚合产率低，反应体系中有大量的反应单体和低聚物存在，同时废水处理困难。

2.1.4 结构型导电高分子基复合材料的制备及应用

随着现代科技的迅速发展，对于材料的要求越来越高，新型的材料既要具有较好的力学性质、可加工性，还要具有一定的功能性。因此，单一的高分子材料很难满足生产生活的需要，将具有一定功能性如光、电、磁等性质的纳米组分与导电高分子复合，结合高分子与纳米材料的特殊性质，制备导电高分子纳米复合材料已经成为材料制备领域的热点之一。以一种本征型导电高分子为基体，以另一种本征型导电高分子或石墨、石墨烯、碳纳米管、金属微球、金属氧化物等无机或金属材料为增强材料的复合材料，是目前开发新型高性能导电高分子材料比较热门的方向。

（1）非导电聚合物／导电高分子复合材料

导电高分子的力学性质及环境稳定性一般比较差，需要加入非导电聚合物，以提高其加工性能，因此非导电聚合物／导电高分子复合材料的研究非常广泛。刘书英等[10]以水溶性聚合物聚磺苯乙烯（PSS）为模板及掺杂剂，直接引入聚乙二醇单甲醚（MPEG），采用化学氧化法成功制备得到一系列不同质量配比的 PEDOT/PSS-MPEG 水分散体，PSS-MPEG 量越多，EDOT 完全聚合的时间越长。李瑞琦等[11]采用原位化学氧化聚合的方法制备出聚苯胺（PANI）／聚甲基丙烯酸甲酯（PMMA）复合膜，当复合膜中苯胺的用量为 35% 时，电导率达到 $1.2 \times 10^{-2}\,\mathrm{S \cdot cm^{-1}}$，适宜的聚合反应时间在 6 h 左右，反应温度不宜高于 0 ℃。

（2）碳纳米管／导电高分子复合材料

碳纳米管（CNTs）作为一维纳米材料具有突出的长径比、优良的化学稳定性及高的电导率，可与导电高分子复合制成高性能复合材料，此类复合材料提升导电高分子在超级电容器电极材料、锂离子电池、场发射管、催化剂载体等方面的应用性能。

制备 CNTs/ 导电高分子复合材料，至关重要的一点是如何提高 CNTs 在聚合物基体中的均匀分散程度。一般采用超声波分散、机械搅拌、加入表面活性剂和对 CNTs 表面进行化学修饰等手段来提高 CNTs 的分散性。根据 CNTs 与聚合物高分子链间的作用本质，上述方法可以分为：物理混合和化学复合两大类。

①原位聚合法。原位聚合是将表面修饰后，含有机官能团的碳纳米管溶液与聚合物单体混合，加入引发剂引发聚合，并在聚合过程中使碳纳米管通过有机官能团参与聚合反应以实现碳纳米管和聚合物之间的相互作用。

Wu 等[12]通过改变阳离子表面活性剂十六烷基三甲基溴化胺（CTAB）的浓度，原位合成尺寸可控的聚吡咯／多壁碳纳米管复合物。通过透射电镜发现，这种复合物是以碳纳米管为核、聚比咯为壳层的核—壳纳米管结构，改变 CTAB 的浓度，聚吡咯壳层的厚度在 20 ~ 40 nm。电导率测试表明，与纯聚吡咯相比，该聚吡咯／纳米管复合材料的电导率提高了一到两个数量级。Wan 等[13]将碳纳米管进行磺化，苯胺单体吸附在碳纳米管的内、外表面并进行聚合反应，通过控制反应条件，既可得到仅在其外表面聚合的复合纳米管，也可得到在其内、外表面同时聚合的复合纳米纤维结构（图 2.6）。

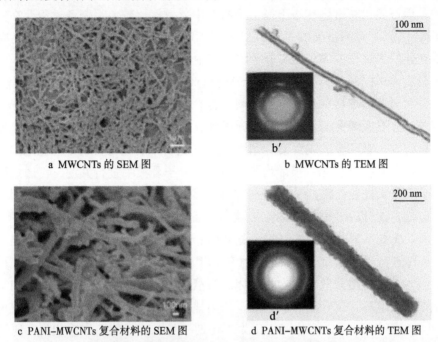

a MWCNTs 的 SEM 图　　　　　　b MWCNTs 的 TEM 图

c PANI–MWCNTs 复合材料的 SEM 图　　d PANI–MWCNTs 复合材料的 TEM 图

注：b′ 和 d′ 分别为 MWCNTs 和 PANI–MWCNTs 的电子衍射图。

图 2.6　单纯 MWCNTs 及 PANI–MWCNTs 复合材料的形貌 [13]

②电化学法。张文光等 [14] 采用电化学方法合成 PANI 和 PANI-CNTs 涂层对电极表面进行修饰，研究碳纳米管的掺杂对 PANI 导电性能和形貌的影响，结果发现聚合物复合材料的颗粒大小在纳米数量级；与 PANI-CNTs 薄膜的表面形貌相比，PANI 薄膜中的 PANI 颗粒较为松散，尺寸、排列不均匀，表面较为粗糙。而在碳纳米管存在的情况下，PANI 颗粒形态有较大改善，颗粒变细且数量明显增多，形态变得均匀，连接更加紧密。任祥忠 [15] 等采用电化学方法合成 PPy/CNTs 导电复合膜。利用十二烷基苯磺酸钠协助碳纳米管分散在吡咯水溶液中，分别探讨电化学聚合温度、电流密度和吡咯单体浓度对复合膜沉积量的影响，在聚合电量相同的条件下，通过降低聚合温度、提高电流密度和增加单体浓度可使复合膜沉积量随之增大。

③其他方法。Yan 等 [16] 利用水凝胶静电吸附法，将聚苯胺和碳纳米管分别带上相反电荷，在水中搅拌使其均匀混合，最终得到分散均匀的复合物。杨正龙等 [17] 采用化学氧化法合成了一种聚（3- 己基噻吩）即 P3HT，将其与多壁碳纳米管（MWCNTs）有效复合，最后形成一种受体异质结型 P3HT-MWCNTs 光敏性纳米复合薄膜。

（3）石墨烯 / 高分子复合材料

将石墨烯特有的二维结构、出色的力学性质和热学性质及优异的导电性，与高分子材料具有的生物相容性好、无毒、低成本、易于改性等特点结合起来，得到的石墨烯 / 高分子合复合材料有着极其广泛的应用价值。

石墨烯 / 高分子复合材料的制备方法大致可以分为：熔融共混法、溶液混合法、乳液混合法和原位聚合法。熔融共混法是把石墨氧化剥离后得到的石墨烯材料，与高分子材料在熔融状态下进行共混，得到石墨烯/高分子复合材料。这种方法制备的石墨烯在形态和尺寸上可控，但石墨烯在熔融状态下高分子材料中分散性比较差，制备过程存在一定的缺陷。溶液混合法需要将制备出的氧化石墨烯做一定改性，使其能够有效分散在有机溶剂中，还原得到还原氧化石墨烯，在高分子的溶液中进行共混，制备得到复合材料。溶液混合法是一种较为简单的制备石墨烯/高分子复合材料的方法，也是研究较多的方法。它的优点在于：分别对石墨烯材料和高分子材料进行合成，再进行复合，石墨烯在形态和尺寸上也是可控的，且石墨烯更容易分散在高分子溶液中。但在制备过程中不可避免地使用大量有毒的有机溶剂，对环境造成污染。乳液混合法是利用氧化石墨烯易于在水溶液中分散这一特点，将制备得到的氧化石墨烯均匀分散在高分子乳液中进行共混，再通过还原反应得到石墨烯/高分子复合材料。为了进一步改进氧化石墨烯的分散性，还可以用表面活性剂对其进行改性，混合后制得复合材料。这一制备过程可以有效避免有机溶剂的使用，在环保的同时降低成本。原位聚合法制备石墨烯/高分子复合材料的过程是：将制备出的石墨烯和高分子单体进行混合，加入引发剂引发单体聚合，最终得到复合材料。原位聚合法可以把石墨烯纳米片均匀地分散在聚合物单体的溶液中，使聚合物单体和石墨烯纳米片充分接触，发生聚合反应后，聚合物可以有效、均匀地分散在石墨烯纳米片表面，避免出现团聚现象。莫尊理等[18]采用 $FeCl_3 \cdot 6H_2O$ 为氧化剂，对甲苯磺酸钠作掺杂剂，通过超声振荡下的原位聚合反应成功制备了石墨烯/PPy 纳米复合材料。石墨烯/聚吡咯复合材料具有比纯聚吡咯更高的热稳定性，当石墨烯和聚吡咯质量比为 4% 时，复合材料的电导率可达 $4.51 S \cdot cm^{-1}$。

石墨烯对高分子材料性能的提升主要有以下几个方面：①导电性，石墨烯有着非常优良的导电能力，电子在石墨烯上可以快速迁移，在高分子材料中引入石墨烯，可以极大地提升复合材料的电化学活性。此外，石墨烯可作为填料加入导电高分子，如导电聚酰胺、导电聚酯、导电聚氨酯和导电橡胶等，提升复合材料的性能；②导热性，石墨烯有着良好的热传导性能，与高分子复合后，可以一定程度上增强复合材料的导热性能；③耐热性，在高分子中加入石墨烯材料，可限制高分子链的流动性，提高复合材料的耐热性，这类复合材料也可以作为阻燃材料，如在阻燃材料聚氨酯中加入石墨烯，材料的起始分解温度和最高分解温度都有所提高；④机械性能，相较于其他碳材料，如碳纳米管、碳纤维、炭黑等，石墨烯有着更加优异的物理机械性能，可用于增强高分子材料的机械性能；⑤气体阻隔性，完整结构的石墨烯具有不可渗透气体分子的性质，在高分子材料中均匀分散石墨烯，可以降低高分子的透气性。

（4）金属纳米粒子/导电高分子复合材料

聚苯胺和聚吡咯均具有一定的还原性，利用这一特性，可以将一些较强的氧化剂如氯金酸和氯铂酸等还原，氯金酸和氯铂酸被还原后可分别生成 Au、Pt 等贵金属纳米粒子，与导电高分子复合得到金属纳米粒子/导电高分子复合材料。Unwin 等[19]利用聚苯胺的还原性，将氯铂酸还原生成 Pt 纳米粒子，制备 PANI/Pt 纳米复合材料。Wei 等[20]利用同样的原理，在表面活性剂存在条件下，在聚吡咯纳米管上原位还原氯金酸生成金纳米粒子，该粒子包覆在纳米管表面形成 PPy/Au 复合纳米管结构，并且可以通过改变反应条件如表面活性剂、反应温度等，控制 Au 纳米粒子的尺寸和均匀度，如图 2.7 所示。Chattopadhyay 研究小组[21]在苯胺原位氧化聚合时，在聚合溶液中加入氯金酸，利用 H_2O_2 既可以作为氧化剂氧化苯胺单体，还可以作为还原剂将氯金酸还原成纳米粒子，最终合成 PANI/Au 纳米复合物。

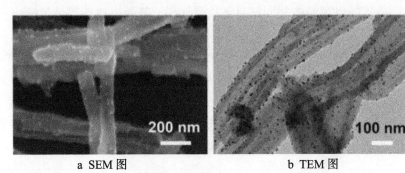

a SEM 图　　　　　　　　　　　b TEM 图

图 2.7　Tween-80 做表面稳定剂的 PPy/Au 纳米复合材料的形貌[20]

（5）金属氧化物（硫化物）/导电高分子复合材料

导电高分子可与金属氧化物或硫化物（ZnO、CuO、NiO、$NiCo_2O_4$、NiS、$NiCo_2S_4$ 等）复合，广泛应用于超级电容器、传感器和催化等领域。Peng 等[22]将聚吡咯（PPy）和硫化铜（CuS）沉积在细菌纤维素（BC）膜上，制备 PPy/CuS/BC 纳米纤维复合电极用于柔性超级电容器。CuS 的引入显著提高了基于 BC 电极的比电容和循环稳定性。Zhu 等[23]通过两步水热法和原位聚合法制备了具有内/外双连续导电网络的三维聚吡咯/$NiCo_2S_4$/GF 电极。二维分层结构的超薄 $NiCo_2S_4$ 纳米片可提供足够的电解质/活性物质界面和高电容；而石墨泡沫（Graphite foam，GF）衬底与 PPy 导电外壳结合可作为内/外双连续导电网络，大大提高电子传递速率。因此，PPy/$NiCo_2S_4$/GF 电极具有高的比电容和高倍率性能。

2.2　复合型导电高分子材料

2.2.1　导电功能填料

不管是普通导电聚合物复合材料还是柔性可拉伸导电复合材料，对其导电性能起决定性作用的均是导电填料，导电填料本身的导电性、形貌、尺寸等参数对最终导电聚合物复合材料的导电性均有重要影响，为此简单介绍相关导电填料。

2.2.1.1　传统导电填料

传统导电填料包含两大体系，一是以石墨、炭黑为主的碳材料；二是以金（Au）、银（Ag）、铜（Cu）、铝（Al）、镍（Ni）等金属粉末及其氧化物为主的金属材料，它们主要应用于导电胶粘剂、导电橡胶、防静电、电磁屏蔽等领域。二者各有利弊，其中碳系导电材料来源广泛、价格便宜、质量轻，但是导电性能相对不好，体积电阻率往往在 $1\ \Omega \cdot cm$ 以上；金属系导电填料的体积电阻率可达 $10^{-3} \sim 10^{-8}\ \Omega \cdot cm$，导电性能优异，但是密度较大，在与聚合物基体复合过程中易产生分散沉积与分层现象，柔韧性与可加工性较差，且 Au、Ag 成本较高。此外，Cu、Ni 在空气中易氧化，导电性能随氧化而显著降低，在实际应用中往往需要做防氧化处理，但又会进一步增加成本和降低其导电性能。

综上所述，传统导电填料的共同特点是长径比小，其导电性能够满足微小变形或者不需要变形的导电胶或导电涂料等的使用要求。目前，电子封装领域所用导电胶大部分是以银粉为导电填料制备的环氧基导电材料，具有高电导率、强黏结性与机械强度高等特点。对于新兴的柔性电极，通常需要在较大拉伸应变下和反复拉伸的过程中依然保持较好的导电性能，而长径比较小的导电填料在拉伸过程中，导电网格极易被破坏，导致导电性能下降，而且导电性能在拉伸过后难以完全恢复。由此可见，传统导电填料已然不能满足当前柔性导电材料的使用要求，开发新型导电填料、探讨其在柔性电子领域的新制备工艺、新方法是当前研究热点。

2.2.1.2 杂化导电填料

通过将 Au、Ag、Cu、Ni 等金属导电材料沉积在绝缘材料（如玻璃纤维、玻璃微珠、聚合物微球等）的表面，构建杂化导电填料。其密度比碳系导电填料高，但比纯金属的密度显著降低，有利于解决导电填料在聚合物基体中密度过大导致易沉降易分层的问题。同时，通过对表面金属镀层将杂化导电填料的电导率在一定范围内（$10^{-4} \sim 10^{5}\ S \cdot cm^{-1}$）进行调控，可满足许多应用场景的要求。绝缘体表面镀金属的常见方法主要有化学镀法、电泳沉积法、原位还原法、层层自组装法等。Ma 等[24]采用一种化学镀银工艺，以聚苯乙烯（PS）微球为核制备一种壳厚度可调的杂化导电微球，在 PS 微球的表面形成一个密集、稳定和均匀的银纳米壳，当银壳层厚度从 35 nm 增加至 198 nm 时，杂化导电微球的体积电导率从 $1.16\ S \cdot m^{-1}$ 增加至 $3.57 \times 10^{4}\ S \cdot m^{-1}$。

值得一提的是，球形聚合物微球表面镀金属的杂化导电微球在各向异性导电胶（Anisotropic Conductive Adhesives，ACAs）或各向异性导电膜（Anisotropic Conductive Films，ACFs）中占据重要的地位。各向异性导电胶/膜是一种经一定压力和温度处理后在 z 轴方向垂直导电，但在平面内的 x-y 方向绝缘的单向导电材料。ACFs 是目前世界上电子行业超细间距连接所不可缺少的关键材料，主要用于平板显示器、硬盘驱动器磁头、微波高频通信、存储器模块、光耦合器件、表面封装（SMT）等，使用简单方便、易自动化操作。随着柔性电子器件的发展，ACFs 在柔性基板的倒装芯片封装中将大有作为，如图 2.8 所示[25]。遗憾的是，我国 ACFs 核心技术与产品基本被日本的日立、索尼等公司垄断。在推进集成电路芯片与高端微电子材料国产化进程中，ACFs 的国产化是其中重要的组成部分。

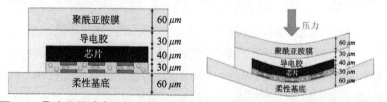

图 2.8 聚合物微球表面镀金属的杂化导电微球在柔性电子封装中的应用[25]

2.2.1.3　纳米结构导电填料

纳米材料因其特有的高比表面积、高活性等特性，在光、电、磁、热、力学方面显示出传统材料无法比拟的优越特性。纳米结构导电填料具有优异的透光性、较高的导电性与较低的熔点，成为制备导电复合材料的优选对象。纳米填料的物理、化学等性能与材料的结构和形貌有很大关系，相对于颗粒状、球状或片状填料，超薄的二维结构及具有高长径比（＞1000）的一维结构更有利于在较少使用量时形成更稳定的互联互通导电网络，大大降低体系的逾渗阈值（指当填充粒子达到一定浓度时，体系的某种物理性质发生突变的行为），从而减少填料的使用成本。二维结构的石墨烯（graphene）和一维结构的碳纳米管（CNTs）、金属银纳米线（Ag NWs）、铜纳米线（Cu NWs）作为近年出现的新型功能纳米材料，因其特殊结构及优异性能而引起了越来越多的研究与关注，且在诸多产品中获得了实际应用，同时也仍有很大的提升、发掘空间。

①石墨烯。2004年，石墨烯首次被英国曼彻斯特大学物理学家安德烈·盖姆（Geim）和康斯坦丁·诺沃肖洛夫（Novoselov）用胶带从石墨中剥离出来，其超高的导电、导热与机械强度，以及超薄、几乎完全透明的特殊性质引起了人们广泛关注。石墨烯的基本结构单元为6个碳原子构成的正六边形晶格环，每个碳原子由 σ 键与邻近的3个碳原子相连，构成稳定的单原子层二维结构晶体。石墨烯的碳原子以 sp^2 杂化为主，并贡献剩余一个 p 轨道上的电子形成大 π 键，π 电子可以自由移动，赋予石墨烯良好的导电性能，其电导率可达 10^6 S·m^{-1}，比银或铜更高。由于优异的导电性能，石墨烯作为基础导电材料受到了广泛关注。Bae 等[26]采用化学气相沉积法（CVD）制备少层石墨烯，通过将卷对卷工艺转移到柔性塑料基体制作透明电极，并构建透明触控显示屏，表现出良好的机械柔性。还可进一步通过多点触控的设计，将石墨烯柔性透明电极用于智能手机屏幕。

利用石墨烯的优异导电性，将石墨烯与聚合物复合可制得导电聚合物复合材料。聚合物基石墨烯导电复合材料的制备方法主要有溶液共混法、熔融共混法、原位聚合物法与胶体法。由于石墨烯拥有很大的比表面积，在与聚合物复合过程中易团聚，石墨烯/聚合物导电复合材料性能的好坏主要取决于石墨烯在聚合物基体中的均匀分散程度。为了实现这个目标，除了采用上述4种方法，人们还通过构建三维结构的方法，通过往三维石墨烯网络中浇灌聚合物的方法制备了高导电性的石墨烯/聚合物复合材料。制备三维结构石墨烯/聚合物复合材料的主要途径如图2.9所示[27]。Chen 等[28]以泡沫镍为模板，首先采用CVD法在镍泡沫骨架表面生长石墨烯，然后浇注一薄层聚甲基丙烯酸甲酯（PMMA）聚合物，再用 $FeCl_3$/HCl 混合溶液将镍骨架刻蚀掉，并用丙酮将 PMMA 去除得到三维石墨烯泡沫结构，最后往石墨烯泡沫中浇灌 PDMS 制得具有三维互连结构的石墨烯基柔性导电复合材料结构。该石墨烯复合材料的石墨烯含量仅约为0.5%质量分数，但电导率约10 S·cm^{-1}，具有良好的柔性与可折叠性及机械形变下的电稳定性。

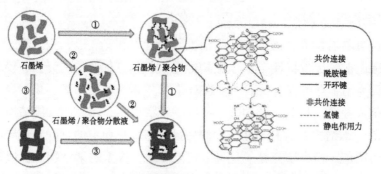

图 2.9　一种石墨烯基聚合物复合材料的制备方法 [27]

②碳纳米管。碳纳米管（CNTs）作为一维结构的纳米碳材料，碳原子以 sp^2 杂化键为主，同时存在一定的 sp^3 杂化键，其空间拓扑结构形成大 π 键，使得碳纳米管具有良好的导电性能和力学性能。CNTs 的长径比通常在 1000 以上，可在较低填料用量下形成完整导电网络，且密度小，无疑是聚合物基导电复合材料尤其是柔性聚合物导电材料的重要导电基础材料。碳纳米管有单壁（single wall）、多壁（multi wall）、环状（torus）、纳米树芽状（nanobud）及杯状叠层状（cup stacked CNTs）等多种结构形态 [29]。

目前，以 CNTs 为填料制备聚合物基复合材料已取得了较大进步，但因其表面积大、长径比高，导致团聚和缠绕现象十分严重，且 CNTs 表面无官能团，在聚合物基体中难以均匀分散，成为碳纳米管在聚合物基复合材料中应用的主要障碍。为了提高 CNTs 在聚合物基体中的分散性，通常采用超声震荡、溶液共混或原位聚合的方式对碳纳米管表面进行功能化改性。结果发现，将 CNTs 分散在离子液体中，经过研磨、超声处理后有利于提高其在聚合物中的分散均匀性。Ata 等 [30] 制备得到一种类似高分子柔性链的毫米级超长碳纳米管，用离子液体辅助分散后与氟橡胶混合，得到电导率为 30 S·cm^{-1} 的柔性导电薄膜，反复拉伸 4500 次才会破裂。2015 年，Darabi 等 [31] 采用简单的反复拉伸与折叠技术，实现了 CNTs 在口香糖中的取向排列与均匀分散。当 CNTs 含量为 6% 质量分数时，所得复合材料电导率为 10 S·m^{-1}，电导率虽不高无法直接用作电极材料，但该柔性导电复合材料表现出了良好的应变传感特性，拉伸应变达 530%，应变灵敏度系数为 12 ～ 25，且成功用于手指弯曲、呼吸等人体行为的监测。

③银纳米线。银纳米线（Ag NWs）通常采用多元醇法合成得到，典型的制备工艺是：以聚乙烯吡咯烷酮为诱导剂，以乙二醇为溶剂同时作为还原剂，硝酸银等为银源，银离子在热的作用下被乙二醇还原为银种子并逐步生长为一维结构的银纳米线。Ag NWs 除了具有类似本体银的优异导电性能外，还因其高长径比的一维结构而具有优异的透光性和抗挠性。Ag NWs 在透明电极方面具有重要的应用价值，被认为是铟锡氧化物（ITO）半导体透明导电膜的理想替代材料。斯坦福大学崔毅课题组 [32] 以 Ag NWs 为导电材料制备透明柔性电极，系统研究了 Ag NWs 的宏量制备工艺、形貌、光学特性、机械黏度与柔性等。所制 Ag NWs 透明电极在可见光内的镜面透光率约为 80% 时，方阻约为 20 Ω·sq^{-1}；漫透光率为 80% 时，方阻为 8 Ω·sq^{-1}，优于 ITO 在柔性聚合物基体上的表现。Lee 等 [33] 采用改进的连续、多步多元醇法合成超长银纳米线（> 500 μm），通过抽滤移印方法将 Ag NWs 网络转移至玻璃基底，再在 Ag NWs 网络中浇灌液态 PDMS，制备了柔性可拉伸 PDMS/Ag NWs 柔性导体，如图 2.10

所示。该柔性导电材料可承受 460% 的高拉伸应变，同时保持较低方阻，并成功应用于 LED 柔性电路。

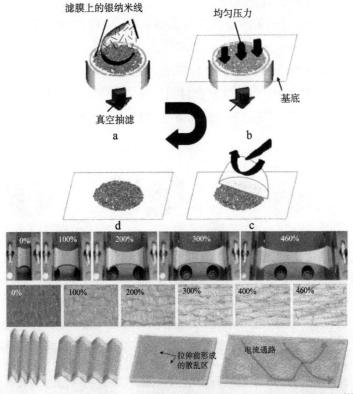

图 2.10　PDMS/Ag NWs 柔性可拉伸导电复合材料的制备及其性能[33]

④铜纳米线。铜纳米线（Cu NWs）是继 Ag NWs 之后又一种新型纳米结构导电材料，与其他一维结构导电材料一样，Cu NWs 的高长径比有利于它在较低的含量下获得有效的导电网络。与此同时，Cu NWs 表现出比 CNTs 高的电导率，比 Ag NWs 低的成本，被视为 Ag NWs 的潜在竞争者。Cu NWs 的制备工艺较为简单，目前主要有两种方法：以乙二胺（EDA）为诱导剂的液相法与以烷基胺（alkylamine）为诱导剂的水热法，如图 2.11 所示[34]。与 Ag NWs 类似，Cu NWs 在制备透明电极方面也有良好的表现。Wiley 等[35]首先制备直径为 60 nm、长度大于 20 μm 的高长径比铜纳米线，采用 Meyer 棒涂法在 PET 薄膜上构建基于 Cu NWs 导电网络的柔性透明导电电极。经 plasma 等离子体处理（95% 氮气 +5% 氢气），而后在纯氢气气氛的管式炉中 175℃下处理 15 min，得到的 Cu NWs 透明导电电极的透光率为 85%，方阻为 30 Ω·sq⁻¹，1000 次循环弯曲测试后方阻微增至 40 Ω·sq⁻¹，表明其在机械形变后呈现出良好的电稳定性。

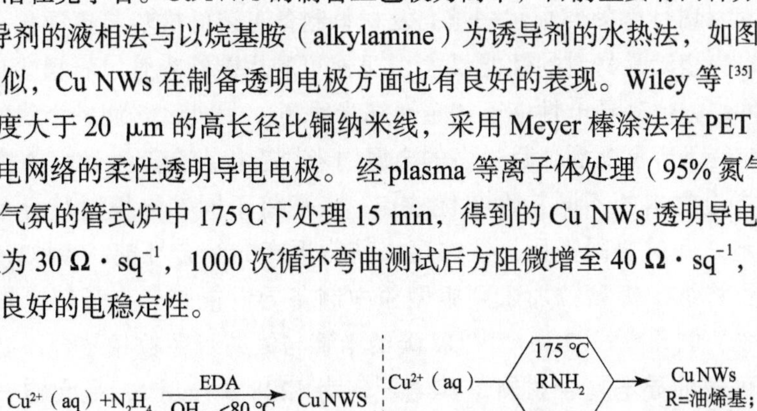

a 乙二胺介导的合成方法　　b 烷基胺介导的合成方法

图 2.11　两种制备铜纳米线的典型方法[34]

Cu NWs 作为导电基础材料，在柔性导电复合材料领域也有重要应用价值，例如，Tang 等[36] 采用冷冻干燥法制备低密度（0.46 mg·cm^{-3}）的 Cu NWs 气凝胶（图 2.12），并研究气凝胶的机械性能与电性能，其电导率在 0.90 ~ 1.76 S·cm^{-1} 范围内可调，相应的机械强度为 1.74 ~ 12.96 Pa。他们还采用冷冻干燥法制备 Cu NWs 与聚乙烯醇（PVA）的复合材料气凝胶，其密度约为 10 mg·cm^{-3}，电导率约为 0.83 S·cm^{-1}。该复合气凝胶表现出良好的循环加载可靠性，可作为弹性压阻材料使用。通过在 Cu NWs-PVA 复合气凝胶中浇注 PDMS，可制备具有高度柔弹性的导电复合材料，其电导率未明显降低，并可切割成带状、薄膜、立方体、圆柱体状等一维、二维或三维任意形状，在柔性电子领域具有重要的应用潜力。

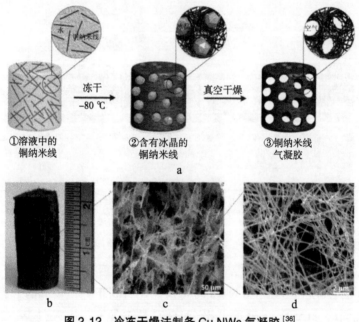

图 2.12　冷冻干燥法制备 Cu NWs 气凝胶[36]

随着应用对材料性能的要求越来越高及材料制备工艺的进步与多样化，单一的导电填料越来越难以完全满足材料的性能要求。虽然可利用碳纳米管、石墨烯自身结构特点构建三维导电网络，但其导电性能不如金属纳米线高。另外，金属纳米线的脆性相对较大，在大拉伸应变下容易断裂，且过多的金属纳米线连接点会产生较大的接触电阻。因此，鉴于不同导电材料的不同特性与优缺点，人们将不同导电填料结合起来使用，通过不同导电材料之间的协同作用，往往可以获得更高的综合性能。例如，佐治亚理工 Wong 课题组[37] 将纳米银颗粒加入到银微粉中制备导电银胶，少量纳米银的加入显著提高了导电银胶的电导率；Zhao 等[38] 将碳纳米管与银纳米颗粒相结合，制备 CNTs-Ag NPs-SBS 柔性可拉伸导电复合材料，其电导率为 1228 S·cm^{-1}，最大伸长率为 540%；杨培东课题组[39] 将 rGO 与 Cu NWs 复合构建高电导率、高稳定性、低雾度的透明电极，微量 rGO 在 Cu NWs 表面可有效保护 Cu NWs 不被氧化；Liang 等[40] 将 GO 与 Ag NWs 相结合，利用 GO 将 Ag NWs 与 Ag NWs 的连接点处焊接起来，在 PET 薄膜基底上制备高透光率（550 nm 波长处 88%）、低方阻（14 Ω·sq⁻¹）、高稳定性（经 12 000 次 4 mm 弯曲半径的循环弯曲后方阻仅增加 2% ~ 3%）的柔性透明导电薄膜。由此可见，充分利用不同导电材料尤其是新型纳米导电材料之间的协同性，是提高导电复合材料性能的主要途径之一。

2.2.2　复合型导电高分子材料的导电机制及影响因素

2.2.2.1　导电通路的形成

导电通路的形成是指加入基体聚合物中的导电填料在给定的加工工艺条件下，如何达到电接触而在整体上自发形成导电通路这一宏观自组织过程。实验研究表明，当复合体系中导电填料的含量增加到某一临界含量（渗流阈值）之后，体系电阻率突然下降，变化幅度在 10 个数量级左右，然后体系电阻率变化又恢复平缓。为了解释这种导电性能突变现象，人们提出了许多理论，最有代表性的是日本东京工业大学 Miyasaka K 等提出的导电高分子复合材料热力学理论[41]。此理论认为，基体聚合物与导电填料的界面效应直接影响体系的导电性能很好地解释了体系的导电渗流阈值与所使用的聚合物和导电填料的种类有关。

2.2.2.2　导电理论

导电复合材料的导电机制比较复杂，主要代表性观点有：渗流理论、有效介质理论、量子力学隧道效应理论和场致发射理论。渗流理论主要用来解释电阻率与填料浓度的关系，它并不涉及导电的本质，只是从宏观角度来解释复合材料的导电现象。与渗流理论一样，有效介质理论适用于许多体系，它认为材料导电行为与导电填料和基体均有关，它主要解释复合材料的导电行为与导电填料及基体的关系，导电填料的形态和分布等因素对复合材料性能的影响，但这一理论没有揭示基体和界面是如何参与导电的。隧道效应理论是从量子力学角度研究复合材料的电阻率与导电粒子间隙的关系，它与导电填料的浓度及材料环境的温度直接相关。场致发射理论则是隧道效应导电理论中一种比较特殊的情况。

①渗流理论。渗流理论认为，当导电填料含量很低时，导电颗粒之间相互离散，无法形成导电网络，因此复合材料表现出类绝缘体的特性；当导电填料含量达到某一临界值时，导电颗粒相互接触，复合材料的电导率随着导电填料的增多而急剧上升，此临界值被称为"导电渗流阈值"；当导电填料的含量进一步增多时，复合材料内导电网络区域完善，继续增加填料，多数复合材料的电导率并未显著贡献，如图 2.13 所示[42]。渗流理论经典公式为：

$$\sigma = \sigma_0 (\varphi - \varphi_c)^t \text{。} \tag{2.1}$$

式中，σ 为复合材料的电导率，σ_0 为导电填料电导率，φ 为导电填料的体积分数，φ_c 为渗流阈值，t 是与导电填料尺寸、形状及导电网络维度有关联的临界指数。

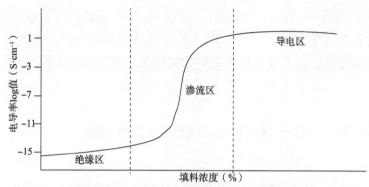

图 2.13　典型渗流理论的导电填料含量与复合材料电导率的关系[42]

渗流阈值对导电复合材料非常重要，低的渗流阈值意味着复合材料所需的导电填料填充量少，有助于改善复合材料的加工性与机械性能，同时对降低成本具有重要意义。降低复合材料的导电渗流阈值通常需要从填料的选择、提高填料在聚合物基体中的分散均匀性及控制填料的粒径分布等方面着手。Kim 等[43]通过简化导电填料的形貌，设计了几种预测模型，分别对基于球形导电颗粒、二维纳米片导电材料及一维结构的纳米管或纳米线的导电复合材料的渗流阈值进行了理论预测模型推导。

$$V_{c\text{-}sphere} = \frac{\pi D^3}{6\,(D+D_{IP})^3}\,,\qquad\qquad（2.2）$$

$$V_{c\text{-}plate} = \frac{27\pi D^2 t}{4\,(D+D_{IP})^3}\,,\qquad\qquad（2.3）$$

$$V_{c\text{-}nanotube} = \frac{\xi\varepsilon\,(\pi D^3/6)}{(D+D_{IP})^3} + \frac{(1-\xi)\,27\pi D^2 l}{4\,(l+D_{IP})^3} \approx \frac{\xi\varepsilon\pi}{6} + \frac{(1-\xi)\,27\pi D^2}{4l^2}\,。\qquad（2.4）$$

式中，$V_{c\text{-}sphere}$，$V_{c\text{-}plate}$ 和 $V_{c\text{-}nanotube}$ 分别为球形、片状和管状纳米颗粒的渗流阈值；D 为球形导电颗粒的直径、纳米片的横向直径及纳米管的截面直径；t 为纳米片的厚度；l 为纳米管的长度，ξ 为团聚纳米管的体积分数；ε 为纳米管在一个团聚体中的体积分数。D_{IP} 为导电颗粒间的平均距离，当 D_{IP} 等于或小于发生隧穿时的距离时，将发生电子跃迁现象，这与量子力学隧道效应机制一致。多数研究结果认为，$D_{IP} \leqslant 10$ nm 时会产生隧道效应。对于一维导电材料，D_{IP} 通常远小于填料的长度 l，因而式（2.4）可做进一步的简化处理。采用上述公式计算预测的结果如图 2.14 所示，这为导电填料的选择、新型导电填料的开发及复合材料性能预测提供了理论依据。

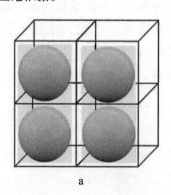

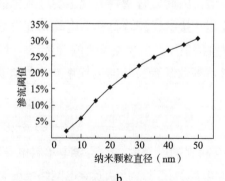

a
b

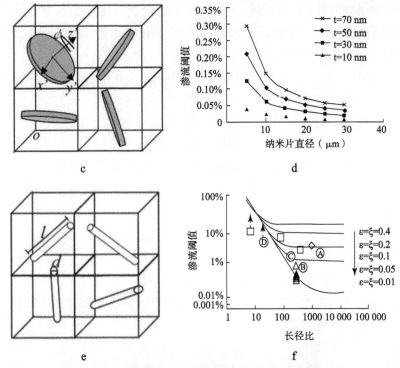

图2.14 3种典型形状导电填料的渗流阈值预测模型[44]

②有效介质理论。一种理想的有效介质理论认为，在混合体系中，每一个填料颗粒都被由多相材料组成的混合物所包围，并且填料颗粒的粒径尺寸分布在无限广的范围。其中，大尺寸的颗粒之间被基体分开，而基体中又含有较小尺寸的颗粒，以此类推。所以，在渗流阈值附近，小粒径颗粒相互接触或将要接触时，该介质就不再是有效介质，也就不再适于使用有效介质理论。当填料颗粒的体积分数很小，填料颗粒之间被很好地隔开时，这样的介质才适合使用有效介质理论；且填料颗粒体积分数越小，使用有效介质理论的效果就越好。1987年，McLachlan等人提出了普适性的有效介质理论（General Effective Media，GEM）方程：

$$(1-\phi)\frac{\sigma_m^{1/t}-\sigma_n^{1/t}}{\sigma_m^{1/t}+\frac{1-\phi_c}{\phi_c}\sigma_n^{1/t}}+\phi\frac{\sigma_p^{1/t}-\sigma_n^{1/t}}{\sigma_p^{1/t}+\frac{1-\phi_c}{\phi_c}\sigma_n^{1/t}} \quad 。 \qquad (2.5)$$

式中，σ_p、σ_m 与 σ_n 分别为填料电导率、聚合物基体电导率与复合材料的电导率；ϕ 与 ϕ_c 分别为导电填料的体积分数与临界渗流体积分数；t 为与渗流阈值曲线斜率相关的指数。

③量子力学隧道效应理论。隧道效应理论认为，复合材料表现出的导电性能，除了因为基体中导电填料之间的直接接触导电外，还包括热振动引起的电子迁移造成的导电现象，即电子在能隙间跳跃而导通，此时相邻导电填料间的距离要比100 nm大得多。Simmons提出了较具普适性的隧道效应方程[45]：

$$J=\frac{3\sqrt{2m\varphi}}{2\alpha}\left(\frac{e}{h}\right)^2 E\exp[\,(\frac{4\pi\alpha}{h})\sqrt{2m\varphi}\,] \quad 。 \qquad (2.6)$$

式中，J 为电流密度，也叫载流子迁移速率；m 与 e 分别为一个电子的质量与电荷量；h 为普朗克常数；φ 为间隙势垒；α 为填料间隙距离；E 为电场强度。由此方程可知，电流密度 J 是隧道间隙距离 α 的函数，因此量子力学隧道效应理论可用来分析拉伸形变或压力等对柔性导电聚合物复合材料导电性能的影响。

④场致发射理论。Beek 等[46]在隧道效应理论的基础上提出了场致发射理论。该理论认为，填料之间虽然存在基体类的绝缘体，但当导电填料间的距离小于 10 nm 时，这些填料之间的强大电场可以诱使发射电场的产生，从而导致电流的产生。其主要理论方程为：

$$J=AE^n\exp（-B/E）。\tag{2.7}$$

式中，J 为载流子迁移速率；E 为场强，A 为隧道频率；n 与 B 为复合材料的特性常数，n 通常介于 1～3。上述几种导电机制各有其适用的范围，但复合材料的导电行为往往是由这些机制共同作用而产生。

2.2.2.3 导电性能的影响因素

影响复合材料导电通路形成的因素很多。例如，基体树脂的种类、结晶度，导电填料粒子的尺寸、形状及在树脂中的分布状况，导电填料粒子与基体树脂的界面效应，以及复合材料加工工艺、固化条件等[47-48]。

2.2.2.3.1 基体聚合物的影响

从聚合物结构上讲，聚合物侧基的性质、体积和数量，主链的规整度、柔顺性、聚合度、结晶性等对体系导电性均有不同程度影响。填充复合型导电高分子材料的导电性随基体聚合物表面张力减小而升高；基体聚合物聚合度越高，价带和导带间的能隙越小，导电性越高；聚合物结晶度越高，导电性越高；交联使体系导电性下降。基体聚合物的热稳定性对复合材料的导电性能也有影响，一旦基体高分子链发生松弛现象，就会破坏复合材料内部的导电途径，导致导电性能明显下降。共混高聚物 / 炭黑复合材料比单一高聚物 / 炭黑复合材料有更高的导电性。

2.2.2.3.2 导电填料的影响

采用不同种类导电填料的复合材料导电性能各不相同，同一类型的导电填料也因生产厂家、生产方式和加工工艺的不同而存在差别。填料粒子的形状对复合材料电导率有较大的影响，如三维结构的氧化锌晶须做填料才能形成非常有效的导电通道，因此能高效率地赋予复合材料导电性；一般情况下树枝状填料的先端结构比球状及片状粒子发达，配位原子数相应较多，在复合材料中形成网络结构时相对密集、完整，所以电导率相应较高。各种填料并用时，其电导率比单独使用球状或片状填料要高。采用金属粉填充复合型导电高分子材料，其电导率受到粒径大小、状态及形状的影响，即采用胶态金属做填料，体系电导率较高；若改用金属薄片做填料，其电导率会显著提高，金属薄片越薄其导电性越好；纤维状填料的导电性能随纤维的长径比的增大而升高；当需要特别高的电导率时，最好选用导电性良好的银粉和金粉做导电填料。对于碳系材料，则选用结构性好、比表面积大、表面活性基团含量少的炭黑品种，可赋予复合型导电高分子材料良好的导电性能。

一般来说，当聚合物中加入一定量填料时，电导率随粒径减小而升高。在加入较少导电填料的情况下，导电粒子间不能形成无限网链，材料导电性比较差。只有在高于临界值时，材料的导电性才显著提高，但在导电填料加入过多的情况下，因为起粘连作用的聚合物量太少，所以导电粒子不能紧密接触，导电性也不稳定。

2.2.2.3.3 制备方法及制备工艺的影响

采用溶液共混法比采用熔融共混法制得的复合材料导电性高。填充复合型导电高分子材料的导电性在很大程度上取决于填料在高聚物中的分散状态和导电结构的形成情况。要使各组分充分混合，复合体系必须进行混炼，而混炼又会破坏填料的组织和结构，如炭黑的链状结构、氧化锌晶须的三维结构等，从而影响导电性能，所以要控制混炼工艺条件。为保持导电组织结构的完整性，挤出时受到的应力要尽可能小、剪切速度要尽可能低。选择合理的混炼工艺参数也很关键，例如在制备金属纤维填充复合型导电高分子材料时，为避免金属纤维折断，注射时应降低螺杆转速和背压，提高机筒和模具温度。为提高均匀分散效果，有时还需添加适当的加工助剂。加工前材料要尽可能干燥，因为痕量水分或其他低分子挥发物可能使制品出现气泡或表面缺陷，影响导电结构的完整性。加工温度升高或流体融熔体指数增大，体系的黏度和剪切应力降低，有利于导电结构的完整性。另外，延长成型时间和提高成型温度也有利于导电结构的完整性。冷却速度不会明显影响无定型高聚物的导电性，但熔体缓慢冷却可增加结晶或部分高聚物的结晶度，提高导电性。

2.2.2.3.4 其他因素的影响

除上述因素外，使用介质、使用时间和环境，以及加工模具、聚合时的条件（如电极电位、聚合速度、聚合时溶剂的性质等）等，在一定程度上都会影响复合体系的导电性能。由多组分盐组成的低共熔物与少量高分子共混而成，称之为 "Polymer-in-salt" 的高分子固体电解质，其共熔体系的熔点越低，玻璃化转变温度也越低，越有利于离子传导，所以相应的离子电导率也越高，低共熔物的熔点及样品的处理方式对电导率的影响较大；样品从高温 "快"降至室温再升温比样品从高温 "慢"降至室温再升温的电导率高。

2.2.3 复合型导电高分子材料的制备方法

复合型导电高分子的制备方法主要涉及如何将导电填料与聚合物基体实现复合，为了满足导电填料在聚合物基体中均匀分散的要求，需要有合适的加工与制备工艺，更为重要的是所得导电聚合物复合材料应满足设计的电导率要求。通常，导电聚合物复合材料的制备方法包括：机械共混法、熔融混合法、溶液共混法、原位聚合法与胶体技术等。

①机械共混法。机械共混法是将导电聚合物与基体聚合物同时放入共混装置，然后在一定条件下适当混合，制备共混复合型导电高分子。当导电聚合物的质量分数为 2 % ~ 3% 时，其电阻率为 $10^7 ~ 10^9 \ \Omega \cdot cm$ ，因此可以作为抗静电材料使用。芬兰 PAniipol 公司掺杂的聚苯胺（PANI）与聚丙烯（PP）、聚乙烯（PE）、聚苯乙烯（PS）树脂机械共混，得到表面电阻率在 $10^3 ~ 10^{10} \ \Omega \cdot cm$ 的复合材料，基本上克服了掺杂 PANI 在加工温度下易分解的缺陷。

②熔融混合法。熔融混合法是一种将导电填料均匀嵌入聚合物基体的有效方法，无须使用溶剂，方法简单易行，可满足工业化规模生产的要求。通常采用挤出机或注塑机将热塑性聚合物熔融，然后将石墨烯、炭黑等导电填料加入熔融状态的聚合物中，在强烈的机械

剪切或挤出作用下实现导电填料在聚合物链段中均匀分散。Huang 等[49]采用熔融法制备多壁碳纳米管（MWCNTs）与 PDMS 的导电复合材料，在不同的 MWCNTs 填充量条件下通过实时黏度变化探讨熔融分散时间对复合材料的影响，表明混合体系黏度越高，使混合物分散均匀所需分散时间越长。除了混合时间，还有许多制备工艺参数对复合材料混合均匀性具有重要影响。Villmow 等[53]系统研究了碳纳米管与聚合物的复合体系，包括加温段的停留时间、螺杆机的旋转速度、螺旋桨形状等都对复合物均匀性产生重要影响，通过制备工艺的优化可实现多壁碳纳米管的完全均匀分散，制得渗流阈值仅为 0.24 vol% 的聚合物导电复合材料。此外，填料与聚合物基体之间的作用也对填料的分散性起到了重要作用。例如，以熔融混合法制备碳纳米管与聚丙烯（PP）的导电复合材料时，碳纳米管在聚丙烯基体中存在大块团聚体，无法均匀分散，其原因是聚丙烯为非极性聚合物，与碳纳米管无相互作用；但却可在聚酰胺 6（PA6）中均匀分散，其原因是碳纳米管与聚合物链存在强相互作用。因此，对于非极性聚合物，可采用相溶剂或表面活性剂对填料进行预处理，提高导电填料与聚合物基体之间的相互作用，增强分散均匀性，制得高性能导电聚合物复合材料。

③溶液共混法。熔融混合法可以实现碳纳米管与聚合物基体材料的均匀混合，但对于高长径比且处于缠绕卷曲状态的碳纳米管等填料，熔融混合法很难实现均匀分散，此时需采用溶液共混法。溶液共混法是将聚合物与导电填料分别分散在有机溶剂中，再共混，然后浇注成型或固化制得导电聚合物导电复合材料，主要工艺流程如图 2.15 所示[42]。对于具有 sp^2 杂化轨道结构的碳纳米管、石墨烯等材料，它们往往难以直接分散在溶剂中，需要进行功能化预处理，因此选择合适的表面处理剂对复合材料最终性能具有重要影响。与此同时，为聚合物基体选择合适的溶剂也非常重要，要能够同时实现对导电填料与聚合物的分散。Kong 等[51]以粒径约 50 nm 炭黑（CB）为导电填料、PDMS 及其固化剂为聚合物，选用甲苯为共溶剂，通过溶液共混法制备 PDMS/CB 导电复合材料，并成功应用于应变传感器中。需要指出的是，由于化学修饰会导致填料表面结构的破坏，因此对导电填料的化学功能化处理会降低聚合物复合材料的电导率。此外，由于混合物黏度可通过溶剂进行调控，溶液共混法常用于浇注制备导电聚合物复合材料薄膜，薄膜成型或固化过程所需时间比熔融混合法制备导电复合材料长很多，因而导电填料在聚合物基体中拥有更长的时间进行重排，进而可获得比熔融混合法所制复合材料更低的渗流阈值。

导电聚合物溶液 填料悬浮液 溶剂挥发 导电聚合物复合材料

图 2.15 溶液共混法制备导电聚合物复合材料[42]

④原位聚合法。原位聚合法是实现导电填料在聚合物基体中分散的又一种方法，与熔融混合法及溶液共混法相比，原位聚合法的最大优势是可实现分子尺度的分散，有利于提高复合材料的机械性能与电性能。在原位聚合法中，通常先将聚合物溶解在液态单体中，然后加入合适的引发剂，再在光、热或辐射等作用下发生聚合反应，使聚合物与填料之间形成强烈的界面作用。由于碳纳米管和聚合物可以形成共价键，原位聚合法常用于制备碳纳米

管与聚合物的导电复合材料，同时聚合物链在纳米管表面的存在又会进一步促进纳米管的分散，因此可制备高填充量高碳纳米管的导电复合材料。也有人[52]采用原位聚合法以相对较高的温度在聚合物基体中将氧化石墨烯还原成石墨烯，得到导电聚合物复合材料。与熔融混合法相比，原位聚合法比较难以用于规模化工业生产。

⑤胶体技术。上述 4 种常见制备方法均是基于导电填料在聚合物中的随机均匀分散，往往需要较多的导电填料含量才能形成导电通道。胶体技术则是基于石墨烯、碳纳米管等表面带有电荷的填料与聚合物基体之间的静电吸附与自组装作用，构建三维结构的导电通道，具有制备过程简单、可规模化放大生产的优点。但是胶体技术制备导电聚合物复合材料对聚合物基与导电填料均有特殊要求，导电填料需可在水中形成胶体分散液，聚合物则需通过乳液聚合法制备的或人工加工的胶体状材料。上海交通大学黄兴溢课题组[53]采用氨基修饰的聚苯乙烯（PS）微球为聚合物胶体，与氧化石墨烯（GO）通过静电吸附作用得到 PS/GO 杂化材料，GO 覆盖在 PS 聚合物微球表面形成非常薄的一层，然后通过氢碘酸将 GO 还原得到导电 rGO，经热压处理后制备得到 PS/GO 导电复合材料。在石墨烯填充量为 4.8 vol% 时，该复合材料的电导率高达 1083.3 S·m^{-1}，且渗流阈值仅为 0.15 vol%。有关用胶体技术制备石墨烯基纳米复合材料的详细内容还可参考 Elodie Bourgeat-Lami 等人的综述文章[54]。

⑥共沉淀法。共沉淀法一般是将非导电聚合物水乳液和导电聚合物微粒悬浮液混合共同沉淀形成沉淀共混物。共沉淀法制备聚吡咯 / 聚氨酯复合材料分 3 步：a. 用化学氧化法制备聚吡咯细小微粒悬浮液；b. 聚氨酯在氯仿中溶解，然后用表面活性剂制备水乳液；c. 将乳液与聚吡咯悬浮液混合，可制得沉淀共混物，其电导率可达 20 S·m^{-1}。

⑦直接涂布法。直接涂布法是将导电聚合物纳米颗粒直接涂布在纤维、织物或片材等形式的基体表面，使其形成导电涂层或薄膜，从而得到导电聚合物 / 聚合物纳米导电复合材料。如将 PVA 稳定分散的 PANI 纳米粒子分散液直接涂布在涤纶（PET）和尼龙 6 纤维上，可以在纤维表面形成光滑且各向同性的 PANI 包覆膜，纤维的电导率在 10^{-4} ~ 100 S·m^{-1} 范围内。分散液中 PANI 用量越高，复合纤维的电导率越高，同时可以保持纤维基体的力学性能基本不变。

⑧悬浮液共混法。悬浮液共混法是将导电聚合物纳米颗粒分散至高分子材料基体溶液中共混制得纳米导电复合材料。例如，将聚乙烯基甲基醚为大分子稳定剂，由分散聚合法合成的椭圆形粒径为 250 nm × 190 nm、电导率为 496 S·m^{-1} 的盐酸掺杂聚苯胺（PANI·HCl）粒子，PANI·HCI 粒子的尺寸小于 20 nm，分别分散于聚氯乙烯（PVC）、聚苯乙烯（PS）、聚甲基丙烯酸甲酯（PMMA）、聚醋酸乙烯酯（PVAc）的四氢呋喃溶液中或分散于聚乙烯醇（PVA）的 HCl 溶液中，混合液超声分散 1.5 h 后浇铸成膜，可得到具有良好导电性能的纳米复合膜，其电导率为 10^{-4} ~ 10^{2} S·m^{-1}。

⑨模板辅助聚合法。模板辅助聚合法是在模板聚合物存在下引发导电聚合物合成，聚合完成后，得到导电聚合物 - 模板聚合物纳米导电复合材料。Thiyagarajan 等[55]利用模板辅助酶催化聚合，制备得到樟脑磺酸掺杂的水溶性、手性导电 PANI-PAA 纳米复合材料，电导率为 1.8 S·m^{-1}。Soon Jae Kwon 等[56]以聚离子液体（PIL）为 PEDOT 相容模板，采用溶液

共混法制备一种 PIL- 改性 PEDOT（PEDOT：PIL）/聚（醚 $-\beta-$ 酯）（PEEA）高伸缩性导电聚合物。导电 PEDOT：PIL 在 PEEA 中分布均匀，共混物呈现出较低的渗滤阈值并具有良好的弹性机械性能。

⑩吸附聚合法。吸附聚合法是在非导电聚合物基体上吸附可形成导电聚合物的单体，使之在基体上聚合，从而获得导电复合材料。聚乙炔/聚乙炔导电复合材料、氯化聚丙烯/聚吡咯导电复合材料、三元乙烯橡胶/聚吡咯导电复合材料均是采用这种方法制备的。

2.2.4 复合型导电高分子材料的应用

由于良好的导电性能、加工性能与力学性能等特性，复合型导电高分子材料在柔性可拉伸导体与柔性应变传感器等新兴柔性电子领域、有机场效应晶体管、有机光伏器件、有机发光二极管（OLED）、有机存储器件等领域有着广阔的应用前景。目前，在不影响复合型导电高分子材料导电性能的前提下，应尽可能降低成本，优化复合工艺，开发出综合性能优异的器件。

①在柔性可拉伸导体中的应用。顾名思义，柔性可拉伸导体是指具有机械柔性、能够在拉伸状态下保持导电性的材料，其最大挑战是如何实现在高拉伸应变下仍具有高电导率。柔性可拉伸导体在柔性电路板、柔性电极、柔性有机发光晶体管、心脏起搏器、柔性超级电容器等方面应用广泛。为了实现高拉伸应变下高导电性的目标，2015 年 Liu 等 [57] 在拉伸的橡胶纤维表面缠绕柔性 CNTs 片，随后 CNTs 片在橡胶纤维松弛过程中形成了多级可拉伸皱褶，得到以弹性纤维为核、CNTs 导电片为壳的具有多层次结构的柔性可拉伸导体。该复合导电材料最大拉伸应变达 1320%，且可在 1000% 高拉伸应变下表现出优异的电稳定性（电阻增加率 < 5%），如图 2.16 所示。该课题组在此基础上制备得到可纺织的拉伸导电纤维，并将其成功用于超弹性导线、生物传感器与超容等领域。斯坦福大学鲍哲楠课题组 [57] 成功制备一种导电性和拉伸性极佳的复合材料，可用于柔性可拉伸电极，进而用于可穿戴电子器件。为了增强该复合材料的韧性和机械性，他们采用一种类似肥皂表面活性剂的分子添加剂，改变分子间的作用力，从而将原先的小颗粒状变成渔网状，提高了其拉伸性能。此外，改进后的复合材料还具有较高的导电性与拉伸稳定性，在未拉伸状态其电导率为 3100 S·cm^{-1}，拉伸 100% 应变后电导率为 4100 S·cm^{-1}，且经 1000 次 100% 拉伸—回复循环后仍保持 3600 S·cm^{-1} 高电导率；拉伸至 600% 时，电导率仍高于 100 S·cm^{-1}，直至拉伸到 800% 应变后断裂，如图 2.17 所示。

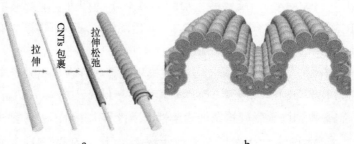

a   b

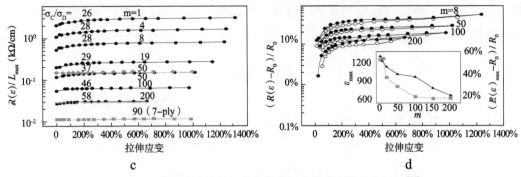

图 2.16　基于碳纳米管制备的核壳结构超高弹性导电纤维[57]

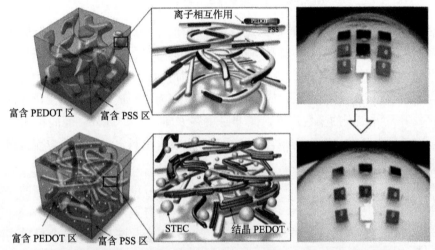

图 2.17　鲍哲楠课题组制备的高可拉伸性透明导电聚合物复合材料[58]

②在柔性应变传感器中的应用。应变传感器是一种可将拉伸、弯曲、扭曲等机械形变转化为电阻或电容的电学输出信号变化的传感器，如图 2.18 所示。在机械变形过程中，由于导电聚合物复合材料内部的导电网络或导电填料之间的距离发生变化，导致复合材料的电阻发生改变，因而导电聚合物复合材料可用作电阻型应变传感器。基于传统金属应变片的电阻传感器存在应变范围小（＜5%）、灵敏度低（≈2）等缺陷，无法适应现代柔性电子器件对大拉伸应变与高灵敏度的要求。柔性应变传感器的主要技术指标包括：可拉伸、灵敏度、线性度、滞后性、响应时间与恢复时间、过冲行为、动态循环可靠性等。Yamada 等[59]将高取向单壁碳纳米管薄膜（长 × 宽 × 厚 =16 mm × 1 mm × 6 μm）固定在柔性可拉伸 PDMS 薄膜基底表面，通过加入异丙醇使碳纳米管阵列平铺在 PDMS 表面，所得柔性导电复合材料表现出优异的应变传感性能，即高拉伸应变率（280%）、高可靠性（150% 的拉伸应变循环10 000 次）、快速响应时间（14 ms）及低蠕变（100% 拉伸应变时的蠕变率为 3%）。其成功应用于运动、呼吸、讲话等人体行为监测。Wang 等[60]首次研制基于石墨烯的应变传感器，他们采用 CVD 法在金属网格上生长石墨烯，然后通过化学刻蚀去除金属网格，得到坍塌的网格状石墨烯薄膜应变传感器。该石墨烯应变传感器表现出较大的拉伸性（10%）、极高的灵敏度（2% ~ 6% 应变范围的灵敏度约为 10^3，＞7% 应变范围的灵敏度高达 10^7），这是截

至该文献发表时（2014 年 8 月）报道的灵敏度最高值，在心跳、脉搏、表情识别等微小应变监测领域具有重要应用价值（图 2.18）。

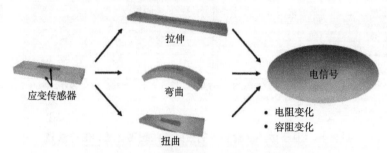

图 2.18　应变传感器工作的基本原理[60]

　　尽管近年来有关柔性应变传感器的制备与应用研究取得了显著进展，但仍离实际使用要求有很大差距，尤其是在制备兼具高可拉伸性、高灵敏度、良好线性度及滞后性小、响应时间快、可靠性高等综合性能的柔性应变传感器方面。面对可穿戴电子器件与产品的大规模制造与应用需求，越来越要求柔性应变传感器具有简易、低成本且易规模化大面积制备的优点，为此，开发可印刷的柔性应变传感器是主要方向之一。此外，面向植入式医疗健康等领域的应用，还需开发具有生物相容性的柔性导电复合材料电极与柔性应变传感器，并对其进行阻水、阻氧封装，使其能够承受体内复杂的生化环境。

　　③在有机场效应晶体管（OFET）中的应用。复合型导电高分子具有较高的迁移率，在OFET 应用上具有独特优势。Marszalek 等[61]将 n 型半导体材料［PTCDI-C 5（3）］与聚甲基丙烯酸甲酯（PMMA）复合，采用区域滴注（zone-asting）技术将该复合材料滴注在导电玻璃表面。作者详细研究了基于 PTCDI-C 5（3）/PMMA 复合物构建的有机场效应晶体管的输出性能。结果表明，其迁移率高达 $0.1 \sim 1 \ cm^2（V \cdot s）^{-1}$；同时，开关比相对较低，在门电压（UGS）为 16 V 时，最大的漏电流（IDS）为 0.005 A，此时的开关比只有 25 左右。

　　④在有机光伏器件（OPV）中的应用。与晶硅、非晶硅和多元化合物等无机类太阳能电池相比，有机聚合物太阳能电池是以有机材料为活性层，可以与柔性衬底很好地结合，具有材料来源广、重量轻、制备工艺简单、柔性等优良特点，近 10 多年来已经成为光伏领域中最为活跃的热点之一。在聚合物太阳能电池领域中，使用共轭聚合物作为电子给体，富勒烯及其衍生物作为电子受体的聚合物 / 富勒烯太阳能电池（Polymer /Fullerene Solar Cells，PFSCs）是最为热点的研究方向[62]。其中，共混型本体异质结（Bulk Heterojunction，BHJ）太阳能电池表现出较好的性能，其能量转换效率不断取得突破。2013 年，Yang Yang 课题组[67]依次把窄带隙聚合物 PDTP-DFBT，PCPDT-BT 和 PCPDT-DFBT 引入叠层电池中。采用 $P_3HT：IC_{70}BA$ 体系成功制作出反型叠层电池，经美国可再生能源实验室认证，最高能量转换效率 PCE 达到了 10.6%，这是迄今为止聚合物太阳能电池领域首次突破 10% 的效率，预示着该技术即将应用于未来可再生能源市场。

　　⑤在有机发光二极管（OLED）中的应用。有机发光二极管（OLED）具有响应速度快、亮度高、视角宽、抗震性能好、可实现柔性显示等特点，有望成为下一代平板显示、固态照明和柔性电子设备的首选。在 OLED 器件三明治结构中，空穴注入层的空穴注入能

力、电导率和透光率是影响器件效率的重要因素。聚（3，4-亚乙二氧基噻吩）：聚（苯乙烯磺酸）（PEDOT：PSS）的功函数大概在 -5.0 eV，位于氧化铟锡（ITO）的功函数（-4.7 eV）与常用的有机半导体材料最高占据分子轨道（HOMO）能级之间，因此其水溶液通过旋涂和退火成膜后，可用作 OLED 器件中的空穴注入层。然而，PEDOT：PSS 经湿法旋涂制备的薄膜电导率往往不理想，致使 OLED 器件的效率不高。杨君礼等[64]将氧化石墨烯（GO）掺杂 PEDOT：PSS 作为空穴注入层，研究其对有机发光二极管发光性能的影响。在 PEDOT：PSS 水溶液中掺入 GO，经过湿法旋涂和退火成膜后，不仅提高了空穴注入层的空穴注入能力和电导率，透光率也得到了相应的提高，使得有机发光二极管器件的发光性能得到了提升。通过优化 GO 掺杂量发现，当 GO 掺杂量为 0.8% 质量分数时，空穴注入层的最大透光率达到 96.8%，此时获得的 OLED 器件性能最佳，其最大发光亮度和最大发光效率分别达到 17 939 cd·m^{-2} 和 3.74 cd·A^{-1}。与 PEDOT：PSS 作为空穴注入层的器件相比，掺杂 GO 后器件的最大发光亮度和最大发光效率分别提高了 46.6% 和 67.6%。Preinfalk 等[65]将二氧化硅纳米颗粒（SiO$_2$）掺杂到 PEDOT：PSS 中，可显著提高电荷注入能力。与无掺杂的 PEDOT：PSS 作为空穴注入层的 OLED 相比，其发光效率提高了 85%。

⑥在有机存储器件中的应用。目前，基于无机材料的存储材料一直在电子界处于统治地位，占据了 20% 以上的半导体市场。三大通用存储技术中，动态随机存取存储器（Dynamic Random Access Memory，DRAM）信息记忆维持时间短，需要加电压才能维持。Flash 存储器的存储时间是计算机时钟周期的 1000 倍，同时价格也相对较高。硬盘驱动器（Hard Disk Drive，HDD）存储器所需时间过长。因此，若想进一步革新推进计算机设计，唯有寄希望于新材料的开发。以稳定、廉价、高速为目标，在世界范围内掀起了一场基于新材料的数字存储技术的研发热潮。最具有代表性和应用前景的材料之一是有机电双稳材料。有机电双稳材料是指在一定的外加电场作用下能够以两种不同的电导状态稳定存在的材料。具体而言，该材料在激活前能够以低电导率的状态（关状态，0）稳定存在，当给予一定偏压后，材料被极化，以高电导率状态（开状态，1）稳定存在。所谓稳定存在是指撤去外加电压，材料电导状态不变。由"关状态"到"开状态"，即由"0"到"1"，该过程称为"写"过程。用较小偏压获取材料所处状态的过程称为"读"过程。如果处于"开状态"的材料在一定的外加电压下能够返回"关状态"，则该过程称为"擦除"。有"擦除"功能的材料能够被重复读写，更为广泛地用于 RAM 和 Flash。没有"擦除"功能的器件能够进行多次"读"功能，可用作 ROM 存储。

目前，比较公认的电双稳转换机制是电场诱导电子转移机制，即当复合材料中有合适的电子给体和电子受体时，可在复合膜中产生电偶极，形成稳定的电子通道。而导电高分子作为良好的电子给体，同时兼具优良的机械性能，能够在复合记忆材料中扮演重要角色。导电高聚物与金纳米颗粒复合提高了共轭高分子和金属纳米颗粒的相容性，增加两相的接触面积，可制备高性能的电双稳材料。Yang 等[66]将聚苯胺纳米线修饰上金颗粒，并与聚乙烯醇复合后，采用悬涂成膜工艺，所制器件厚度为 70 nm，器件转换电压为 3 V，电流由 10^{-7} A 突跃至 10^{-4} A，-5 V 的偏压能使器件回到低电导状态，器件开关比大于 10。在器件的稳定性测试中，器件"开状态"可保持 3 天以上，此后电导性略有降低。疲劳测试表明，器件在 14 h 10 000 次的读写循环测试中，性能表现优异。

⑦在传感器中的应用。因为导电高分子本身良好的电学性质，可逆的掺杂与脱掺杂的性能，同时纳米材料又具有高的比表面积，是很好的负载材料，所以，通过化学修饰或与其他功能纳米粒子复合的导电高分子的纳米材料已经被广泛研究，作为载体或包覆材料已经被广泛应用于化学传感器、生物传感器、光学传感器、气敏和湿敏传感器等方面。由于聚苯胺在紫外—可见光范围内没有荧光性质，Wolfbeis 等[67]利用具有荧光性质的聚苯乙烯微球，在其表面包裹一层聚苯胺薄膜，制备了酸碱可控的光学传感器件。通过实验发现，这种复合微球的荧光强度表现出独特的酸碱度依赖性。当研究体系的 pH 值从 1 提高到 10，荧光强度下降非常明显，可达到 60% 左右。

导电高分子生物传感器是指采用导电高分子作为载体或包覆材料，负载生物活性物质如生物酶、抗体、抗原、DNA 等，并以此作为敏感元件，通过信号转换和检测构建的器件。Hou 等[68]利用聚苯乙烯（PS）/PANI/Au 电活性的核壳纳米粒子作为电极修饰材料，在葡萄糖氧化酶（GOD）的作用下，制备了葡糖糖生物传感器。他们发现 Au 纳米粒子的引入增加了核 – 壳粒子的电导率，而且这种修饰电极不仅能够实现电子在 GOD 与电极之间的传输，而且还使酶在很宽的 pH 值范围内保持了生物活性。

2.3 纤维素基导电复合材料

2.3.1 纤维素

纤维素是大多数植物细胞壁的主要成分之一，因此其是自然界中存在最丰富的生物聚合物。植物细胞壁的机械强度源于纤维素，纤维素的结构强度主要是因为其可以在水环境中保持半结晶的聚合状态，这在大多数多糖中是非常特殊的。纤维素是无水葡萄糖的同质聚合物，以 $\beta-1,4$ 方式连接在葡萄糖残留物上。纤维素的分子结构是由一端的 d- 葡萄糖、C_4-OH 基团、终止端 C_1-OH 构成。X 射线衍射结果显示，纤维素晶体结构是由两个平行方向的纤维素链和两个折叠螺旋轴构成。电子微米衍射和中子衍射表明，纤维素晶体结构中含有三斜和单斜的晶胞。纤维素的分子结构决定其重要性质，如手性、亲水性、降解性和化学可变性均源于 -OH 受体基团的高反应活性。

纤维素按来源不同可以分为 4 类：细菌纤维素、醋酸纤维素、乙基纤维素和羟基纤维素。细菌纤维素通常由汉氏葡萄糖醋杆菌（Gluconacetobacter hansenii，UCP 1619）使用赫斯特林 – 施拉姆（Hestrin-Schramm，HS）介质生产，细菌纤维素也可以由来自萨尔西纳和农业细菌的细菌产生。但是细菌纤维素由于生产成本高、使用昂贵的培养介质、产量低、下游加工和运营成本高等原因使其应用受到一定程度的限制。与植物纤维素相比，有氧细菌产生的细菌纤维素具有独特的物理化学特性。醋酸纤维素是纤维素的乙酸酯，它的特点是成膜性好、化学稳定性高、良好的生物相容性和可降解性，可用作优良的缓释剂载体，也可用于制备纤维素微球的衍生物。乙基纤维素（EC）是纤维素碱化后进一步与氯乙烷反应得到的一种非离子型纤维素醚，它是纤维素结构中的醇羟基被醚基取代得到的。EC 具有化学性质稳定、易成膜和机械性能佳等优点，可用于微胶囊药物输送系统和气体分离膜领域等。羟基纤维素（HPC）也是纤维素的衍生物之一，可以用作润滑剂，也可用于治疗角膜结膜炎，角膜侵蚀神经性角膜炎等。

纤维素的合成路径主要为 4 种，如图 2.19 所示，其中最著名和最常使用的方法是从植物纤维素中提取，研究发现，从棉花种子提取的纤维素纯度是最高的。而木材上提取的纤维素通常都是木质素和其他多糖形成的混合物，因此需要进一步采用大规模化制浆和纯化工艺来提纯。除大多数植物以外，纤维素亦可来自某些藻类和特定的细菌或真菌。第一次体外合成纤维素是通过纤维素酶催化 β-纤维素二糖氟化物得到纤维素，其化学过程是 d-葡萄糖的开环聚合。

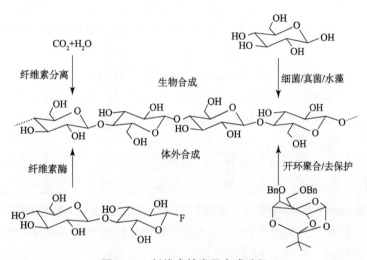

图 2.19 纤维素的常见合成路径

2.3.2 纤维素基导电复合材料

纤维素基复合导电材料即纤维素与其他导电材料复合形成的新型导电材料，可分为两类：第一类是根据纤维素的类型不同，分为植物纤维素基复合导电材料、细菌纤维素基复合导电材料、纳米微晶纤维素复合导电材料、钠纤化纤维素复合导电材料和离子液体复合导电材料；第二类是根据与之复合的导电材料类型不同，分为金属氧化物半导体/纤维素复合导电材料、碳纳米管/纤维素复合导电材料、石墨烯/纤维素复合导电材料和导电聚合物/纤维素复合导电材料。在以上不同纤维素基复合导电材料中，导电聚合物/纤维素复合导电材料不但能赋予纤维素特定的功能，而且还可以为导电聚合物的加工与拓展性应用提供新的可能，因此被广泛关注和研究。

导电聚合物/纤维素复合导电材料主要体现了导电聚合物与纤维素的双重特性。一方面，导电聚合物的引入有效提高了纤维素的附加值，赋予了纤维素导电性、离子交换性及可逆的氧化还原能力等性能。导电聚合物/纤维素复合导电材料的导电范围很宽，其导电能力有时可与金属媲美。在该复合材料导电性能较差时，也可以作为抗静电材料，此时新型导电纸、导电布等纤维素基复合材料应运而生。同时，由于导电聚合物中的掺杂剂存在掺杂 / 脱掺杂的可逆过程，因此当气体（如 NH_3、H_2S 等）与导电聚合物接触即可导致其电阻的变化，利用这一特性可以制备各种传感材料。纤维素基复合材料的氧化还原可逆性主要指导电聚合物具有不同的氧化还原分子态，氧化还原电势各不相同，可以分别作为氧化剂或还原剂。导电聚合物的掺杂水平直接决定了其离子交换性能的优劣，将小分子的掺杂离子 Cl^-、SO_2^{4-}、ClO^{4-}、NO^{3-} 引入到掺杂位点，使得导电高分子具有了对阴离子的交换能力。另一方面，纤维素具有良好的可加工性，将导电聚合物与纤维素复合有效解决了导电聚合物加工性能差的问题。另外，纤维素具有可降解性，该性能不受少量导电聚合物引入的影响，使得纤维素基复合导电材料成为一种不可多得的绿色环保材料。

导电聚合物 / 纤维素复合导电材料主要有聚苯胺 / 纤维素复合导电材料、聚吡咯 / 纤维素复合导电材料等。聚苯胺 / 纤维素复合导电材料（PANI/CF）的主要制备方法有原位聚合、表面打印涂覆、层层自组装和气相聚合等，其中原位聚合法最为常见。其原理是采用苯胺为反应物，加入一定的氧化剂和掺杂剂，将纤维素材料加入到单体聚合物的反应体系中，使原位生成的聚苯胺均匀地沉积于纤维素表面，进而合成 PANI/CF 复合材料。以纤维素纳米纤维为基体，华南理工大学陈港等人将一种高导电性 MXene 纳米片和单宁酸修饰的纳米纤维素聚丙烯酰胺进行复合，得到具有优异导电性的凝胶网络，该导电水凝胶在较大的温度区间（–36 ~ 60℃）开放环境中稳定时间可以超过 7 天，为一种极具前景的人 – 机交互生物电子学材料。聚吡咯 / 纤维素复合导电材料（PPy/CF）最常见的合成方法亦为原位聚合法，将纤维素的体系中加入吡咯、掺杂剂和氧化剂，通过原位生成的聚吡咯沉积于体系中的纤维素表面，从而得到最终产物。导电聚合物是储能领域中潜在的伪电容器材料。同时，具有天然、可降解、可再生和柔韧性质的纤维素是柔韧性基材的巨大替代品之一。将聚吡咯和纤维素结合会使两者的优势得到最大限度的叠加，但为了聚吡咯 / 纤维素复合材料的比电容和循环稳定性，目前研究者引入碳材料、金属硫化物、金属复合盐、羟基氧化物等材料，该类材料引入的目的在于促进电子的快速迁移，大大改善了复合材料的比电容和循环稳定性，同时又保留了纤维素的柔软性。Lay 等 [69] 以细菌纤维素作为吡咯聚合的模板制成复合导电膜 BC-PPy，使其不仅具有很强的机械性能（强度为 162.43 MPa），且当 PPy 添加量达 50% 时，BC-PPy 膜电导率可达 3.39 $S \cdot cm^{-1}$，比电容为 191.94 $F \cdot g^{-1}$。BC-PPy 复合材料有望用于有机发光二极管、薄膜晶体管、生物传感器或超级电容器等。

2.3.3 纤维素基导电复合材料的应用

纤维素基导电复合材料由于具备优异的导电性和柔韧性，被广泛用作超级电容器电极材料、导电纸、吸附材料、电磁屏蔽材料等。

以纤维素为基体可以合成具有高机械强度、大比表面积的气凝胶、气膜等多孔材料，这些三维网络多孔结构使得纤维素网络更容易负载其他化合物，形成高强度复合材料，如碳纳米管（CNTs）和石墨烯氧化物（GO）等，从而制备出具有良好电化学性质的纤维素基超级电容器。Yao 等 [70] 将 PPy/ 碳纳米管 / 细菌纤维素（PPy/CNT 70/BC 30）层层自组装，设计制备了具有层状核壳和多孔结构的、柔性性能优异的纤维素基超级电容器（FSC）。细菌纤维素的引入不仅有效阻止了碳纳米管的团聚，并显著改善了超级电容器的润湿性，而且还可以充当电解质纳米储库，加速电解质离子的扩散并改善电化学性能。内部层状核壳和多孔结构大大增加了电极的比表面积，并促进了离子传输，从而显著提高了电化学性能，且还具有出色的循环寿命（超过 6000 次）和弯曲能力。其在各种便携式、小型化和可穿戴电子设备中具有应用潜力。Ko 等 [71] 通过水热法在高导电性碳纤维纸（CFP）上沉积 $NiCo_2O_4$ 纳米针，再经电化学法在 $NiCo_2O_4$ 上沉积 PPy 层。所制备的 PPy-$NiCo_2O_4$/CPF 电极表现出优异的电化学性能，在 $1\,A \cdot g^{-1}$ 的电流密度下，比电容为 $910\,F \cdot g^{-1}$，10 000 次循环后稳定性仍为 88%。为了探索电极的实际性能，作者以 PPy-$NiCo_2O_4$/CFP 为正极，氮掺杂还原氧化石墨烯为负极，构建了不对称固态超级电容器。研究结果表明，在 $1.0\,A \cdot g^{-1}$ 的电流密度下，比电容达 $118.6\,F \cdot g^{-1}$，最大能量密度为 $40.81\,Wh \cdot kg^{-1}$（功率密度为 $738.27\,W \cdot kg^{-1}$），最大功率密度为 $3746.77\,W \cdot kg^{-1}$（能量密度为 $13.53\,Wh \cdot kg^{-1}$），有望应用于超级电容器的电极材料。

Zhang 等 [72] 通过将吡咯原位聚合与多种功能材料的多次浸渍偶联，制备得到机械强度高且电稳定性能好的改性木质素 /PPy（HSAL/PPy）导电纸（图 2.20）。HSAL/PPy 导电纸在不同的弯曲角度和不同的弯曲时间下电导率最高可达 $24.84\,S \cdot cm^{-1}$，且在空气中暴露 3 个月后仍保持 74.5% 的电导率。这可能归因于 HSAL 含有丰富的磺酸、羧基和酚羟基，可以显著改善纤维素与 PPy 之间的界面相互作用，从而促进了吡咯在纤维素表面的均匀聚合。

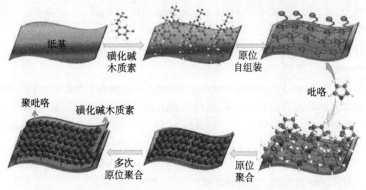

图 2.20 改性木质素 /PPy（HSAL/PPy）导电纸合成路径 [72]

由于电磁波广泛应用于无线通信和网络中，具有高频（0.3 ~ 3 GHz）和超高频的电磁波（3 ~ 30 GHz）被用来高速传输大量信息，电磁波可能会对电子设备的正常运行造成干扰。不仅会缩短电子设备的使用寿命，还会对人类造成危害。传统的金属材料可以作为一种电磁屏蔽材料，通过反射、入射、辐射来减少电磁辐射的干扰，但是金属材料具有易腐蚀、柔韧性差、加工费用高和重量大的缺点。为了解决这个问题，就要开发新的雷达吸收材料，使该材料能有效吸收来自各个方向的宽带电磁波。而修饰改性的导电聚吡咯不仅具有导电性，而且还具有优良的机械加工性能，成为金属和碳材料的替代品。Gahlout 等 [74] 选用棉、涤纶、尼龙和棉莱卡纤维 4 种不同的耐磨面料，原位氧化聚合制备了不同的聚吡咯 /

纤维素复合材料，研究 4 种纤维素对复合材料电磁干扰屏蔽性能的影响。研究发现，在 4 种复合材料中，棉莱卡面料制备的复合材料具有最高的电导率（约 $3.92 \times 10^{-1}\,\mathrm{S \cdot cm^{-1}}$）和 EMI 屏蔽效能（-26 dB）。Zhao 等[75]制备了亚麻织物/聚吡咯/镍（LF/PPy/Ni）层状复合材料。合成的 LF/PPy/Ni 复合材料兼具吸收波和反射波的多种特性，在 EMI 屏蔽材料方面具有很大的潜力。对镀镍 LF（LF/Ni）、LF/PPy、LF/PPy/Ni 的 EMI 屏蔽效能进行对比，研究表明 LF/PPy/Ni 的 EMI 屏蔽效能最高（43.51 dB），优异的性能可能源于多层 PPy 和 Ni 的形成，而非单纯的 PPy 层或 Ni 层。LF/PPy/Ni 的电磁屏蔽效能已达到民用产品标准。

参考文献

[1] SHIRAKAWA H, LOUIS E J, MACDIARMID A G, et al. Synthesis of electrically conducting organic polymers: halogen derivatives of polyacetylene, (CH) X [J]. Journal of the chemical society, chemical communications, 1977: 578-580.

[2] CRUZ-SILVA R, ARIZMENDI L, DEL-ANGEL M, et al. PH- and thermosensitive polyaniline colloidal particles prepared by enzymatic polymerization [J]. Langmuir the acs iournal of surfaces & colloids, 2007, 23 (1): 8-12.

[3] LIU W, KUMAR J, TRIPATHY S, et al. Enzymatically synthesized conducting polyaniline [J]. Journal of the American chemical society, 1999, 121 (1): 71-78.

[4] ZHANG L J, WAN M X. Self - assembly of polyaniline-from nanotubes to hollow microspheres [J]. Advanced functional materials, 2003, 13 (10): 815-820.

[5] ZHANG L, WAN M. Polyaniline/TiO$_2$ Composite Nanotubes [J]. The journal of physical chemistry B, 2003, 107 (28): 6748-6753.

[6] JANG J, YOON H. Facile fabrication of polypyrrole nanotubes using reverse microemulsion polymerization [J]. Chemical communications, 2003, 21 (6): 720-721.

[7] LI X, ZHANG X, LI H, et al. Preparation and characterization of pyrrole/aniline copolymer nanofibrils using the template - synthesis method [J]. Journal of applied polymer science, 2001, 81 (12): 3002-3007.

[8] ZHANG X, GOUX W J, MANOHAR S K. Synthesis of polyaniline nanofibers by "nanofiber seeding" [J]. Journal of the American chemical society, 2004, 126 (14): 4502-4503.

[9] TRAN H D, NORRIS I, D'ARCY J M, et al. Substituted polyaniline nanofibers produced via rapid initiated polymerization [J]. Macromolecules, 2008, 41 (20): 7405-7410.

[10] 刘书英, 李坚, 李玉玲. 导电聚合物 PEDOT/PSS-MPEG 的制备及性能 [J]. 化工学报, 2012, 63 (4): 1321-1327.

[11] 李瑞林, 张密林. 原位化学氧化聚合制备 PANI/PMMA 导电复合膜 [J]. 塑料工业, 2009, 37 (10): 16-18.

[12] WU T M, LIN S H. Synthesis, characterization, and electrical properties of polypyrrole/multiwalled carbon nanotube composites [J]. Journal of polymer science part A polymer chemistry, 2010, 44 (21): 6449-6457.

[13] WEI Z, WAN M, LIN T, et al. Polyaniline nanotubes doped with sulfonated carbon nanotubes made via a self-assembly process [J]. Advanced materials, 2003, 15 (2): 136-139.

[14] 张文光, 吴栋栋, 李正伟, 等. 聚苯胺 – 碳纳米管涂层的电化学合成及其对神经微电极界面性能的影响 [J]. 功能材料, 2013, 44: 1787-1791.

[15] 任祥忠, 赵祺, 刘剑洪, 等. 聚吡咯/多壁碳纳米管的合成及电化学行为 [J]. 高分子材料科学与工程, 2008: 29-32.

[16] YAN X B, HAN Z J, YANG Y, et al. Fabrication of carbon nanotube polyaniline composites via electrostatic adsorption in aqueous colloids [J]. Jphyschemc, 2007, 111: 4125-4131.

[17] 杨正龙, 施旭靖, 刘永生, 等. P3HT-MWCNTs 光敏性复合薄膜的制备和性能 [J]. 同济大学学报（自然科学版）, 2010: 1046-1051.

[18] 莫尊理, 高倩. 石墨烯/聚吡咯复合材料的制备及其导电性能研究 [J]. 西北师范大学学报（自然科学版）, 2012, 48: 47-50.

[19] O' MULLANE A P, DALE S E, MACPHERSON J V, et al. Fabrication and electrocatalytic properties of polyaniline/Pt nanoparticle composites [J]. Chemical communications, 2004, 14: 1606-1607.

[20] XU J, HU J, QUAN B, et al. Decorating polypyrrole nanotubes with au nanoparticles by an in situ reduction process[J]. Macromolecular rapid communications, 2010, 30: 936-940.

[21] SARMA T K, CHOWDHURY D, PAUL A, et al. Synthesis of au nanoparticle-conductive polyaniline composite using H_2O_2 as oxidising as well as reducing agent [J]. Chemical communications, 2002: 1048-1049.

[22] PENG S, FAN L, WEI C, et al. Flexible polypyrrole/copper sulfide/bacterial cellulose nanofibrous composite membranes as supercapacitor electrodes [J]. Carbohydrate polymers, 2017, 157: 344-352.

[23] ZHU Y, WANG F, ZHANG H, et al. PPy@ $NiCo_2S_4$ nanosheets anchored on graphite foam with bicontinuous conductive network for high-areal capacitance and high-rate electrodes [J]. Journal of alloys & compounds, 2018, 747: 276-282.

[24] MA Y, ZHANG Q. Preparation and characterization of monodispersed PS/Ag composite microspheres through modified electroless plating [J]. Applied surface science, 2012, 258: 7774-7780.

[25] KIM J, LEE T, SHIN J, et al. Bending properties of anisotropic conductive films assembled chip-in-flex packages for wearable electronics applications [J]. IEEE transactions on components, packaging and manufacturing technology, 2016, 6: 208-215.

[26] BAE S, KIM H, LEE Y, et al. Roll-to-roll production of 30-inch graphene films for transparent electrodes [J]. Nature nanotechnology, 2010, 5: 574-578.

[27] WANG M, DUAN X, XU Y, et al. Functional Three-Dimensional Graphene/Polymer Composites [J]. ACS Nano, 2016, 10: 7231-7247.

[28] CHEN Z, REN W, GAO L, et al. Three-dimensional flexible and conductive interconnected graphene networks grown by chemical vapour deposition [J]. Nature materials, 2011, 10: 424.

[29] PONNAMMA D, SADASIVUNI K K, GROHENS Y, et al. Carbon nanotube based elastomer composites-an approach towards multifunctional materials [J]. Journal of materials chemistry C, 2014, 2: 8446-8485.

[30] ATA S, KOBASHI K, YUMURA M, et al. Mechanically durable and highly conductive elastomeric composites from long single-walled carbon nanotubes mimicking the chain structure of polymers [J]. Nano letters, 2012, 12: 2710-2716.

[31] DARABI M A, KHOSROZADEH A, WANG Q, et al. Gum sensor: a stretchable, wearable, and foldable sensor based on carbon nanotube/chewing gum membrane [J]. ACS applied materials & interfaces, 2015, 7: 26195-26205.

[32] HU L, KIM H S, LEE J-Y, et al. Scalable coating and properties of transparent, flexible, silver nanowire electrodes [J]. ACS nano, 2010, 4: 2955-2963.

[33] LEE P, LEE J, LEE H, et al. Highly stretchable and highly conductive metal electrode by very long metal nanowire percolation network [J]. Advanced materials, 2012, 24: 3326-3332.

[34] BHANUSHALI S, GHOSH P, GANESH A, et al. 1D copper nanostructures: progress, challenges and opportunities [J]. Small, 2015, 11: 1232-1252.

[35] RATHMELL A R, WILEY B J. The synthesis and coating of long, thin copper nanowires to make flexible, transparent conducting films on plastic substrates [J]. Advanced materials, 2011, 23: 4798-4803.

[36] TANG Y, YEO K L, CHEN Y, et al. Ultralow-density copper nanowire aerogel monoliths with tunable mechanical and electrical properties [J]. Journal of materials chemistry a, 2013, 1: 6723-6726.

[37] ZHANG R, MOON K S, LIN W, et al. Preparation of highly conductive polymer nanocomposites by low temperature sintering of silver nanoparticles [J]. Journal of materials chemistry, 2010, 20: 2018-2023.

[38] ZHAO S, LI J, CAO D, et al. Percolation threshold-inspired design of hierarchical multiscale hybrid architectures based on carbon nanotubes and silver nanoparticles for stretchable and printable electronics [J]. Journal of materials chemistry c, 2016, 4: 6666-6674.

[39] DOU L, CUI F, YU Y, et al. Solution-processed copper/reduced-graphene-oxide core/shell nanowire transparent conductors [J]. Acs Nano, 2016, 10: 2600-2606.

[40] LIANG J, LI L, TONG K, et al. Silver nanowire percolation network soldered with graphene oxide at room temperature and its application for fully stretchable polymer light-emitting diodes [J]. ACS Nano, 2014, 8: 1590-1600.

[41] 章明秋, 曾汉民. 导电性高分子复合材料 [J]. 工程塑料应用, 1991: 50-57.

[42] KAUR G, ADHIKARI R, CASS P, et al. Electrically conductive polymers and composites for biomedical applications [J]. RSC Adv, 2015, 5: 37553-37567.

[43] LI J, MA P C, CHOW W S, et al. Correlations between percolation threshold, dispersion state, and aspect ratio of carbon nanotubes [J]. Advanced functional materials, 2007, 17: 3207-3215.

[44] PARK J, YOU I, SHIN S, et al. Material approaches to stretchable strain sensors [J]. Chem Phys Chem, 2015, 16: 1155-1163.

[45] SIMMONS J G. Generalized formula for the electric tunnel effect between similar electrodes separated by a thin insulating film [J]. Journal of applied physics, 1963, 34: 1793-1803.

[46] VAN BEEK L K H, VAN PUL B I C F. Internal field emission in carbon black-loaded natural rubber vulcanizates [J]. Journal of applied polymer science, 1962, 6: 651-655.

[47] 杨建高, 刘成岑, 施凯. 渗流理论在复合型导电高分子材料研究中的应用 [J]. 化工中间体, 2006: 13-17.

[48] 叶明泉, 贺丽丽, 韩爱军. 填充复合型导电高分子材料导电机理及导电性能影响因素研究概况 [J]. 化工新型材料, 2008: 13-15.

[49] TIERNO P, GOEDEL W A. Using electroless deposition for the preparation of micron sized polymer/metal core/shell particles and hollow metal spheres [J]. The journal of physical chemistry B, 2006, 110: 3043-3050.

[50] SAINI G, JENSEN D S, WIEST L A, et al. Core-shell diamond as a support for solid-phase extraction and high-performance liquid chromatography [J]. Analytical chemistry, 2010, 82: 4448-4456.

[51] KONG J H, JANG N S, KIM S H, et al. Simple and rapid micropatterning of conductive carbon composites and its application to elastic strain sensors [J]. Carbon, 2014, 77: 199-207.

[52] LIU K, CHEN L, CHEN Y, et al. Preparation of polyester/reduced graphene oxide composites via in situ melt polycondensation and simultaneous thermo-reduction of graphene oxide [J]. J Mater Chem, 2011, 21: 8612-8617.

[53] WU C, HUANG X, WANG G, et al. Correction: highly conductive nanocomposites with three-dimensional, compactly interconnected graphene networks via a self-assembly process [J]. Advanced functional materials, 2013, 23: 403-403.

[54] BOURGEAT-LAMI E, FAUCHEU J, NO L A. Latex routes to graphene-based nanocomposites [J]. Polymer chemistry, 2015, 6: 5323-5357.

[55] THIYAGARAJAN M, SAMUELSON L A, KUMAR J, et al. Helical conformational specificity of enzymatically synthesized water-soluble conducting polyaniline nanocomposites [J]. Journal of the American chemical society, 2003, 125: 11502-11503.

[56] KWON S J, KIM T Y, LEE B S, et al. Elastomeric conducting polymer nano-composites derived from ionic liquid polymer stabilized-poly (3, 4-ethylenedioxythiophene) [J]. Synthetic metals, 2010, 160: 1092-1096.

[57] LIU Z F, FANG S, MOURA F A, et al. Hierarchically buckled sheath-core fibers for superelastic electronics, sensors, and muscles [J]. Science, 2015, 349: 400-404.

[58] WANG Y, ZHU C, PFATTNER R, et al. A highly stretchable, transparent, and conductive polymer [J]. Science advances, 2017, 3: e1602076.

[59] YAMADA T, HAYAMIZU Y, YAMAMOTO Y, et al. A stretchable carbon nanotube strain sensor for human-motion detection [J]. Nature nanotechnology, 2011, 6: 296-301.

[60] WANG Y, WANG L, YANG T, et al. Wearable and highly sensitive graphene strain sensors for human motion monitoring [J]. Advanced functional materials, 2014, 24: 4666-4670.

[61] MARSZALEK T, WIATROWSKI M, DOBRUCHOWSKA E, et al. One-step technique for production of bi-functional low molecular semiconductor–polymer composites for flexible OFET applications [J]. Journal of materials chemistry C, 2013, 1: 3190-3193.

[62] 孟婧, 孟凡义. 新型高效聚合物–富勒烯叠层有机光伏电池研究进展 [J]. 曲阜师范大学学报, 2013, 39: 62-67.

[63] YOU J, DOU L, YOSHIMURA K, et al. A polymer tandem solar cell with 10.6% power conversion efficiency [J]. Nature communications, 2013, 4: 1446-1455.

[64] 杨君礼, 武聪伶, 李源浩, 等. 氧化石墨烯掺杂 PEDOT: PSS 作为空穴注入层对有机发光二极管发光性能的影响 [J]. 物理化学学报, 2015, 31: 377-383.

[65] PREINFALK J B, SCHACKMAR F R, LAMPE T, et al. Tuning the microcavity of organic light emitting diodes by solution processable polymer–nanoparticle composite layers [J]. Acs applied materials & interfaces, 2016, 8: 2666-2672.

[66] RICKY J. TSENG J H, YANG YANG. Polyaniline nanofiber/gold nanoparticle nonvolatile memory [J]. Nano letters, 2005, 5: 1077-1080.

[67] PRINGSHEIM E, ZIMIN D, WOLFBEIS O S. Fluorescent beads coated with polyaniline: a novel nanomaterial for optical sensing of pH [J]. Advanced materials, 2001, 13: 819-822.

[68] LIU Y, FENG X, SHEN J, et al. Fabrication of a novel glucose biosensor based on a highly electroactive polystyrene/polyaniline/Au nanocomposite [J]. Journal of physical chemistry B, 2008, 112: 9237-9242.

[69] LAY M, GONZ LEZ I, TARR S J A, et al. High electrical and electrochemical properties in bacterial cellulose/polypyrrole membranes [J]. European polymer journal, 2017, 91: 1-9.

[70] YAO J, JI P, SHENG N, et al. Hierarchical core-sheath polypyrrole@carbon nanotube/bacterial cellulose macrofibers with high electrochemical performance for all-solid-state supercapacitors [J]. Electrochimica acta, 2018, 283: 1578-1588.

[71] KO T H, LEI D, BALASUBRAMANIAM S, et al. Polypyrrole-decorated hierarchical $NiCo_2S_4$ nanoneedles/carbon fiber papers for flexible high-performance supercapacitor applications [J]. Electrochimica acta, 2017, 247: 524-534.

[72] A D Z, C S Q, A W H, et al. Mechanically strong and electrically stable polypyrrole paper using high molecular weight sulfonated alkaline lignin as a dispersant and dopant [J]. Journal of colloid and interface, 2019, 556: 47-53.

[73] CASTILLO-ORTEGA M M, SANTOS-SAUCEDA I, ENCINAS J C, et al. Adsorption and desorption of a gold–iodide complex onto cellulose acetate membrane coated with polyaniline or polypyrrole: a comparative study [J]. Journal of materials science, 2011, 46: 7466-7474.

[74] PRAGATI, GAHLOUT, VEENA, et al. Microwave shielding behaviour of polypyrrole impregnated fabrics [J]. Composites part B engineering, 2019, 175: 107093.

[75] ZHAO H, HOU L, LU Y. Electromagnetic interference shielding of layered linen fabric/polypyrrole/nickel (LF/PPy/Ni) composites [J]. Materials & design, 2016, 95: 97-106.

第三章 碳基导电纳米
复合材料

　　碳元素是自然界中最常见元素之一，广泛存在于天然矿物与生物有机体中。碳元素位于周期表的第二周期第Ⅳ主族，原子半径较小，具有 $1s^2 2s^2 2p^2$ 的电子结构，原子内层的轨道为球状，而外层的 2s 与 2p 轨道易于杂化成键，除单键外还可形成稳定的双键和三键。碳原子间独特的成键方式，使之能够形成链状、环状及网状等结构，因此碳元素同素异形体具有结构多样性，其独特性质和多样形态逐渐被发现、认识和利用。早在 18 世纪，人类就已确定天然石墨和金刚石的成分均为单质碳。1985 年，碳元素家族中发现了 C_{60} 和 C_{70} 等富勒烯类同素异形体，R.F.Curl、H.W.Kroto 和 R.E.Smalley 3 个人因共同发现并证实其结构而分享了 1996 年的诺贝尔化学奖。1991 年，日本 NEC 公司的 S.Iijima 博士通过透射电镜发现了碳纳米管。2004 年，英国曼彻斯特大学 A.K.Geim 教授采用微机械剥离法获得了单层碳原子二维晶体石墨烯。至此，人们对碳材料的认识由最初的三维金刚石与石墨发展到零维富勒烯、一维碳纳米管及二维石墨烯。

　　在地球上，碳元素以多种形式广泛存在于自然界中，它在人类发展史上扮演着重要角色。从人类最先对煤的使用，到碳在钢铁上的应用、碳制品工业化、新型碳材料的制备、纳米碳的研发，碳元素的足迹遍布各个领域。碳也是构成地球上绝大部分有机体不可或缺的元素，是生命体的基本单元。碳的化合物是组成所有生物体的基础，碳元素占人体中的 18% 左右。随着研究者对碳的不断深入理解与发现，给我们展现出从传统的碳材料如木炭、炭黑、活性炭、焦炭、天然石墨、石墨电极、炭刷、炭棒、铅笔等，到新型碳材料如碳基复合材料、碳纤维、柔性石墨、储能型碳材料的一幅恢宏画卷。目前，新型碳纳米材料备受关注，富勒烯、碳纳米管、石墨烯的独特性质和优异性能，展示出纳米碳材料在各个领域的广阔应用前景。

　　此外，碳复合材料作为碳材料的衍生体，除了具备碳素材料的化学活性、电学、力学等性能外，还结合了复合组分的性能，因而具有组成、结构、性能多样化的特点，具有广泛的应用前景。最令人关注的是具有高强度、高模量、轻质量的碳纤维复合材料的开发和利用，由其作为增强剂的复合材料已在航天、航空等工业领域得到了应用。另外，碳包覆负载金属纳米颗粒复合材料已在电催化、生物传感器、燃料电池等方面显示出良好的应用前景。

3.1 石墨烯基导电纳米复合材料

3.1.1 石墨烯的结构

石墨烯是一种理想的二维材料，是所有石墨碳元素结构形态的基础，可包裹起来形成零维的富勒烯，卷起来形成一维的碳纳米管，也可层层堆积形成三维的石墨。石墨烯是单层的碳原子通过 sp^2 杂化构成紧密堆积的蜂窝状结构的二维材料。在石墨烯中，每个碳原子与其相邻的 3 个碳原子以 σ 结合，形成稳定的共价键，C — C 键的键长为 1.42 Å，键角为 120°。由于每个碳原子有 4 个价电子，所以每个碳原子会贡献出一个剩余的 p 电子，该电子所在的 p 轨道垂直于石墨烯平面，与周围的原子形成未成键的 π 电子，在整个平面内形成大的共轭体系，表现出离域效应。这些处于离域状态的 π 电子能够在石墨烯晶体中自由移动，从而赋予石墨烯优异的导电性。

3.1.2 石墨烯的性能

石墨烯是目前已知最薄的材料，填补了二维材料领域的空白。由于其独特的结构，石墨烯具有诸多优异特性，如透光性、导热性、导电性、机械强度等。比表面积超大，达到 $2\,630\ m^2\cdot g^{-1}$。单层石墨烯透光率与光波长无关，可以达到 97.7%。由于石墨烯的原子间作用力很强，电子在转移时不易发生散射，电子以光速的 1/300 速率运动，表现出相对论粒子效应，迁移率可达 $2\times10^5\ cm^2\ (V\cdot s)^{-1}$，约为硅迁移率的 140 倍；其电导率可达 10^6 $S\cdot m^{-1}$，比铜或银更高，是室温下导电最好的材料。此外，石墨烯还具有优异的力学和热学等性能。石墨烯是人类已知强度最高的物质，其抗拉强度和弹性模量分别为 125 GPa 和 1.1 TPa，可抵抗 18.7% 的拉伸应力；原子力下测量单层石墨烯机械强度，杨氏模量可高达 1 TPa。无条件支撑下，单层石墨烯的导热系数高达 $5300\ W\cdot m^{-1}\cdot k^{-1}$。石墨烯性能优异，堪称超级材料，这些性能赋予石墨烯材料坚实的应用基础。

近年来，石墨烯的优异电子质量特点引起了研究人员的极大兴趣。单层石墨烯中的电子在高对称性晶格中运动，受到对称晶格势的影响，有效质量变为零（即无质量粒子）。在凝聚态物理领域，材料的电学性能常用薛定谔方程描述。而由石墨烯的电子与蜂窝状晶体周期势相互作用产生的无质量粒子运动由狄拉克方程而非传统的薛定谔方程描述。A.Qaiumzadeht 等计算了石墨烯在无序状态下在朗道费米子液体内的准粒子特性，即零质量的狄拉克 - 费米子（mass less Dirac Fermions），具有类似于光子的特性，在低能区域适合采用含有有效光速的 "2 + 1" 维狄拉克方程来精确描述。由狄拉克方程给出新的准粒子形式（狄拉克费米子），能带的交叠点 K 和 K′ 点也被称为狄拉克点。在低能处（K 和 K′ 点附近），能带可以用锥形结构近似表示，具有线性色散关系。在狄拉克点处（K 和 K′ 点），波函数属于两套不同的子晶格，需要用两套波函数描述，类似于描述量子力学中的自旋态（向上和向下）的波函数，因此称为赝自旋。由于准粒子采用"2 + 1"维低能狄拉克方程描述，模拟量子电动力学表述，可在石墨烯中引入手性。手性和赝自旋是石墨烯的两个重要参量，正是由于手性和赝自旋的守恒，使石墨烯出现了许多新奇的性质。同时，石墨烯的出现也为相对论量子力学现象的研究提供了一种重要的手段。

在室温大气环境下，石墨烯作为一种半金属材料，其载流子浓度高达 10^{13} cm^{-2} 且电子和空穴可连续调控，迁移率可达 15 000 cm^2（V·s）$^{-1[1]}$。在室温下观察到的载流子仍然受到杂质散射的影响，在不受杂质散射影响的情况下，迁移率可高达 10^5 cm^2（V·s）$^{-1}$。在电子和化学掺杂器件中，石墨烯在高载流子浓度（$n > 10^{12}$ cm^{-2}）下可仍保持高的迁移率，在亚微米（0.3 μm）尺度下的石墨烯，迁移率呈现出弹道传输方式。此外，石墨烯表现出明显的双极性电场效应，通过门电压的调制，其载流子可以在电子和空穴间连续过渡，使其显现出 n 型、p 型特性。由于石墨烯特殊的晶体结构和能带结构，通过控制其几何构型及边缘的手性可以使其呈现金属或半导体特性。

在石墨烯的电学性能研究中，发现了多种新奇的物理现象，包括两种新型的量子霍尔效应（整数量子霍尔效应和分数量子霍尔效应），零载流子浓度极限下的最小量子电导率，量子干涉效应的强烈抑制及石墨烯 p-n 结界面的电流汇聚特性等，石墨烯表现出异常的整数量子霍尔行为，其霍尔电导等于 2 e^2·h^{-1}、6 e^2·h^{-1}、10 e^2·h^{-1}……为量子电导的奇数倍。此行为已被科学家解释为"电子在石墨烯里遵守相对论量子力学，没有静质量（Massless Electron）"。通过测量石墨烯电子性质，可以为探索量子动力学的现象提供一种方法。其中一个重要现象是，当石墨烯的载流子浓度趋近于零时，其电导率不会消失，而是接近一个定值 4 e^2·h^{-1}。单层石墨烯和其他材料的不同之处在于，电子的有效质量为零，其运动过程则用相对论来表示，其霍尔电阻表现为量子化。在石墨烯中，第一次在室温下观察到了半整数量子霍尔效应，半整数的霍尔效应可以解释为赝自旋和轨道运动之间的耦合。由于量子霍尔效应的研究对温度要求非常苛刻，从而使其受到非常大的限制，而石墨烯中的室温量子霍尔效应，使量子霍尔效应的研究具有更大的应用前景。例如，其未来可应用于半导体载流子浓度的测量、信号传感器、各种用电负载的电流检测及工作状态诊断等。

3.1.3 石墨烯的制备

自 2004 年石墨烯发现以来，石墨烯的制备方法一直备受关注，石墨烯的宏量制备是其应用发展的基础。石墨烯的制备方法由单一不可控发展到多种可控制备，可归纳为自上而下和自下而上两大类。其中，自上而下法指的是以块体石墨为原材料，通过物理、化学方式克服石墨片层间的范德华力，从而分离获得石墨烯纳米片，包括微机械剥离法、液相剥离法、石墨插层化合物剥离法和氧化还原法；自下而上法则指的是以含碳化合物分子作为原材料，通过破坏分子的化学键形成原子级别的碳簇，重组构建出单层或多层的石墨烯纳米片，包括碳化硅外延生长法、化学气相沉积法和分子组装法3种制备途径（图3.1a）。

以上方法在石墨烯品质、成本、产量、纯度及产率5个方面各具优势和劣势，如图3.1b所示。微机械剥离法，得到的石墨烯适合用于对其物理性质的研究及一些特定应用，如场效应晶体管，但因产量低而不适用于大批量生产；碳化硅外延生长法，其厚度由加热温度决定，难以大面积制备；化学气相沉积法制备的石墨烯具有较高的电子迁移率，但厚度不均、成本较高、工艺较复杂等。液相剥离法和氧化还原法在成本和产量方面则表现出较大优势，是实现石墨烯材料大规模应用的重要制备方法。

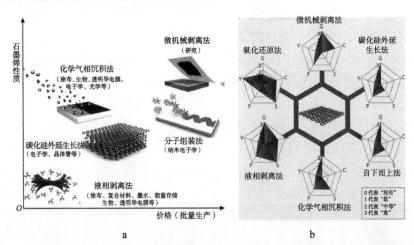

图3.1 石墨烯制备方法[2]及各方法在品质（G）、成本（C）、产量（S）、纯度（P）和
产率（Y）方面的比较（其中成本指标得分越低对应越高的制备成本）[3]

（1）液相剥离法

液相剥离是将石墨或其他层状材料分散于溶剂中，溶剂可以使层状材料表面张力降低，增加石墨或其他层状材料在溶剂中的总面积。溶剂一般是疏水的有机溶剂和亲水的表面活性剂，借助于超声或剪切力，克服层间范德华力，经过长时间的处理并通过离心即可得到富含单层二维材料的悬浮液，液相剥离石墨制备石墨烯是其产业化过程中极其重要的环节。

液相剥离法利用天然石墨具有原料丰富和成本低廉的优势，避免使用强氧化及有毒试剂所带来的安全问题与环境污染，这种自上而下的方法工艺简单，易产业化[4]。通常得到的石墨烯层数小于10层，其中的单层接近本征石墨烯的特征。可以将得到的石墨烯与溶剂、表面活性剂、聚合物或者芳香族 π-π 分子相互作用，防止石墨烯团聚，使其稳定分散于溶液中。其原因是碳与分散剂分子间形成了范德华力，使石墨烯的本征性质得以稳定存在。液相剥离法制备石墨烯的流程主要分3个步骤：①将石墨分散于有机溶剂中，或通过表面活性剂分散于水中；②剥离过程，通过超声或者剪切力克服层间范德华力；③纯化分离，通常采用离心处理将剥离得到的石墨烯与未剥离的石墨片分离。由石墨剥离出 1 nm^2 的石墨烯需要 2 meV·nm^{-2}，而超声波的能量非常适合于剥离石墨烯，因此超声波剥离法得到了广泛应用。

超声波由压缩和膨胀周期循环组成，在膨胀过程中，空化作用产生的负压足以使液体破裂，形成稳定或瞬间的微小空腔。在瞬间空化过程中，空腔在短时间变大并破碎，产生的瞬间温度高达 5000 K，压力高达 20 MPa，升温 / 降温速率高达 10^9 K·s^{-1}。因此，超声产生的冲击波可以将石墨片打碎。此外，气泡破裂产生的微湍流和点蚀效应可为打开石墨片层提供机械能。石墨片的破碎通常发生在气泡空化作用附近，因此长时间的超声将使边缘的缺陷增加，如引入含氧官能团，但是其完整的石墨烯碳原子区域仍然远高于化学氧化法所得石墨烯区域。由于超声剥离的产率与体积无关，这给扩大化制备带来了诸多不利因素。2008 年，爱尔兰都柏林圣三一大学 J.N.Coleman 研究组 [5-6] 发明了一种液相剥离无缺陷石墨烯的方法。该方法将石墨烯分散于 N – 甲基吡咯烷酮（NMP），经过超声与离心分离可得到 1% 质量分数（单层石墨烯质量 / 起始石墨质量）的单层石墨烯。通过进一步处理，单层石墨烯占起始石墨质量的百分数可达 7% ~ 12% 质量分数。随后，J.N.Coleman 研究组 [7] 进一步优化液相剥离法，将石墨烯产率提升到产业化级别。他们将石墨片稳定分散于 NMP 或胆酸钠中，通过高剪切力的作用得到规模化的无缺陷石墨烯稳定分散液。当局部剪切速率超过 10^4 s^{-1} 时，在层流和湍流的状态下，将石墨片剥离。将剪切剥离与超声剥离进行比较，发现剪切剥离更有效，溶液体积可以扩大到 10 m^3，每小时剥离高达 100 g。通过此方法获得的无缺陷石墨烯将在石墨烯复合材料和导电涂料方面获得广泛应用，且该方法可用于剥离六方氮化硼（h-BN）、二硫化钼（MoS$_2$）等多种层状材料。但是，液相剥离法的劣势在于产率较低，产物中存在大量未剥离的石墨成分。

（2）氧化还原法

早于 1840 年，首次报道了通过插层法制备石墨化合物。实验室制备氧化石墨烯（Graphene Oxide，GO）最为常用的方法为 Hummer 法，通过插层、强氧化及超声剥离得到的 GO 具有高产率和优异的分散性，为其诸多应用提供了可能性。氧化还原法能够实现在相对较低的温度条件下大量生产还原型石墨烯（reduced Graphene Oxide，rGO），拥有廉价、环境友好、生物兼容性及活性基团均匀分布等优点，更符合工业化需求，因此受到广泛关注和研究，但制备过程中会引入大量缺陷和杂质并造成石墨烯团聚而导致产物品质较低。

氧化还原法在石墨烯储能领域极具应用价值，其原因可总结为以下 3 点：①氧化还原法在成本、产量及产率 3 个方面都表现出了明显优势，使其非常适合于能量储存等应用领域；②该方法中得到的前驱体氧化石墨烯，因其表面存在大量含氧官能团而在水等极性溶剂中表现出良好的溶解性，同时，这些含氧官能团也具备较高的反应活性，如图 3.2 所示，GO 特殊的表面性质和二维结构使其可被用于各向异性胶体、聚丙烯酸、多元醇、二维双嵌段共聚物及表面活性剂等物质，可实现对其多种改性、加工与复合，以提高石墨烯产物的品质和性能；③GO 的亲水和带电特性使其能够均匀附着在多种柔性基底上形成柔性电极，此外，GO 也可通过片间 π-π 堆叠和氢键作用实现材料的宏观组装得到 GO 纤维、薄膜和泡沫等自支撑柔性电极材料，上述材料经过后续还原处理便可得到基于还原氧化石墨烯的柔性电极材料，这类电极材料适用于柔性超级电容器等多种新型柔性储能器件中，因此，该方法在石墨烯柔性储能领域的材料制备中也表现出了独特的优势。

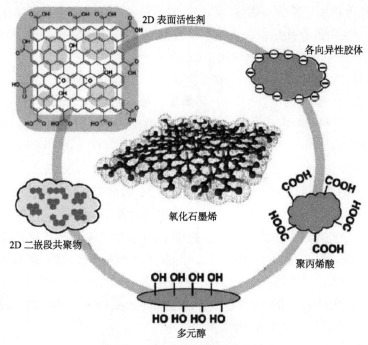

图 3.2 前驱体 GO 的特殊性质 [8]

3.1.4 石墨烯基导电纳米复合材料的制备

石墨烯因其特殊结构和优良性能成为复合材料领域的研究热点，但其层间具有很强的范德华力，存在严重的层间堆叠现象，导致其有效比表面积和离子电导率的减小，以石墨烯为单一原料制备的产品难以生产，需要对石墨烯进行改性，进而期望达到复合材料的协同效应。下面将重点综述石墨烯与金属（氧化物）复合、与导电聚合物复合、杂原子化学掺杂、与碳纳米管复合等方面的制备方法。

3.1.4.1 金属（氧化物）/石墨烯复合材料

石墨烯和金属（氧化物）的复合可以有效地改善石墨烯层间的堆叠现象，同时具有大比表面积的石墨烯可作为金属（氧化物）纳米颗粒的载体，使颗粒分布得更均匀。金属（氧化物）/石墨烯复合材料的制备方法主要有溶剂（水）热法、溶胶－凝胶法、化学还原法、电化学沉积法等。

（1）溶剂热法

溶剂热法是以高压反应釜为反应器，以水或有机溶剂为反应介质，在高温和高压环境下，在过饱和溶液中进行物质的化学反应。水热/溶剂热沉积法制备的复合物纯度高、分散性能好，且工艺过程简单易行、对环境友好性强，引入的杂质离子较少，但存在整个反应耗时长、不易调控且不适合大规模生产等缺点。

何光裕等[9]将GO与乙酸钴混合加入水热釜中，以有机溶剂N，N-二甲基甲酰胺（DMF）为溶剂，在180 ℃下合成四氧化三钴（Co_3O_4）/石墨烯复合材料。扫描电镜（SEM）结果表明，GO 在水热过程中还原成石墨烯，Co_3O_4 纳米颗粒均匀分散在石墨烯片层上，该复合物通过水热法形成大量的介孔结构，为纳米颗粒和电解液的接触提供更大的有效接触面积。电化学结果表明，石墨烯的掺入有效增加了 Co_3O_4 作为电极材料的可逆性，在 $6\ mol \cdot L^{-1}$ 的 KOH 电解液中比电容高达 $562\ F \cdot g^{-1}$，1000 次循环后比电容仅下降了 2.6%。Xiang 等[10]同样采用溶剂热法合成二氧化钛（TiO_2）/ 石墨烯复合材料。电化学测试表明，在 $1\ mol \cdot L^{-1}$ 的 Na_2SO_4 中该复合材料比电容为 $225\ F \cdot g^{-1}$，2000 次充放电循环后比电容保留 86.5%，具有良好的循环稳定性。

（2）溶胶 – 凝胶法

溶胶 – 凝胶法是将石墨烯、金属盐及适量络合剂按比例溶于溶液中，原料之间进行水解、缩合化学反应，形成溶胶后经陈化、干燥及煅烧制备复合材料。该方法制备的产物粒径小、分布均匀、纯度较高、反应过程易控制。Chen 等[11]以 $FeCl_3$ 和 $FeCl_2$ 为原料合成 Fe_3O_4 水凝胶，再加入氧化石墨烯和 $NaHSO_3$，在 90 ℃下反应 3 h，即制得 Fe_3O_4/ 石墨烯水凝胶，将其进行冷冻干燥，最终制备了三维多孔的复合材料。实验结果表明，该材料作为锂离子阴极材料时，第一次充电容量和放电容量分别为 $2006\ mA \cdot h \cdot g^{-1}$ 和 $1093\ mA \cdot h \cdot g^{-1}$，经过 50 次循环后，电池容量仍保持在 $1000\ A \cdot h \cdot g^{-1}$。

（3）化学还原法

化学还原法是指在氧化石墨烯和金属盐混合溶液中加入还原剂而制得复合材料。该方法可还原不同金属纳米颗粒，同时可调控金属纳米颗粒的形貌。顾大明等[12]以 $H_2PtCl_6 \cdot 6H_2O$、氧化石墨烯为原料，采用微波辅助、乙二醇为还原剂，制备了 Pt/ 石墨烯复合材料，再加入纳米 Co_3O_4 粉末，最终得到 Co_3O_4—Pt/ 石墨烯复合材料。经电化学测试可得，其比容量大于 $8000\ mA \cdot h \cdot g^{-1}$，可用作锂电池阴极材料。

（4）电化学沉积

电化学沉积法是指在含有要沉积的离子溶液中，通过改变电化学的沉积方法、电位或沉积速度，增加反应活性，将离子均匀地沉积在阴极或阳极模板上。该方法通常在常温条件下进行；通过改变电化学条件精准控制反应，耗资少，且可在各种复杂形状的基底上沉积复合材料，因而电化学沉积法是制备无机纳米颗粒 / 石墨烯复合材料较为有前景的方法。

Zhang 等[13]以不同导电基体（不锈钢网、泡沫镍和铟锡氧化物）为负极，以铂片为正极，在溶有 $Ni(NO_3)_2$ 的 GO 悬浊液中采用电化学沉积法制备 $Ni(OH)_2$/ 石墨烯复合物。作者考查 Ni^{2+} 浓度、电流密度、施加电压和沉积时间等对电极性能的影响。TEM 和 XRD 结果表明，α-$Ni(OH)_2$ 纳米簇由 5 ~ 10 nm $Ni(OH)_2$ 粒子组成，并固定在石墨烯表面上。电化学测试表明，泡沫镍基质上沉积的复合物具有良好的稳定性和倍率性能。在 Ni^{2+} 浓度为 $5\ mmol \cdot L^{-1}$、电流密度为 $2\ A \cdot g^{-1}$、施加电压为 0.48 V、沉积时间为 60 s 的条件下，该复合物最高比电容为 $1404\ F \cdot g^{-1}$，2000 次循环后，比容量衰减很小。赵华[14]将处理后的碳纸固定于铜棒上作为工作电极，以循环伏安法在工作电极上沉积 MnO_2/ 石墨烯复合物。SEM 结果显示，MnO_2 沉积于石墨烯片上形成片状复合物，且有许多孔隙，这样的多孔结构有利于电子的快速通过，提高复合材料的电容性能。当 GO 浓度为 $0.5\ mg \cdot mL^{-1}$ 时，复合物比电容达到最高值为 591 F·g^{-1}，高于纯 MnO$_2$ 的 460 F·g^{-1}，说明两者具有协同作用。

（5）微波辅助法

微波辅助作为一种加热方式，相对于水热合成，微波合成材料一般在 0.5 ~ 10 min 完成整个反应，具有反应时间短、成本低、受热均匀和无污染等优点，国内微波辅助法使用较少，一般使用普通的家用微波加热器，但不能控制温度是最大的缺点。目前，微波辅助法反应机制尚没有深入研究。

Lu 等[15]将硫酸锌与 GO 溶液按一定比例投入到微波合成系统中，150 ℃下保温使悬浊液变为纯黑色，离心干燥制得纳米氧化锌/石墨烯复合材料。作者采用丝网印刷法将该复合材料用作电容器电极时，测其比容量为 146 F·g^{-1}。Ram adoss[16] 使用自动化家用微波炉在 150 ℃条件下得到 TiO$_2$/石墨烯复合材料，TEM 测试证实 TiO$_2$ 均匀分散在石墨烯表面。电化学测试表明，在 1 mol·L^{-1} 的 Na$_2$SO$_4$ 中复合材料的比电容为 165 F·g^{-1}，并在 5000 次循环后电容保留 90.5%，具有稳定的电化学性质。

（6）其他方法

乔玉林等[17]以膨胀石墨和 Fe$_3$O$_4$ 为原料经超声乳化分散、超声细胞分散机超声剥离后，制得 Fe$_3$O$_4$/石墨烯纳米复合材料。Li 等[18]采用热压法制备不同质量分数的 Cu/石墨烯复合材料，实验表明随着 Cu/石墨烯复合材料中石墨烯体积分数的不断增加，复合材料的摩擦系数及磨损率明显降低。刘永欣等[19]采用液相共沉淀法制备了镍掺杂二氧化锰/石墨烯复合材料，三电极电化学测试结果表明复合材料的比电容是 319 F·g^{-1}，500 次循环后比电容仍保持 92%。

3.1.4.2 导电聚合物/石墨烯纳米复合材料

导电聚合物如聚苯胺（PANI）、聚吡咯（PPy）、聚噻吩（PTh）及其衍生物等具有生产成本低、柔韧性好、比表面积较大、室温电导率较高、存储容量较高等优点，将导电聚合物与石墨烯复合，一方面可改善导电聚合物形貌难以控制的缺陷，实现聚合物对石墨烯的插层反应，改善石墨烯层间堆叠现象，进而提高石墨烯的电化学性能；另一方面可利用导电聚合物的韧性实现协同效应，提高石墨烯的机械性能。导电聚合物/石墨烯复合材料的制备方法主要有溶剂共混法、熔融共混法、原位聚合法、电化学沉积法等。

（1）溶液共混法

溶液共混法是制备导电聚合物/石墨烯复合材料最常用的方法。将化学还原法或热还原法制备的石墨烯材料超声分散于某种溶剂中，加入聚合物后超声、搅拌，即可得到分散均匀的聚合物/石墨烯混合溶液，然后除去溶剂，最后经高温固化得到导电聚合物/石墨烯复合材料。该方法具有简单高效、对环境友好等特点，但结构可控性较差、复合效果不明显，在共混过程中可能存在有机溶剂吸附在石墨烯片层上的问题，进而影响复合材料的性能。

Wu 等[20]利用石墨烯带有的负电和 PANI 带有的正电，通过静电相互作用合成复合材料。在电流密度为 0.3 A·g^{-1} 时，比电容为 210 F·g^{-1}，且循环稳定性高于纯的 PANI，这是因为石墨烯的特殊结构能有效防止 PANI 在充放电循环中体积的膨胀与收缩。Li 等[21]利用静电排斥法得到稳定分散的氧化石墨烯分散液，然后在液相条件下加入苯胺混合，SEM扫描显示，经过两种溶液的混合得到 PANI/石墨烯纳米纤维插层复合材料，其比电容为 531 F·g^{-1}，较 PANI 纳米纤维大 1 倍多，且拉伸强度和循环寿命均有所提高。

（2）熔融共混法

熔融共混法是将石墨烯纳米粒子与导电聚合物直接进行分散、混合，采用机械加工的方式，并调节适宜的条件如温度、时间、转速等，密炼、挤出、注塑或吹塑成型制备石墨烯复合材料。该方法过程简单、成本低，具有较高的环保性，适合大规模生产；但因石墨烯具有较高的表面能，分散过程中没有溶剂，故石墨烯容易发生团聚，导致导电聚合物的均匀分散比较困难，不利于复合材料的稳定。

Shen 等[22]采用熔融共混法制备了聚苯乙烯/石墨烯纳米复合材料，聚苯乙烯链端与石墨烯片层表面发生 π-π 堆积，有效地抑制石墨烯的层间堆积，聚合物单体均匀地分散在石墨烯层间，从而提高石墨烯的导电性能。

（3）原位聚合法

原位聚合法是制备导电聚合物/石墨烯复合材料最常见的方法。该法是将石墨烯或改性的石墨烯与聚合物单体均匀混合，加入引发剂，通过控制聚合条件（温度、时间），使石墨烯表面的 π 键参与链式聚合反应，或通过石墨烯片层上的羟基、环氧基等官能团与聚合单体进行化学耦合，再通过氧化聚合等方式制备导电聚合物/石墨烯复合材料。原位聚合法使石墨烯均匀分散在导电聚合物中，增强了石墨烯与导电聚合物之间的界面作用，有助于提高复合材料内部稳定性。然而，由于引入了具有高比表面积的石墨烯，增加了聚合反应体系的黏度，降低了聚合反应速率，使反应变得更加复杂。

石琴等[23]以甲基橙（MO）-FeCl$_3$ 为模板，使吡咯单体在 FeCl$_3$ 表面附着并以 FeCl$_3$ 为氧化剂发生聚合反应，形成一维交错的 PPy 链状结构，插入 GO 层间。最后，MO-FeCl$_3$ 自降解得到 PPy/GO 插层复合材料。红外测试表明，GO 片层的—COOH 与 PPy 的—NH 键消失而形成酰胺键（—CONH），说明两者通过共价键有效连接形成复合物。在 1 mol·L^{-1} 的 Na$_2$SO$_4$ 电解液中比电容达 449.1 F·g^{-1}，高于纯 PPy 的 378.4 F·g^{-1}，800 次循环后比电容保持 92%。其原因是酰胺键不仅使两种材料连接更为紧密，还改变了复合材料的电子结构，通过酰胺键上的 C=O 双键使石墨烯与 PPy 之间形成单键—双键—单键交替的共轭结构，有效改善复合材料的电容特性。

（4）电化学沉积法

电化学沉积法是将石墨烯和导电聚合物溶液滴涂到电极模板上，通过电化学还原得到石墨烯，同时通过恒电位阳极电沉积或通过恒电流阴极极化的方法使导电聚合物沉积。通过电化学沉积法制备的复合材料力学性能很好，可得到直接用于电化学测试的导电聚合物/石墨烯电极材料。但是该方法需使用电化学设备，具有一定的局限性，不适于大量生产导电聚合物/石墨烯复合材料。

金莉等[24]在 1-丁基-3-甲基咪唑四氟硼酸离子液体中，通过控制不同的聚合时间，改变石墨烯与 3，4-乙烯二氧噻吩（EDOT）的质量比，用恒电流法在石墨烯表面聚合 EDOT，得到 PEDOT/石墨烯复合材料。在 1 A·g^{-1} 充放电流下制得该复合材料的比电容值为 181 F·g^{-1}，高于纯 PEDOT 的 130 F·g^{-1}，同时，该材料还显现出较好的充放电可逆性和稳定性。该研究还发现，PEDOT/ 石墨烯比 PANI/ 石墨烯和 PPy/ 石墨烯的比电容值低，其原因是 PANI 和 PPy 在硫酸水溶液中具有电活性，比电容中包含双电层电容和赝电容，而 PEDOT 在硫酸水溶液中无电活性，主要通过双电层贮存电荷，故比电容值相对要低。

（5）其他制备方法

Zhou 等 [25] 采用溶液铸膜法制备聚醋酸乙烯酯 / 氧化石墨烯复合薄膜，使用硫酸钠和氢氧化钠进行还原，制得聚醋酸乙烯酯 / 石墨烯复合材料，复合材料的力学性能和电化学性能均有显著提高。Zhang 等 [26] 采用水热法合成 PPy/ 石墨烯复合水凝胶，当 GO 与 PPy 质量比为 1 : 15 时，PPy 可完全覆盖石墨烯纳米片。在扫描速率 10 mV·s^{-1} 时，该复合水凝胶比容量最大达 375 F·g^{-1}，4000 次充放电循环后仍保留 87%。Stoller 等 [27] 采用分散、真空过滤法，制得聚苯胺纳米纤维 / 石墨烯复合材料。作者发现该复合物机械性能稳定、灵活性高且可弯曲。基于该柔性导电复合材料制备的电容器，其比容量可达 210 F·g^{-1}。

除与金属（氧化物）、导电聚合物复合外，GO 还可通过杂原子掺杂、与碳纳米管复合及多元石墨烯复合的方式，制备石墨烯基导电复合材料，如表 3.1 所示。

表 3.1　石墨烯基复合导电材料

序号	材料	结构	制备方法	性能	用途
1	N 掺杂石墨烯[28]	单层或多层结构	化学气相沉积法和 N₂ 等离子体辅助法	比电容为 280 F·g^{-1}	超级电容器
2	碳纳米管 / 聚苯胺 / 石墨烯复合纳米纸[29]	三明治夹心结构	循环伏安氧化处理和电化学沉积法	电流密度为 20 A·g^{-1} 时仍能保持 106 F·g^{-1} 的比电容	超级电容器柔性电极材料
3	CNT/GO/PANI[30]	层状三明治结构	原位聚合	比电容为 450.2 F·g^{-1}	电极材料
4	Ag/Ag$_2$Mo$_3$O$_{10}$/GO[31]	片状、线状	光照法、化学法	在光照下 Ag/Ag$_2$Mo$_3$O$_{10}$/GO 复合材料具有光催化性能	光催化机制
5	Co$_3$O$_4$/CoO/Graphene[32]	六元环形貌	水热法	初始比容量为 1050 mA·h·g^{-1}，50 次循环后比容量为 644.5mA·h·g^{-1}	能量存储
6	GO/PAA-Ag/PAA-rGO films[33]	三明治结构	静电吸附	在 GO 保护下，AgNPs 抗氧化达 72 天	基于场发射效应的化学和生物传感器
7	PPy/GO[34]	棒状、层状	模板法	对 H$_2$O$_2$ 灵敏度为 100 pmol·L^{-1}	生物传感器
8	PANI 纳米晶 / 石墨烯[35]	层状	原位聚合	比电容为 329.5 F·g^{-1}	电极材料
9	PANI/GO[36]	多层结构	原位聚合法	电导率为 8.66 S·cm^{-1}，电容为 250 F 且具有良好的循环稳定性	光电设备、传感、催化
10	Li$_4$Ti$_5$O$_{12}$/rGO	片状材料	溶剂热法	Li$_4$Ti$_5$O$_{12}$/rGO 放电容量约为 175 mA·h·g^{-1}	电极、光催化
11	Graphene-Cu-Graphene[37]	各向异性薄膜	化学气相沉积法	热电导率为 376.4 W·m^{-1}·k^{-1}（Cu 厚 25 μm）	电子芯片
12	AgNPs/GO, AgNPs/rGO[38]	层状	原位沉积		生物传感、催化
13	AgNPs/rGO film[39]	复合薄膜	旋转涂膜	透光性为 90%，表面电阻为 20 ~ 30 Ω·m^{-2}	透明导电膜

3.1.5 石墨烯基导电纳米复合材料的应用

3.1.5.1 电化学传感器

电化学传感器是一种基于待测物的电化学性质并将待测物化学量进行传感检测的传感器，根据检测物的不同，可分为离子传感器、气体传感器、有机分子传感器和生物传感器。基于石墨烯基复合导电材料构建的传感器在环境监测和医疗诊断等方面有重要应用。

作者本人韩璐等[40]以枸橼酸钠为银纳米颗粒的保护剂，以水合肼、枸橼酸钠为双还原剂，在温和条件下"一锅"法制得银/石墨烯纳米复合材料，该复合材料具有较高的导电性和电化学响应性（图 3.3a）。以银/石墨烯纳米复合材料修饰丝网印刷三电极体系的工作电极，在提高电极表面电子传输能力、放大检测信号的同时，银纳米粒子也为前列腺癌特异性抗体提供了吸附位点，制作了一种无标记型电化学免疫传感器（图 3.3b）。结果显示，该传感器具有快速响应性，对前列腺癌特异性抗原的最低检测限可达 0.01 ng·mL^{-1}，线性检测范围为 1 ~ 1000 ng·mL^{-1}，具有良好的特异性、重复性和稳定性。Er 等[41]采用电化学方法制得全氟磺酸（NFN）/石墨烯复合材料，实现了对奈必洛尔药物的检测。其中，NFN 可通过氧官能团负载于石墨烯片层。作者将 NFN/石墨烯修饰在电化学传感器电极上，其对奈必洛尔的检测范围为 0.5 ~ 0.524 μmol·L^{-1}，检出限为 46 nmol·L^{-1}。Xue 等[42]将制得的聚苯胺/石墨烯复合材料，修饰于生物传感器电极上，用于检测血清素。该传感器对抗坏血酸和其他干扰因素具有显著的选择性，针对血清素的检出限为 11.7 nmol·L^{-1}。Hai 等[43]制备聚苯胺（PANI）/Fe$_2$O$_3$/石墨烯复合材料构建传感器，用于检测胆固醇，表现出高灵敏度、响应时间快的特点，胆固醇的线性检测范围为 2 ~ 20 mmol·L^{-1}。

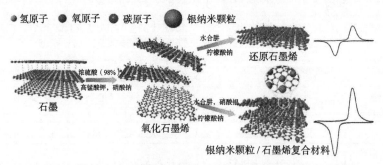

a 还原型石墨烯（rGO）和银纳米颗粒/石墨烯复合导电材料的制备方法

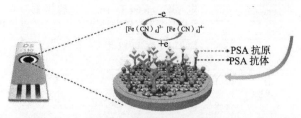

b 基于该复合材料构建的用于检测前列腺癌特异性抗原（PSA）的电化学免疫传感器

图 3.3 基于银纳米颗粒/石墨烯导电复合材料的电化学传感器[40]

3.1.5.2 （柔性）超级电容器

超级电容器是由集流体、正负电极、电解质、隔膜等构成的。传统的超级电容器组件的形状或组装尺寸有限，且电极具有不可弯曲性，使其应用受到限制。为解决这些问题，研究者着手制备质量轻、可伸缩、可弯曲、可折叠等的柔性超级电容器储能装置。制备机械柔性强、功率密度高、能量密度高的柔性超级电容器主要依赖于如何选择高性能电极材料。石墨烯可单独用于超级电容器电极材料，这归因于其大的比表面积、高导电性和良好的机械柔韧性，但其容易发生不可逆的聚集，导致实际比表面积低、电化学性能差。为发挥石墨烯材料的优势，人们将其与赝电容材料复合作为电极，利用赝电容材料作为"间隔物"支撑石墨烯的骨架并提供高比电容，通过两种材料的协同效应，使超级电容器具有更大的容量、高导电性、优异的循环稳定性及柔韧性。

Chen 等[44]制得一种独立且无黏合剂的碳纳米纤维/聚吡咯/还原氧化石墨烯（CNF/PPy/rGO）电极。三维多孔 CNF 为 PPy 沉积提供大表面积，且 CNF 具有优异的力学性能和高导电性。通过电化学沉积法将 PPy 沉积在 CNF，再将 rGO 涂覆在 CNF/PPy 上，多孔结构的 CNF 提供了良好的双电层电容，中间 PPy 层主要负责改善比电容，引入 rGO 层可改善电解质离子的扩散，进一步提高电极的比电容和循环稳定性能。该电极在 $2\,\mathrm{mV\cdot s^{-1}}$ 的扫描速率下的比容量最高达 $336.2\,\mathrm{F\cdot g^{-1}}$，2500 次充放电循环后比电容仍保持 98%。CNF/PPy/rGO 与 PVA/H_3PO_4 凝胶电解质组成的柔性全固态超级电容器，经 10 000 次循环后比电容保持率为 59.5%。全固态超级电容器在不同的弯曲角度下保持几乎相同的电化学性能，表明其具有出色的柔韧性。

近年来，有人将石墨烯、过渡金属氧化物、导电聚合物复合制备三元纳米复合材料，在 3 种材料的协同作用下，可提升柔性超级电容器电极的电化学性能。Song 等[45]以廉价、环保且可弯曲、折叠的印刷纸为柔性基体，采用原位聚合法得到聚苯胺/石墨烯复合纸，然后通过逐层原位生长法，使多孔的 MnO_2 纳米花生长于复合纸上，得到具有三维结构的柔性聚苯胺/石墨烯/二氧化锰（PANI/GH/MnO_2）纸电极。他们将 PANI/GH/MnO_2 与 H_2SO_4/PVA 凝胶电解质组装成全固态超级电容器，测得该电容器的面积比电容为 $3.5\,\mathrm{F\cdot cm^{-2}}$，其最大能量密度和功率密度分别可达 $5.2\,\mathrm{mW\cdot h\cdot cm^{-3}}$、$8.4\,\mathrm{mW\cdot cm^{-3}}$。在相同扫描速率下，PANI/GH/$MnO_2$ 纸电极的 CV 曲线面积比 PANI 纸电极和 PANI/GH 二元复合纸电极更大，其原因是 MnO_2 的引入使纸电极电容量增加。在 1000 次 0 ~ 180° 的反复弯曲循环后，三元复合材料的比电容保持率为 90%，说明该材料具有优异的柔韧性和循环稳定性。

石墨烯和其他材料的有效结合对电极材料的比电容有所改善。为了更清晰地展示不同石墨烯基柔性电极的电化学性能，比较了以柔性电极组装的超级电容器的性能，如表 3.2 所示。

表 3.2 以柔性电极组装的超级电容器性能的比较

电极材料	柔性基底	电解质	单位面积的电容（$\mathrm{mF\cdot cm^{-2}}$）	能量密度（$\mathrm{\mu W\cdot h\cdot cm^{-2}}$）	功率密度（$\mathrm{\mu W\cdot cm^{-2}}$）
GH/MnO_2[46]	纤维素无纺布	PVA/H_2SO_4	138.8（在电流密度为 $0.5\,\mathrm{mA\cdot cm^{-2}}$ 时）	12.34	200
SSF/rGO/PANI[47]	不锈钢织物	PVA/H_2SO_4	1506.6（在电流密度为 $6\,\mathrm{mA\cdot cm^{-2}}$ 时）	—	—

续表

电极材料	柔性基底	电解质	单位面积的 电容（mF·cm^{-2}）	能量密度 （μW·h·cm^{-2}）	功率密度 （μW·cm^{-2}）
PPy/BC/rGO[48]	纤维素 纳米纤维	—	3660 （在电流密度为 0.1 mA·cm^{-2}时）	230	23 500
PPy/GH[49]	聚二甲基 硅氧烷	PVA/H$_3$PO$_4$	258 （在电流密度为 0.1 mA·cm^{-2}时）	22.9	560
GH/graphite[50]	石墨纸	PVA/H$_2$SO$_4$	15.5 （在电流密度为 0.05 mA·cm^{-2}时）	1.24	24.5

3.1.5.3 锂离子电池

目前，锂离子电池已被很好地应用于便携式电子设备。锂离子电池系统中有 3 个关键组件：正极、负极和电解液。常见的正极材料有 LiCoO$_2$、LiFePO$_4$ 及 LiMn$_2$O$_4$ 等，而商业化常用的负极材料主要是各种碳材料及其复合物。常见的电解液有 LiClO$_4$、LiPF$_6$ 和 LiBF$_4$ 等。锂离子在电池充放电时，可逆地在负极和正极间嵌入和脱嵌。在锂离子电池充电时，锂离子从正极材料中脱出，通过电解液移动，并嵌入负极材料中，电子从正极通过外电路到达负极；当锂离子电池放电时，锂离子从负极材料中脱出，通过电解液移动嵌入正极材料中，其中化学能以电能的形式释放。通过锂离子在正负极材料之间的嵌入和脱出移动完成锂离子电池的充放电。

可用于锂离子电池的负极材料有很多种，常见的有石墨类碳材料、硅、过渡金属氧化物及碱土金属元素等。随着现代消费电子产业和新能源行业的发展，传统上的锂离子电池负极材料的理论比容量为 372 mA·h·g^{-1}，难以满足发展需要。Wang 等[51] 通过两步液相法将四氧化三锰纳米颗粒沉积在 rGO 上，所得石墨烯基复合材料的比容量高达 900 mA·h·g^{-1} 且具有良好的循环稳定性和高倍率能力。Rai 等[52] 采用溶剂热法制备 Li$_3$V$_2$（PO$_4$）$_3$/石墨烯纳米复合材料，该材料具有高的可逆锂存储容量、优异的循环稳定性。其原因是石墨烯电导性高、比表面积大，便于电子和 Li$^+$ 迁移；同时，粒径较小的纳米复合材料使电解液接触面积增大。Mo 等[53] 通过化学气相沉积合成一种掺氮介孔三维石墨烯颗粒。这种颗粒可逆容量高、倍率性能好、循环稳定性好，且具有优良的电化学稳定性、电子和离子导电性，可作为高性能锂离子电池负极材料。尤其是此种颗粒还可应用于厚电极、大电流条件。其原因主要是掺氮增强了电极和电解液的互动，提供了亲锂的表面基团，提供了均匀的低成核过电势的成核位点，这些均有利于提高能量密度和快速充电能力。

据目前电池电极、电容器、电子芯片、传感器、光电设备和智能薄膜等方面的应用研究进展，今后金属/石墨烯纳米复合材料在家用电器、电子设备和航空航天（如火箭发动机燃料）等方面具有重要的应用价值。在环境领域，金属或金属化合物/石墨烯纳米复合材料在水处理、污染物光降解上将向高选择性、多次使用和小剂量发展。在生物医学领域，导电聚合物/石墨烯纳米复合材料在低浓度检验、DNA 测试和生物发光等方面的应用将向微型化、高生物相容性和高灵敏性发展。此外，该纳米复合材料在化学机制研究、高效催化剂研究中将发挥独特作用。综上所述，石墨烯基纳米复合材料将向高稳定性、高效性、高灵敏性、良好的生物兼容性和低污染发展。

然而，在集中优势性能的同时，石墨烯基纳米复合材料相对于传统材料而言，或多或少地存在性能和加工方面的不足。例如，石墨烯由于 C — C 键六元环结构而加工成型难度人；固体纳米填料由于表面活性高，在石墨烯表面分散性差；制备加工方法不成熟；强度受纳米填料所带来的缺陷影响较大等。这些问题均有待于进一步研究解决。

3.2 碳纳米管基导电复合材料

1991 年，日本电子显微镜专家 Lijima 使用电子显微镜观察石墨电弧放电法制备富勒烯产物时，发现了碳的管状结构晶体碳纳米管。由于纳米尺寸效应、独特管状结构、高的轴径之比，以及优异的物理、化学、机械和热性能，碳纳米管在制备、结构、性能和应用等方面吸引了来自世界各地、各个领域科学家极大的关注。随着碳纳米管及其复合材料研究的深入，其广阔应用前景逐渐显现。

3.2.1 碳纳米管的结构

碳纳米管是由单层或多层石墨片绕相同的中心轴，并按一定的旋转角度卷曲而成的管状物，两端一般以五边形、七边形的富勒烯半球封口。碳纳米管上的大部分碳原子通过 sp^2 杂化与周围的 3 个碳原子成键，形成六边形的网状结构。但在产生管状构型时，六边形部分弯曲，导致一部分碳原子以 sp^3 杂化成键。碳纳米管上石墨片层数不同，可分为单壁碳纳米管（SWCNT）和多壁碳纳米管（MWCNT）。单壁碳纳米管仅由一层石墨片卷曲而成，多壁碳纳米管由多层石墨片共轴卷曲而成，每层保持固定的间距，约为 0.34 nm。相对来说，多壁碳纳米管的结构复杂，在生长过程中产生的缺陷较多，而单壁碳纳米管的直径范围分布窄，其表面缺陷比多壁碳纳米管少，均匀一致性更好。

对于碳纳米管的形成过程，理论上一般采用石墨片平面格点的卷曲过程来表述。如图 3.4a 所示，$\vec{a_1}$、$\vec{a_2}$ 为不同方向上的单位矢量，$\vec{C_h} = n\vec{a_1} + m\vec{a_2}$，表示螺旋向量，其数值是管的横截面周长，公式中的 n，m 为整数，轴向为螺旋向量 C_h 的垂直方向，螺旋角 θ 是 $\vec{C_h}$ 与 $\vec{a_1}$ 之间的夹角。螺旋角 θ 与整数 n、m 之间的关系可以用公式 $\theta = \tan^{-1}[\sqrt{3}\,m/(m+2n)]$ 来表示，根据 m、n 和 θ 角度的变化，碳纳米管可以分成 3 种典型结构，锯齿形碳纳米管（$m = 0$ 或 $n = 0$，$\theta = 0°$）、扶手椅形碳纳米管（$m = n$，$\theta = 30°$）和螺旋形碳纳米管。当 $n \neq m$ 且不为 0 时，并且 $0 < \theta < 30°$ 时，碳纳米管中的网格就会发生螺旋变化，使之具有手性，从而被称为螺旋形碳纳米管（图 3.4b），且有左螺旋形和右螺旋形两种类型。

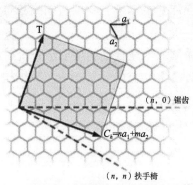 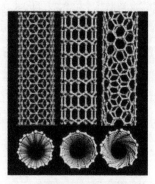

a 石墨片结构及单壁碳纳米管各参数[54]　　b 不同手性型碳纳米管

图3.4　单壁碳纳米管的结构

　　另外，碳纳米管的晶体结构为密排六方（hcp），其晶格间距分别为 $a = 0.245$ nm，$c = 0.685$ nm，c 与 a 的比值约为 2.80，与石墨相比，a 值稍小而 c 值稍大。这表明碳纳米管同一层碳管上原子之间的键合力更强、同轴向性极高，而在管轴方向上具有周期性的一维晶体，可被看作理想的一维材料。

3.2.2　碳纳米管的性能

　　碳纳米管独特的结构决定了其优异的物理和化学性能，如热稳定性、超导性和导热性等。碳纳米管具有高的力学强度，弹性模量可达 1 TPa。碳纳米管热学性能好，导热率可达 6600 W·m^{-1}·K^{-1}，单根单壁碳纳米管的导热率为 3500 W·m^{-1}·K^{-1}。另外碳纳米管还具有比表面积高、化学性能稳定等特点。

　　此外，碳纳米管和石墨类似，具有良好的导电性，其导电性能介于导体和半导体之间。在碳纳米管中，1/3 有适宜的直径和扭曲度，把费米点包含在它允许的能级中，使之具有金属性，剩下 2/3 的碳纳米管具有半导体属性。对于同一根碳纳米管的不同部位，由于结构不同其导电性也不相同。由于电子的量子限域效应，电子只能在片层结构中沿着碳纳米管轴向运动，径向运动受限制，因此，碳纳米管表现出独特的电学性能。碳纳米管导电能力高达 10^8 S·m^{-1}，密度低于 1 g·cm^{-3}，而传统导线如铜导线的电导率为 5.9×10^7 S·m^{-1}，密度为 8.9 g·cm^{-3}，铝导线的电导率为 3.4×10^7 S·m^{-1}，密度为 2.7 g·cm^{-3}，因而碳纳米管导线比铜或铝导线的导电能力更高、质量更轻。

　　碳纳米管良好的导电性能，使其可应用于电池、电容器及太阳能电池领域。碳纳米管具有优异的电学、力学、比表面积和稳定性能等，使其在微观气体探测器、纳米电化学器件、应变传感器、纳米导线等方面展现出良好的应用前景。此外，碳纳米管纤维导线输送电能时，可减少传输过程中的能量损失，提高能量利用率，同时可减重输电网络，减少安全隐患；可在航空航天领域用作轻质导线或用于制备轻质电子器件，节约成本。此外，碳纳米管纤维还可以用作储能器件的电极材料、传感器件的导电敏感材料等。

3.2.3 碳纳米管的制备

1992 年，Ebbesen 等 [55] 提出实验室规模制备碳纳米管，自此拉开了全世界合成碳纳米管的序幕。碳纳米管的制备是对其展开研究与应用的前提与保证，在合成过程中，以获得管径均匀、纯度高、缺陷少的碳纳米管为目标，在此基础上，大批量、低成本、操作简洁的合成工艺是材料界前沿和热点之一。

（1）电弧放电法

电弧放电法是最早用于制备碳纳米管的方法，也是最主要的方法，其主要工艺过程简单概述如下：在真空容器中充满一定压力的惰性气体或氢气，以掺有催化剂（如金属镍、钴、铁等）的石墨棒为阴极，以较小面积的石墨棒作阳极，使之发生电弧放电。在电弧放电的过程中面积较小的阳极石墨被蒸发消耗，同时在面积较大的阴极石墨上沉积碳纳米管、富勒烯、石墨颗粒、无定形碳和其他形式的碳微粒，通过分离工艺过程生产碳纳米管。需要考虑的关键工艺参数为：电弧的电流和电压，惰性气体的种类和压力，电极的形状及位置和电弧的冷却速度等。通常情况下，电弧电流设置为 70 ~ 200 A，电弧电压为 20 ~ 40 V。这种方法首先是由 Ebbesen 等人研究发现，在惰性气体氮气作保护气的情况下制得数克碳纳米管，自此之后这种方法被广泛应用。1994 年，Bethune 等人制备碳纳米管时引入催化剂，从而提高了碳纳米管的产率，降低了反应温度，减少了融合物。1997 年，Jounet 等在氮气气氛下使用催化剂大规模合成单层碳纳米管。电弧放电法具有碳纳米管生长快速、工艺参数较易控制、制得的碳纳米管直且结晶度高等优点。采用电弧放电法制备的碳纳米管尺寸较小且较直，且为单壁碳纳米管。然而，所需阴极的沉积温度很高（4000 K），故该方法制备的碳纳米管缺陷较多，如产率偏低、电弧放电过程不容易控制、能耗过大导致成本偏高，并且无定形碳、纳米微粒等杂质较多，很难获得高纯度的碳纳米管。因此，此法制备大量碳纳米管还需要进一步改善其工艺过程。

（2）激光烧蚀法

激光烧蚀法是制备碳纳米管的常用方法之一，简单概述如下：利用高能量密度激光，在某一温度、特定气氛下，照射含有催化剂（如含钴及硫或载有钼或镧的 Al_2O_3）的石墨靶，石墨和催化剂蒸发形成的气态碳的和催化剂颗粒，被特定气流从高温区带向低温区，气态碳原子在催化剂的作用下相互碰撞结合而形成碳纳米管。碳纳米管的生长及其质量主要取决于激光强度、生长腔内的压强和气体流速等。Smalley 等人在制备 C_{60} 时，在激光作用下加入催化剂，可得到一定量的单壁碳纳米管。1996 年，Thess 等人在 1437 K 下，采用 50 ns 双脉冲激光照射含 Ni/Co 催化剂颗粒的石墨靶，首次制备了数量相对较大、质量很高的单壁碳纳米管，碳纳米管含量高达 70% 以上。

激光烧蚀法易于连续生产碳纳米管，且得到的大多为单壁碳纳米管，质量高但产量较低，碳纳米管易缠结，且需要昂贵的激光器，耗费大，因此这种方法难以推广使用。

（3）化学气相沉积法

化学气相沉积法（Chemical Vapor Deposition，CVD），又称催化裂解法。与电弧放电和激光烧蚀相比，化学气相沉积法制备碳纳米管的技术较为成熟。该方法的原理是采用烃类（如乙烯、丙烯、甲烷和苯等）或含碳的氧化物作为供给碳源，在 700 ~ 1300 K 温度下，在金属催化剂（过渡金属如 Fe、Co、Mo、Ni 等及其氧化物）作用下，直接在衬底表面裂解合成碳纳米管。化学气相沉积法制备碳纳米管的关键在于催化剂的选择、碳源及反应温度的控制。化学气相沉积法适用于批量化生产多壁碳纳米管。Ren 等人采用等离子体气相沉积法，以乙炔为碳源、40 nm 金属镍/玻璃板为反应模板，以氨气为催化剂，反应温度为 666 ℃，可得阵列式碳纳米管管束。

化学气相沉积法生长的碳纳米管不易缠绕、易于分散。与电弧放电法相比，此法具备工业化生产条件，但制备的碳纳米管缺陷较多，如碳层数多、弯曲程度大、杂质较多；碳纳米管在生长过程中极易缠绕，要想获取单根分散的碳纳米管，尚需进一步处理等。化学气相沉积法制备的碳纳米管虽然缺陷较多、结晶度较低，但是反应温度较低、反应过程易于控制，获得的碳纳米管纯度高、产量高，所需成本低，还可通过催化剂颗粒的大小控制碳纳米管的粗细，故被广泛用于碳纳米管的制备。

除上述方法外，人们还探索了许多其他合成碳纳米管的方法，如电解法、火焰法、模板法、离子轰击生长法和水热合成法等。这些方法尚处于实验室阶段，工艺条件复杂，过程不易控制，且碳纳米管质量、产率都相对较低。

3.2.4 碳纳米管基导电复合材料的制备

作为复合材料的支撑物，碳纳米管具有很多材料所不具备的优点：一是碳纳米管的密度低、长径比高，极低的掺杂量可显著提高复合材料的性能，其长度为微米级，对复合材料的加工性能几乎无影响；二是碳纳米管可单根存在，可聚集成束，通过分子间的作用力相互之间形成的网络结构，作为支撑材料或填充材料，一根失效的碳纳米管对复合材料性能几乎没有影响；三是碳纳米管表层含很多活性基团，具有很高的化学活性，可以与负载材料之间形成稳定的化学键，使碳纳米管复合材料稳定性提高；四是碳纳米管可以弯曲，开口后管内可以填充材料，这种结构适合制备不同功能的复合材料。复合材料的性能如力学性能、导电性能和热稳定性等，可以通过改变碳纳米管和前驱物的参数实施控制，制备我们所需特殊功能材料。

图 3.5 为各种材料的载流量和电导率分布示意图，可以看出碳纳米管有极好的电学性能[56]。复合材料的电导率主要由各个材料组分的电导率共同决定。对碳纳米管进行修饰，改变材料的组分和电导率，通过组分的变化，可以降低碳纳米管管间或管内的电阻。Lekawa-Raus 等人将银纳米粒子修饰到碳纳米管表面，研究发现，复合材料的电导率和载流量均得到提升，未掺杂的碳纳米管电导率为 $2 \times 10^{-3}\,S \cdot cm^{-1}$，最大承载电流为 14.4 mA；而复合材料的电导率为 $1 \times 10^{-2}\,S \cdot cm^{-1}$，最大承载电流为 22 mA[57]。

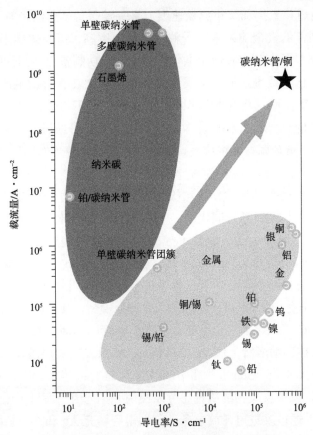

图 3.5　多种物质的载流量与电导率的关系[56]

目前，碳纳米管基导电复合材料大致可分为金属/碳纳米管导电复合材料、金属氧化物/碳纳米管导电复合材料、导电高分子/碳纳米管导电复合材料及导电聚合物/金属氧化物/碳纳米管三元导电复合材料等。

3.2.4.1　金属/碳纳米管导电复合材料

纳米贵金属材料作为纳米材料的一个重要组成部分，与传统贵金属材料差异较大，在光电学、磁力学等方面具有自己特殊的性能。尤其是钯、铂、金、银等贵金属纳米材料，具有独特的物理和化学性质，与碳纳米材料有机地结合在一起会产生很多特殊属性。贵金属纳米颗粒复合到碳纳米管表面获得的纳米复合材料，不仅兼具贵金属纳米粒子的出色性能和碳纳米管本身的特性，还可能因为贵金属和碳纳米管间的相互协同、加和效应产生许多新功能。因此，贵金属纳米粒子分散到碳纳米管表面得到的复合材料，在有机催化、低温燃料电池、电催化及超级电容器电极等领域都有不可预知的应用前景。金属/碳纳米管导电复合材料包括金属填充的碳纳米管复合物和金属包覆的碳纳米管复合物两类。制备碳纳米管负载金属复合物的方法大体上可以分为4类：电化学沉积法、液相还原法、浸渍法和沉淀法。

（1）电化学沉积法

电化学沉积法是指在外电源作用下电解液中的金属离子在电解过程中被还原成金属原子并定向运动沉积在阴极上的电化学过程。电化学沉积过程能够通过控制电化学参数来控制金属纳米粒子定向成核大小和聚集成核速度，是一种制备金属纳米粒子非常有效的方法，具有合成速度快，制备的贵金属纳米粒子粒径小、纯度高，可与碳纳米管之间结合紧密等特点。目前，已有很多研究工作者运用电化学沉积法成功制备出高活性的贵金属纳米粒子。他们通过控制电流电化学缓慢还原贵金属化合物等，使之在含有碳纳米管的电极表面形成贵金属碳纳米管纳米复合物。电化学沉积法中，碳纳米管不与贵金属盐发生氧化还原反应，仅作为电极导体和贵金属纳米粒子的载体。电解过程中，可通过改变电化学沉积参数如电流、电压、电解时间及贵金属盐的浓度等，控制贵金属纳米粒子的形貌、粒径大小及在碳纳米管表面的负载量。

Quinn 等[58]采用单壁碳纳米管作为电极材料，通过电化学沉积法成功将金、铂和钯分散在单壁碳纳米管表面上得到复合催化剂。他们通过调节外电路沉积电流、贵金属沉积时间和电解液中贵金属盐浓度，制备形貌可控的贵金属及贵金属合金。Brouar[59]将 Ti、Cr、Fe、Co、Ni、Cu、Zn、Mo、Pd、Sn、Ta、W、Gd、Dy 和 Yb 等金属与石墨混合制成阳极电极，采用电弧放电法在制备碳纳米管过程中将金属填充在碳纳米管内。结果发现填充形态主要有两种：一种是由 Cr、Ni、Dy、Yb 和 Gd 完全填充，其中以 Cr 和 Gd 填充效果最好；另一种是由 Pd、Fe、Co 和 Ni 不完全填充，在碳纳米管内间断分布少量的金属颗粒。陈小华利用电化学沉积法在碳纳米管上镀 Ag 及 Ni-Co，结果发现镀层质量与镀前处理、沉积速度及镀后热处理有很大关系。Sun 等[60]以 H_2PtCl_2 为 Pt 源，经由一个液相反应制得 Pt 纳米线/碳纳米管异质结，调节反应物的质量比可以控制 Pt 在碳纳米管上的密度。

随后，Hsin 等[61]通过改进电弧放电条件分别得到填充 Ag 和 Co 的碳纳米管。Liu 等[62]采用催化裂解法制备碳纳米管时分别得到填充 Ni 和 Fe 的碳纳米管。另一种方法是先将碳纳米管开口，然后借助毛细作用将相应材料填充到碳纳米管内腔。对于低熔点熔融的金属液体，可以先使碳纳米管开口，在毛细作用下使液态的金属进入碳纳米管的内腔。Ajayan 等[63]采用此种方法制备了一维铅填充碳纳米管复合材料，这为生产金属纳米导线提供了一种新的有效方法。Ugrate 等[64]采用类似的方法，以熔融的硝酸银和氧化钼制备了填充型碳纳米管复合材料。

（2）液相还原法

液相还原法是一种制备金属/碳纳米管复合材料较为常用的方法。首先，在超声条件下将制备好的碳纳米管分散在有机溶剂、水或水与有机溶剂的混合溶液中，控制反应温度，通过外加还原剂或利用溶剂本身的还原性，乙二醇和聚乙二醇等既可以作溶剂、分散剂又可作为还原剂，将溶液中的金属离子前驱体还原为金属纳米粒子并分散到碳纳米管上。也有人先制备金属纳米胶体，将之均匀稳定地分散于合适溶剂中，再与碳纳米管混合搅拌，使金属胶体沉积于碳纳米管上。但是，后一种方法得到的金属纳米粒子易团聚，且难以均匀分散于碳纳米管上，与碳纳米管不能牢固结合，用于催化反应时易脱落而失活。Tsang[65]采用溶液化学法高产率制备 Fe、Co、Ni 等多种金属填充的碳纳米管复合材料。首先制得金属氧化物填充的碳纳米管，再经氢气高温还原制得金属填充的碳纳米管。

（3）浸渍法

浸渍法是将碳纳米管浸渍于含有还原剂的盐溶液中，经过几天浸渍平衡后过滤、干燥除去过量的液体，盐类的活性组分能均匀分散于碳纳米管的微孔中，然后经过加热分解再活化还原，即可得到高度分散的金属/碳纳米管复合材料。但此法得到的金属纳米颗粒有明显的团聚现象。

（4）沉淀法

沉淀法是在金属难溶盐类水溶液中不断搅拌下加入合适的沉淀剂使金属离了沉淀，然后将沉淀过滤、反复洗漆、低温干燥和高温煅烧，生成单一金属或合金纳米粒子。虽然沉淀法操作简单，可使各种金属粒子均匀混合，但是高温下金属纳米粒径大，产物不容易控制，很难均一稳定地负载于碳纳米管上，导致大块金属活性组分和碳纳米管分离，重现性较差，很难推广应用。

3.2.4.2　金属氧化物/碳纳米管导电复合材料

（1）水热法

水热反应是指以水为溶剂，在一定温度、水自生压强的密闭体系中，原始混合物进行的反应。水热反应具有 3 个明显的特征：第一，可使复杂离子间的反应加速；第二，可加剧水解反应的进行；第三，可使反应物的氧化还原电位显著降低。水热反应是一种合成晶体的重要方法。与溶胶凝胶法和共沉淀法相比，其最大优点是一般不需高温烧结即可得到结晶粉末。所以，采用水热反应亦可实现金属氧化物与碳纳米管的复合。Zhang 等 [66] 将定向排列于 Ta 片的碳纳米管和 $Zn(OH)_4^{2-}$ 饱和溶液置入反应釜中进行水热反应，得到 ZnO 纳米线/碳纳米管复合材料。Jitianu 等 [67] 将碳纳米管与 $TiOSO_4$ 按一定比例分散于稀硫酸溶液中，然后密闭于反应釜中，加热、过滤、冲洗，得到不同形貌的 TiO_2/碳纳米管复合材料。结果显示水热法可使 TiO_2 均匀、致密分布于碳纳米管上，而且 TiO_2 晶型较好。

（2）溶剂热法

溶剂热法与水热法相似，只是由有机溶剂替代了水。Gao[68] 以 $Fe[(NH_2)_2CO]_6(NO_3)_3$ 和碳纳米管为原料，将其置于 $C_2H_8N_2$ 中进行溶剂热反应，通过调节反应时间和温度，得到 Fe_2O_3、Fe_3O_4 与碳纳米管的复合材料。Liu[69] 以 $Mn(CH_3COO)_2 \cdot 4H_2O$ 为锰源，以乙醇为溶剂，将大小均一的 Mn_3O_4 纳米粒子沉积在碳纳米管上。Gao[70] 以乙二醇作溶剂在 PEG 辅助下采用溶剂热法，制得 Fe_3O_4 纳米晶/碳纳米管异质结，这种像"蝌蚪"的形貌结构可在外磁场作用下自组装成一维结构。

（3）模板法

Kyotani[71] 发展一种模板法，制备金属氧化物填充碳纳米管复合材料。首先，采用模板技术合成开口的碳纳米管，利用毛细作用将含有金属离子的溶液填充到碳纳米管中；然后，采用化学腐蚀除去模板；最后，通过适当的热处理得到金属氧化物填充的碳纳米管复合材料。

（4）软模板法

软模板法是指表面活性剂分子在溶液中自动聚集形成各种有序组合体，利用这些有序组合体作为微反应器，同时利用表面活性剂与界面的相互作用，引导、调控粒子的定向生长，从而获得多种形貌的纳米复合材料。Barron 等 [72] 利用 SDS 和 DTAB 成功将 SiO_2 与单壁碳纳米管（SWCNTs）复合，并且发现使用阴离子表面活性剂时，多根 SWCNTs 缠绕在一起将 SiO$_2$ 包覆，而当使用阳离子表面活性剂时，却是 SiO$_2$ 包覆单根 SWCNTs，其原因是表面活性剂与 SWCNTs 的相互作用力对溶液 pH 值变化的敏感度不同而引起。

（5）化学气相沉积法

化学气相沉积法是把含有构成薄膜元素的一种或几种化合物、单质气体作为供给基片，借助气相作用或在基片表面上的化学反应生成薄膜的方法。它是半导体工业中用来沉积多种材料的应用最为广泛的技术，包括绝缘材料、金属材料和金属合金材料。Liu 等[73]采用水辅助下化学气相沉积法将 ZnO 与碳纳米管复合。其具体方法是：在石英片上放一锌箔，将其置入 850 ℃管式炉中，通 Ar、H$_2$、C$_2$H$_2$ 混合气体 10 min 后，再在 Ar 气氛下煅烧。其中部分 Ar 和 H$_2$ 要先经过一个喷水口，水的作用是提供生成 ZnO 所需的 O 并促进碳纳米管的生成。以 C$_2$H$_2$ 为碳源，在 850 ℃高温下可分解出碳。此法的优点是可实现碳纳米管的定向生长。

（6）酰胺偶联法

近几年，硫属半导体量子点 / 碳纳米管复合材料在光电设施领域具有非常诱人的应用前景。Ravindran 等[74]首次制得核 / 壳结构 CdSe/ZnS 量子点，并将之连接于碳纳米管端口形成异质结。其制备过程分为三步（图 3.6）：①将碳纳米管在硝酸中适当处理使其氧化，在端口形成羧基；②将 CdSe/ZnS 量子点分散于氯仿中，加入 2- 氨基乙烷硫醇盐酸盐（AET），通过巯基连接于 Zn 原子上制得 QD-NH$_2$；③以乙烯碳二酰亚胺作耦联剂，使 QD-NH$_2$ 与 CNT-COOH 反应制得异质结复合材料。该种复合材料有较高的量子产率。

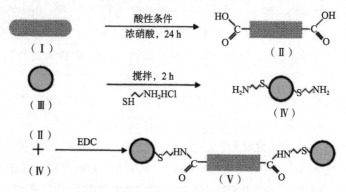

图 3.6　核 / 壳结构的 CdSe/ZnS 量子点连接于碳纳米管端口[74]

（7）非共价修饰 – 原位合成法

Liu 等[75]研发一种非共价修饰 – 原位合成法，此法可将金属、半导体、非金属纳米粒子与碳纳米管复合，具体过程如图 3.7 所示。碳纳米管侧壁由碳六元环组成，每个六元环中的碳原子以 sp^2 杂化为主，每一个碳原子又以 sp^2 杂化轨道与相邻六元环上碳原子 sp^2 杂化轨道相互重叠形成 C—C σ 键。每个碳原子的 3 个 sp^2 杂化轨道的对称轴均分布在同一平面上，而且两个对称轴之间的夹角为 120°，这样形成了正六边形的骨架。每个碳原子还有一个垂直于此平面的 p 轨道，形成高度离域的大 π 键。这些 π 电子与含有 π 电子的 1- 氨基芘（1-aminopyrene）通过 π-π 非共价键结合，得到氨基修饰的 CNT。amino-CNT 碳纳米管再通过静电吸引与纳米粒子前驱体复合，最后在碳纳米管上原位生成纳米粒子。

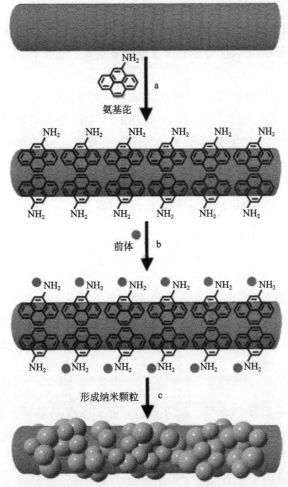

图 3.7 非共价修饰 – 原位合成法制备纳米粒子 /CNT 复合材料 [75]

无机非金属 / 碳纳米管复合材料的合成方法还有很多，须根据所需复合物的性质和形貌而定。Sigmund 等 [76] 将碳纳米管与锌粉在不加任何催化剂情况下高温煅烧，通过改变温度得到薄膜、量子点、纳米线和纳米棒 4 种形貌的 ZnO 修饰在碳纳米管上得到 ZnO/ 碳纳米管复合材料。Jiao[77] 采用原子层沉积技术将 ZnO 包覆在碳纳米管壁上。Zhu[78] 采用一种气相输运法制得 ZnO/MWCNTs 异质结，这两种复合材料均显著提高碳纳米管的场发射性。马仁志 [79] 采用高温热压法制备碳化硅 / 碳纳米管复合材料，三点抗弯强度和断裂韧性测试表明，该复合材料比在同样条件下制备的单相纳米碳化硅陶瓷性能提高约 10%。

3.2.4.3 导电高分子 / 碳纳米管导电复合材料

制备聚合物 / 碳纳米管导电复合材料时，至关重要的一点是如何提高碳纳米管在聚合物基体中的均匀分散程度。一般采用超声波分散、机械搅拌、加入表面活性剂和对碳纳米管表面进行化学修饰等方法来提高碳纳米管的分散性。从碳纳米管与聚合物分子链间的作用本质来看，可分为物理混合和化学复合两大类方案。

（1）原位聚合法

原位聚合是将表面修饰有机官能团的碳纳米管溶液与聚合物单体混合，加入引发剂引发聚合并在聚合过程中使碳纳米管通过有机官能团参与聚合过程，以实现碳纳米管和聚合物之间的相互作用。

Yu 等[80] 以 CNTs 为基体在其表面包裹聚苯胺用以负载 Pd，所得复合材料用于 Heck 反应，研究表明氮源丰富的聚苯胺与 Pd 间强烈的相互作用力可减少催化反应中 Pd 的损失，而此复合材料催化性能的关键在于聚苯胺涂层的厚度，同时增加聚合物与 CNTs 的相互作用力也是提高此类催化剂催化性能应考虑之处。Shi 等[81] 将 PANI 包裹于碳纳米管上后可控沉积 Pt。TEM 可观测到 Pt 纳米粒子分布在 PANI/CNT 上，所得复合材料在催化甲醇的氧化和还原反应表现出优异的性能，推测该复合材料在电极及传感器元件方面具有很大的应用前景。

（2）电化学法

Warren 等[82] 采用电化学法制备垂直排列碳纳米管（VACNT）与聚吡咯的复合材料，获得新型混合超级电容器材料，TEM 可观测到聚吡咯包覆碳纳米管。因 PPy 表面上的快速氧化还原反应，以及使用中性乙腈溶液使得能量储存得到明显增强。电化学阻抗结果表明，聚吡咯 / 碳纳米管纳米复合材料具有更高的双电层电容，所制备的电容器在 3000 次充放电循环后依然具有高的储能效果。

（3）其他方法

王素敏等[83] 利用单壁碳纳米管（SWCNTs）表面的羧基基团，在缩合剂作用下，使 SWCNTs 在导电玻璃（ITO）表面通过化学结合形成组装层，其表面残留的羧酸根再经对苯二胺处理后，在引发剂作用下使苯胺单体在 ITO 表面聚合，从而得到 SWCNTs/PANI 复合组装膜。车剑飞等[84] 将碳纳米管通过化学自组装法固定到巯乙胺修饰的金电极上，采用恒电位聚合法将聚 3, 4- 乙撑二氧噻吩修饰碳纳米管，构建碳纳米管 / 导电聚合物复合电极，该电极具有理想的粗糙表面，极大提升了电极活性界面面积，相比传统电极，该电极的电信号传导性能增强，具有更佳的生物相容性。

3.2.4.4　导电聚合物 / 金属氧化物 / 碳纳米管三元导电复合材料

高电导率是多元复合材料追求的目标。Erden 等[85] 制备 CNTs 和 PANI 含量分别为 70% 和 30% 的 PANI/CNTs 复合材料，该复合材料电导率可达 2730 S・cm^{-1}。进一步研究发现，二氧化钛的加入可改善有机热电材料的热电性能，提高有机热电材料的功率因数。

过渡金属氧化物 /CNTs 复合材料的比电容较高，但机械强度较低；导电聚合物 /CNTs 复合材料虽然比电容和工作电压较高，但循环寿命较短，甚至稳定性更差。所以，为制备比电容高、循环寿命长的超级电容器电极材料，碳纳米管、过渡金属氧化物与导电聚合物的三元复合电极材料受到广泛关注。特别是，孔结构特征和改性处理方式影响碳纳米管基三元复合电极材料的电化学性能。Yuan 等[86] 先将 MWCNTs 溶解在 PSS 溶液得到 PSS/MWCNTs 复合材料，再将 PSS/MWCNTs 与 RuCl$_3$ 一起均匀分散于蒸馏水中，然后采用水热法制备 RuO$_2$/PSS/MWCNTs 三元复合材料。当 RuO$_2$ 质量分数达 10% 时，该三元复合材料的比电容高达 1474 F·g^{-1}。其原因是带负电荷的 PSS 包裹于 MWCNTs 管壁，可改善 MWCNTs 分散性，使其容易吸附 Ru^{3+} 到管壁而沉积成为 RuO_2。有人[87]将 $MnSO_4$ 和 $KMnO_4$ 加入碳纳米管悬浮液中，合成的 MnO_2 可成功包裹于 CNTs 管壁上，再把 PEODT-PSS 加入 MnO_2/MWCNTs 溶液中，获得 MnO_2/PEODT-PSS/MWCNTs 三元复合材料，其比电容达到 427 F·g^{-1}，而且充放电循环 1000 次后比电容仍保留 99%。

3.2.5 碳纳米管基导电复合材料的应用

3.2.5.1 电化学传感器

碳纳米管复合材料具有独特的理化结构，表现出量子效应、界面效应等特性，以及良好的催化、电学及光学性能，同时还能与其他功能材料复合产生协同作用，在电化学传感领域，用以修饰电极材料。事实表明金属/碳纳米管复合材料具有良好的性质和广阔的应用前景。李霞将导电性好的贵金属 Au 包覆于碳纳米管外表面，可实现零电阻接触。Hrapovic[88]采用全氟磺酸 – 聚四氟乙烯共聚物（Nafion）修饰单壁碳纳米管，再将 Pt 纳米粒子沉积于碳纳米管表面。作者将所得到复合材料制成电极，循环伏安法研究发现，该复合材料电极对氧气还原及过氧化氢检测均有较好的电催化活性，此电极有望应用于各式生物传感器。Cha[89]制备的 Co/CNT 复合材料具有优异的场发射性。此外，金属/半导体型碳纳米管具有二极管特性，仅允许电流朝一个方向流动，可作为最小的半导体装置。在电化学传感器领域，碳纳米管复合材料所起的作用主要分为以下两类。

①碳纳米管可作为载体或支持物，使酶、蛋白质等活性物质的固载量增大，同时改善其稳定性，以提高修饰电极的分析性能。

Qin 等通过溶剂热法制备 WO_3 纳米线后引入 SWCNTs，构建基于 WO_3/SWCNTs 的气敏传感器，并研究其对 NO_2 的传感性能。在室温下，该传感器对 NO_2 气体具有超快速响应，且其灵敏度和选择性均较好。Li 等基于功能化多壁碳纳米管（FMWCNTs）制作一种电化学 DNA 传感器。与之前报道的基于功能化石墨烯（FG）构建的传感器相比，该 DNA 传感系统检测限为 141.2 pM，降低了两个数量级。Hashwan 以单链 DNA（ssDNA）检测为研究对象，研制了一种石墨烯/多壁碳纳米管（rGO/MWCNTs）复合材料的薄膜。该生物传感器对 ssDNA 目标具有高度敏感性，线性范围从为 500 ~ 100 pM。此外，该生物传感器对 DNA 的测定展现出优异的分析性能。

②将碳纳米管和其他功能材料相结合，可使碳纳米管复合材料表现出较强的电催化作用，在电化学传感领域可发挥其关键性作用。

Su 等[90]在部分解压碳纳米管（PUCNTs）上原位沉积银纳米颗粒，得到 Ag /PUCNTs 复合材料，构建无酶过氧化氢（H_2O_2）传感器。结果表明，Ag/PUCNTs 复合材料表现出界限良好的氧化还原特性；该传感器可在 3s 内快速响应，对 H_2O_2 的检测限为 1 mμM，具有良好的灵敏度、选择性和重现性。Wang 等构建了一种基于聚多噻吩/单壁碳纳米管的化学电阻传感器，并将其用于甲基安非他明的检测。P_3CT/ 功能化碳纳米管传感器对甲基苯乙胺具有较高的灵敏度和选择性，检测限低至 0.03 μM，可用于环境空气中痕量甲基苯丙胺的检测。Muhammad 等[91]构建了一种基于碳纳米管和金纳米粒子修饰丝网印刷碳电极的电化学传感器，并将其用于牛奶中的硫氨酚残留的测定。结果表明，该传感器针对硫氨酚具有较宽的线性范围（0.1 ~ 30 μM），检测极限低至 0.003 μM，同时其重现性和稳定性也均较佳。Serafin 等[92]以氧化物酶（HRP）和二茂铁（Fc）作为辅助酶和氧化还原介质，构建了以金纳米粒子（AuNPs）、多壁碳纳米管（MWCNTs）和聚四氟乙烯（Teflon）为载体的复合电极。将该生物传感器用于人类血清肌酐的测定。Ghodsi 等[93]构建一种基于 TiO_2 纳米颗粒/多壁碳纳米管修饰玻碳电极的伏安传感器，并用于二嗪农农药的测定。结果表明，TiO_2 NPs/MWCNTs 纳米复合材料在重氮化还原过程中表现出良好的协同电催化性能。该传感器对二嗪农具有快速响应，同时还表现出了良好的重复性和稳定性，对二嗪农的线性范围为 11 ~ 8360 nM，检测极限为 3 nM（$S/N=3$）。

3.2.5.2 超级电容器

碳纳米管作为超级电容器的理想电极材料，具有得天独厚的优势：一方面，碳纳米管具有携带大电流的能力，可使超级电容器具有更低的等效串联电阻和更好的功率特性；另一方面，碳纳米管具有呈交织网状分布的中空管腔结构及可控的微孔结构，因此具有更高的比表面积，通过相互连通的孔隙使超级电容器具有更好的频率响应特性。此外，碳纳米管基电极材料具有较大的比表面积、较好的导电性、较高的结晶度、较高的化学稳定性等优点，利于超级电容器研发和推广。但是，碳纳米管自身的比电容却很小。目前，双电容材料的碳纳米管与高赝电容材料组合的复合电极材料是提高碳纳米管低电容的重要方法之一。先将碳纳米管进行化学修饰、活化，然后将活化后的碳纳米管与高赝电容材料复合制备超级电容器电极材料。目前最理想的超级电容器电极材料是活化的碳纳米管与金属氧化物以及导电聚合物进行复合制备高性能电极材料。

（1）金属氧化物/碳纳米管复合材料

金属氧化物的储能原理是法拉第赝电容，比电容较大，但是电阻也较大，因此导电性比较差；碳纳米管导电性相对较好，但是比电容较低。金属氧化物/碳纳米管复合材料有利于发挥各自的优点，获得高比电容和长循环寿命的超级电容器电极材料。目前金属氧化物主要涉及贵金属氧化物和过渡金属氧化物。

Arabale 等[94]将浓硝酸氧化处理的碳纳米管与 $RuCl_3$ 溶液混合制备 RuO_2/碳纳米管复合材料。当 RuO_2 负载量为 1% 质量分数时，在 1 mol·L^{-1} H_2SO_4 的电解液中该复合材料的比电容达 80 F·g^{-1}。Ni（OH）$_2$ 通过恒电流脉冲法沉积在碳纳米管表面，煅烧后制得 NiO_x/CNTs 复合材料。由于 NiO_x 完全覆盖于碳纳米管管壁上，借助碳纳米管的相互交织形成导电网状结构，非常有利于离子迁移。当 NiOx 负载量为 8.9% 质量分数时，NiO_x/CNTs 复合材料的比电容可达 1701 F·g^{-1}。Jin 等[95]发现碳纳米管和高锰酸钾在室温下反应可制得 MnO_2/CNTs 复合材料。由于 $KMnO_4$ 的强氧化性，碳纳米管的管壁有很多缺陷，导致 MnO_2 可沉积在碳纳米管表面和碳纳米管的管壁间，增大了 MnO_2 的负载量，显著提高了 MnO_2/CNTs 复合材料的比电容。Zhao 等[96]以 α-Fe_2O_3/MWCNTs 复合材料薄膜作为阳极，以多壁碳纳米管薄膜作为阴极组装超级电容器，此超级电容器的功率密度可高达 1000 W·kg^{-1}。

（2）导电聚合物 / 碳纳米管复合材料

碳纳米管与导电聚合物复合电极材料是指导电聚合物包覆于碳纳米管上，使二者双电层电容和赝电容相互取长补短，既具有较高的比电容，又具有碳纳米管较好的机械性能、较好的导电性和较长的循环稳定性等优点。目前使用较多的是导电聚合物聚苯胺、聚吡咯和聚噻吩。

Sivakkumar 等[97]采用原位聚合法在 MWCNTs 表面上合成 PANI，制得的 PANI/MWCNTs 复合材料的直径为 85 nm，其比电容达到 606 F·g^{-1}。其原因是在 MWCNTs 和 PANI 间形成紧密的电荷传输混合体，阻抗显著降低，有利于电荷转移，PANI/MWCNTs 复合材料的电容特性和功率特性得到改善。An 等[98]采用原位聚合法在 SWCNTs 上沉积 PPy，制得 PPy/SWCNTs 复合电极材料。在 7.5 mol·L^{-1} KOH 中该复合材料的比电容远大于 SWCNTs 和 PPy，其原因是 PPy 包覆于 CNTs 上可提供更大的比表面积，使复合材料的比电容大幅提高。Jagannathan 等[99]制备 PANI/CNTs 复合薄膜，并将复合薄膜浸入不同浓度的 KOH 溶液进行处理，然后在 700 ~ 900 ℃高温下活化 30 min，在 6 mol·L^{-1} KOH 电解液中测得该复合薄膜的最大比电容为 302 F·g^{-1}。

3.2.5.3 光催化领域

碳纳米管具有优良的导电特性，可改善金属氧化物催化活性，碳纳米管复合材料被证明是一种有效地提高光催化性能的材料之一。

李莉香等[100]采用化学原位聚合法制备聚吡咯包覆碳纳米管，以硫酸亚铁铵盐为铁前驱体制得复合材料，然后对复合材料进行热处理，成功制得铁基掺杂碳纳米管催化剂 FeNCNTs。结果表明，该复合材料 FeNCNTs 有利于增强吸附能力且表现出优异的催化活性和稳定性。安洋等[101]采用溶胶—凝胶溶剂热法制备二氧化钛 / 碳纳米管（TiO_2/CNTs）纳米复合材料。结果表明，TiO_2/CNTs 复合材料在紫外和可见光下均有良好的光吸收性，且随着 CNTs 含量的增加，TiO_2/CNTs 对光的吸收性能和对亚甲基蓝的光催化活性越好。

综上所述，碳纳米管复合材料在电化学、传感器、超级电容器和催化剂等领域均有很大的应用空间。然而，国内外对碳纳米管复合材料的研究还存在许多不足，如 MWCNTs 对复合材料的增强效应机制和协同机制尚不明确，如何有效改进材料的性能还不清楚。未来在解决以上关键问题的同时，应采用模拟与实践相结合的方式研究碳纳米管复合材料的宏观和微观的作用，建立多尺度模型对材料的物理化学性能进行详细分析，研究其综合性能，以期充分拓展复合材料的应用范围。

3.3 活性炭基导电复合材料

3.3.1 活性炭结构及性质

国际纯粹与应用化学联合会（IUPAC）规定，根据孔径大小将多孔材料分为 3 类：孔径小于 2 nm 的微孔材料，比较典型的有活性炭、沸石和金属有机框架（Metal-Organic Frameworks，MOF）系列；孔径大于 50 nm 的大孔材料，常见的有多孔陶瓷等；孔径为 2 ~ 50 nm 的介孔材料，应用较多的有介孔碳等。由于前驱体多样、制备工艺多样等特点，多孔碳材料具有巨大的比表面积与孔体积、丰富的孔道结构及孔径孔道可调等优点。此外，多孔碳材料还具有较多的活性位点、较高的电活性表面、良好的导电性和化学稳定性。

活性炭是一种具有高度结晶形式、内部孔结构发达的无定形碳质。任何有机材料都可作为活性炭的前体，经过碳化和活化后生产制备活性炭。活性炭的来源广泛、价格低廉、比表面积大且其原料丰富，如煤炭、木材、沥青、果壳等。由于经济和环境问题，必须使用低成本和环保的前体替代这些原材料来制备活性炭。因此，近年来人们将目光投向以生物质为原料来制备活性炭。

3.3.2 活性炭的制备

活性炭合成的核心问题在于如何在纳米尺度下造孔，其关键在于对可氧化性物质或可溶解性物质进行刻蚀来造孔。通常采用热解法制备活性炭。热解法主要是通过高温碳化和活化有机聚合物（酚醛树脂、导电聚合物和离子交换树脂等）、生物质资源（稻壳、果皮、海藻等）、化石资源（石油沥青、石油焦等）而得到多孔碳。这类多孔碳材料以微孔、介孔为主，具有一定的比表面积及不规则的孔道结构，孔径分布较广且包含大量极微孔，使用氮气作为分子探针常常难以探及。为了增大其比表面积、优化孔参数，研究者常使用物理活化法（如 CO_2、O_2、H_2O 等）或化学活化法（如 KOH、NaOH、$ZnCl_2$ 等）刻蚀部分碳骨架，制造更多微孔或拓宽已有微孔。

3.3.2.1 物理活化法

物理活化法也称气体活化法，其活化过程主要包括碳化和活化两个步骤。物理活化法原理为高温下氧化性气体与非晶碳反应生成一氧化碳、二氧化碳气体，从而制造更多的表面缺陷，如以下反应式：

$$C + H_2O \rightarrow CO + H_2$$
$$C + CO_2 \rightarrow CO$$
$$C + O_2 \rightarrow CO \text{ 或 } C + O_2 \rightarrow CO_2$$

物理活化法一般需要碳材料存在较多的缺陷，具有一定的固气界面和开放的孔道结构供气体分子吸附、反应，如活化木屑、椰壳等生物质碳。生物质中含氧官能团较多、碳元素占比较小，在碳化过程中会形成较多的孔结构。这些孔结构有利于活化气体的扩散与吸附，使得活化效率增加，更容易获得丰富的微孔结构。一般来说，活化气体会优先吸附在材料外表面，然后依次经过大孔、介孔、微孔，最后渗入材料内部。介孔的产生是由微孔坍塌形成的，因此活化时间越长，气体浓度越高，材料比表面积呈现先增加后降低的趋势，且活化温度高达 1000 ℃，高温条件不利于气体吸附。这使得物理活化法制备多孔碳存在可控性较差、空隙分布不均匀、活化产率偏低等缺点。

活化气体对活性炭的孔隙结构具有重大影响。GARBPLW 等[102]采用空气作为活化气体制备活性炭，发现在活化过程中碳表面会产生部分官能团，这些官能团会形成一层"保护层"阻碍反应的进行，降低活化速率。因此，空气活化反应动力学较慢、活化效率偏低。二氧化碳和水蒸气也是常用的活化气体，相比于氧气，二氧化碳和水蒸气具有更大的分子直径，因此，在活化过程中具有更大的扩散阻力，其反应动力学慢于氧气。值得一提的是，关于二氧化碳和水蒸气活化过程中孔隙形成的认知仍具争议。Kühl 等[103]采用二氧化碳和水蒸气在相同温度下对焦炭进行活化，水蒸气活化制得活性炭的比表面积高于二氧化碳活化。

3.3.2.2　化学活化法

化学活化法可分为一步活化和两步活化。一步活化主要是将碳前驱体与活化剂混合进行阳离子交换，然后直接高温碳化和活化，如碱催化活化酚醛树脂碳；两步活化需要先完成前驱体的碳化，再与活化剂研磨混合高温活化，如氢氧化钾活化浒苔炭或石油焦活性炭。化学活化法其活化原理目前尚未全析，相比其他几种活化剂，对氢氧化钾活化机制的研究较多，其制备工艺也较成熟，反应原理如下。

一步活化：

$+ [—O—] + \longrightarrow [—O—] K^+ + H_2O\uparrow$

$[—O—] K^+ + [—CH_2] \longrightarrow K + CO\uparrow + H_2\uparrow$

$+ [—COO—] + \longrightarrow [—COO—] K^+ + H_2O\uparrow$

$[—COO—] K^+ + [—CH_2] \longrightarrow K^+ + 2CO\uparrow + H_2\uparrow$

两步活化：

$2KOH \longrightarrow K_2O + H_2O\uparrow$

$K_2O + [—C—] \longrightarrow 2K + CO\uparrow$

一步活化在碳前驱体制备的过程中通过阳离子置换的方式在羧基、羟基末端引入大量碱金属阳离子。在高温条件下，碱金属阳离子与非晶态碳反应，刻蚀周围碳骨架而制造大量微孔。Xue 等[104]利用氢氧化钾置换酚醛树脂的羧基质子，在 850 ℃下碳化和活化制得比表面积高达 2034 $m^2 \cdot g^{-1}$ 的片状活性炭/石墨烯复合物。该复合物孔径约 3.5 nm，微孔比表面积达到 514 $m^2 \cdot g^{-1}$。Zhou 等[105]利用 LiOH、NaOH、KOH、RuOH、CsOH 分别活化树脂碳制得一系列活性炭，实现活性炭孔径在 0.6 ~ 0.76 nm 可调，该研究对进一步开发微孔材料具有重大的指导作用。

两步活化与一步活化原理大致相似，都是通过碱金属氧化物或碱金属离子的氧化作用造孔，但是其研磨混合过程属机械混合过程，导致碱金属离子仅分布于碳材料外表面，高温活化过程需要经历造孔、扩孔、扩散、再造孔。因此，两步活化制备的多孔碳也存在空隙分布不均的问题。

总体来说，相较物理活化法，化学活化法的优势更为突出，包括活化温度较低、活化效果更好、活化程度更可控等。但是，活化法制备多孔碳均具有孔结构无序、孔径分布宽泛、孔型不可控等缺点，不利于大尺寸离子扩散、离子筛选。

3.3.3 活性炭基导电复合材料的制备

活性炭比表面积大、孔道结构丰富、来源丰富且成本低廉，作为一种理想的材料在多相催化、电储能和电催化等方面具有很大的应用潜力。然而，由于其自身活性位点少、电导率差等特点，使得活性炭通常需要与其他碳材料（如碳纳米管、碳纤维和石墨烯等）、金属氧化物、金属硫化物和导电高分子等进行复合，来提高活性炭材料的电导率等性能。

3.3.3.1 其他碳材料 / 活性炭导电复合材料

Fan 等[106] 在尿素存在的情况下使用低成本商品棉花直接碳化制备得到 N 掺杂棉花碳框架（NCCF），然后将 NCCF 浸渍到分散有氧化石墨烯（GO）的溶液中，使 GO 渗透并吸附到 NCCF 中。利用 GO 在 Cu 表面上的自发还原和组装，制得三维 N 掺杂棉衍生碳骨架 / 石墨烯气凝胶（3D NCCF/rGO）复合材料。由于 3D NCCF/rGO 具有三维分层互连结构，故表现出较强的电荷传输能力。

3.3.3.2 金属氧化物 / 活性炭导电复合材料

活性炭与金属氧化物复合，除了可以限制金属氧化物中电子与空穴的复合，还可以提高金属氧化物的分散度而提供更多的活性位点，防止其发生团聚从而提高其使用寿命。其中，氧化镁活性炭复合材料是金属氧化物 / 碳复合材料的一种。氧化镁与活性炭通过不同方式杂化复合后，分散在活性炭上的氧化镁比表面积显著提高，其温和的碱性得到更大体现。金属氧化物的亲水性加上活性炭的高比表面积及对非极性物质的强吸附力，形成性能独特的多孔性吸附材料。

Liu 等[107] 将 5.0 g 生物质和 1000 mL 浓度为 1540 mg·L^{-1} 的 MgCl$_2$ 溶液在烧瓶中混合并在恒温振荡器中以 200 r·min^{-1} 摇动 300 min。然后过滤除去混合物中的水，并将得到的固体残余物在 378 K 下干燥直到质量不再变化。将一定量的固体残余物在 400 mL·min^{-1} 氮气流下放入进料管中，并在氮气氛围保持 20 min 以从热解系统中除去空气。当加热区的温度达到设定值（773 ~ 973 K）后保持 3 h，制备得到介孔碳固载 MgO 纳米颗粒复合材料。

目前，活性炭负载金属氧化物复合材料的研究较多。Wang 等[83] 通过溶胶凝胶法在活性炭纤维（ACF）上负载 N 掺杂的 TiO$_2$ 颗粒，制备了一系列新的 N 掺杂的 TiO$_2$/ACF 光催化剂。N 掺杂的 TiO$_2$ 颗粒表现出能带边缘的明显红移和在可见光区域吸收显著增加，且单个 TiO$_2$ 粒子均匀地分散于 ACF 表面。光催化降解甲基橙的结果表明，N 掺杂的 TiO$_2$/ACF 光催化剂表现出增强的可见光光催化活性，其原因是 ACF 的强吸附与 N 掺杂 TiO$_2$ 光催化活性之间的协同效应。

3.3.3.3 金属硫化物 / 活性炭导电复合材料

由于金属硫化物与金属氧化物具有相似的化学性质，因此，人们也将其与生物质炭材料进行复合，以提高金属硫化物分散度，同时暴露更多的活性位点，然后提升金属硫化物的催化性能或储能性能。

Li[108] 采用 Fe- 角叉菜胶生物质作为前体制备一维多孔、核 / 壳结构的 FeS/ 碳纤维复合材料，其中 FeS 纳米颗粒粒径 25 ~ 45 nm、碳纤维直径 10 ~ 15 μm。制备过程为：用含有 Fe^{3+} 离子的凝固浴，通过湿法纺丝角叉菜胶制得 Fe- 角叉菜胶纤维。通过高温热解，大分子双螺旋结构的 Fe- 角叉菜胶纤维分解成 H_2O、CO、CO_2 和 SO_2 而产生多孔结构，最后转化为多孔碳，而 FeS 纳米颗粒通过与角叉菜胶中含硫基团相互作用均匀地嵌入独特的一维多孔碳纤维基质中，从而形成一维多孔 FeS/CFs 微 / 纳米结构。

3.3.3.4 导电高分子 / 活性炭导电复合材料

导电高分子与贵重金属氧化物相比，其价格较低，同时与碳材料的相容性较好，因此，采用导电聚合物对碳材料进行改性是一种很有前途的改性方法。聚苯胺具有原料易得、制备方法简便、良好的化学稳定性、导电性和电化学氧化还原可逆性的优点，丛文博等[109] 采用循环伏安法在活性炭电极表面合成聚苯胺。在 $1\ mol \cdot L^{-1}$ 硫酸溶液中 PANI/ 活性炭电极呈现较好的电容性质，比电容从碳电极的 $82\ F \cdot g^{-1}$ 提高至 $175\ F \cdot g^{-1}$。PANI/ 活性炭电极和碳电极组成的单体电容器比电容可达 $30.7\ F \cdot g^{-1}$；将 PANI/ 活性炭电极作为负极使用，可将电化学窗口由 0.6 V 扩展至 1 V。

值得注意的是，如果活性炭前驱体中富含氮、磷、硫等元素，那么在制备活性炭材料的过程当中，可以实现一步碳化掺杂。其中，含氮量高的前驱体有三聚氰胺、壳聚糖、海藻等碳前驱体。Sevilla 等[110] 将微藻前驱体进行碳化和活化，制得氮掺杂微孔碳，该微孔碳含有 2.7% 质量分数的氮掺杂量，比表面积高达 $2200\ m^2 \cdot g^{-1}$。经过优化后的氮掺杂微孔碳在 $0.1\ A \cdot g^{-1}$ 的放电速率下，比容量为 $200\ F \cdot g^{-1}$，当电流密度增加到 $20\ A \cdot g^{-1}$ 时，其容量仍保持 80%，体现了优异的倍率性能。此外，蛋白质、头发等之类的碳前驱体，含有丰富的氮、硫元素，将其直接碳化和活化之后，可得到氮、硫共掺杂的多孔碳。如果碳前驱体里不含氮、磷、硫等杂元素，可以通过外加含有杂原子的原料进行掺杂。虽然，各种各样的具有高比表面积的活性炭已被成功制备出来，但是，其微孔结构仍然相对封闭且孔径分布不理想。因此，制备具有开放性、低曲率孔结构的活性炭，对于进一步提高其电化学性能有着重要作用。

3.3.4 活性炭基导电复合材料的应用

3.3.4.1 超级电容器

超级电容器是一种能量存储装置，可提供比二次电池更高的循环效率、功率密度和充电 / 放电速率。此外，由于其超低的重量和成本、高功率密度、快速充电 / 放电动力学、长循环寿命和双极操作灵活性，超级电容器被认为是最有前途的能量存储装置。然而，超级电容器的能量密度低，这限制了它们在实际生活中的应用。因此，设计具有高功率和高能量密度的新型电极材料用于超级电容器十分必要。虽然活性炭具有比表面积大和丰富孔结构，表现出高重量性能，但由于低堆积密度或高孔隙率，因此体积性能较差。而且，碳材料均具有一些天然缺点，如理论容量低和导电性差，限制了碳材料的实际应用。

由于电极材料与带电离子如 RuO_2、NiO、Co_3O_4、MnO_2、$Ni(OH)_2$、$Co(OH)_2$ 和 $NiCo_2O_4$ 之间的快速法拉第反应，过渡金属氧化物、氢氧化物和复合氧化物具有赝电容器性质，故可作为赝电容器的电极材料。因此，一个简单有效的提高生物质炭材料超级电容器性能的方法是将其与过渡金属氧化物结合制备复合材料。Edison 等通过简单热解乙酸钴（Ⅱ）四水合物和诃子（T-chebula）果实合成碳负载四氧化三钴纳米复合材料 Co_3O_4/CNPs。XRD 检测结果显示，Co_3O_4/CNPs 是高度结晶的碳载体，其粒径在 15 ~ 25 nm，呈现扭曲的球形。BET 法计算 Co_3O_4/CNPs 的比表面积为 22 $m^2 \cdot g^{-1}$，其最大比电容约为 642 F · g^{-1}，放电电流密度为 1 A · g^{-1}，介于 0 和 0.50 V 之间（相对于 Ag/AgCl）。Co_3O_4/CNPs 的高比电容可归因于双层电容和伪电容的组合。

3.3.4.2 锂离子电池

锂离子电池是最有前途的储能装置之一，由于其高能量密度、低自放电和长循环寿命，在电动汽车和混合动力电动汽车领域引起极大关注。通常，锂离子电池使用过渡金属氧化物（如 $LiCoO_2$、$LiFePO_4$、$Li_3V_2(PO_4)_3$、$LiMn_2O_4$）作为正极，并使用石墨碳作为负极。众所周知，石墨是商用锂离子电池中最常用的负极材料，相对于锂金属而言，石墨具有低成本和低电化学势的特点。然而，由于每 6 个 C 原子只能插入一个 Li 离子，导致石墨碳的容量是有限的 372 mA · h · g^{-1}。此外，由于石墨阳极上以高速率生长的金属锂枝晶引起的安全危害，且石墨阳极的倍率能力差。由此可见，石墨无法满足高能量、高功率锂离子电池的要求。因此，有必要开发高功率、高倍率能力、低成本、环保和可再生的负极电极材料。而作为锂离子电池的负极材料，生物质衍生碳材料具有比容量和倍率性能优异的特点，可归因于以下原因：①分级微 - 中 - 大孔结构可给离子提供短传输途径，加速电极中离子扩散的动力学过程，提高倍率性能；②互连孔形成连续的导电网络，降低电子传输阻力；③高表面积可以大大增强电极与电解质之间的接触面积，实现电荷转移反应，提高锂离子储存能力；④高氮含量可以提供强电负性和更多活性位点，此有利于锂离子与碳材料相互作用，提高活性炭材料的电化学稳定性和电子传导性。但是，它们依然存在着一些缺陷而不能达到满意的使用效果。人们已经发现一些高容量阴极材料如过渡金属氧化物；过渡金属氧化物的理论容量高，通常是商业石墨的二到三倍。然而，这些材料通常在充电 / 放电过程中具有差的导电性和严重的体积变化，导致锂离子电池的容量快速衰减。因此，研发大量可再生的基于生物质碳复合材料用作锂离子电池负极材料。

Che 等[111]使用环境友好的海藻酸钠（SA）作为碳气凝胶前体，在碳气凝胶基质中原位沉积 MoO_2 纳米颗粒，MoO_2/ 碳气凝胶合成复合材料（MoO_2/SAC）。此复合材料的关键特征在于碳气凝胶作为基质有助于锂离子的传输，可为放电和充电过程中 MoO_2 的体积膨胀提供空间。在 375 ℃最佳温度条件下制备的复合材料，在 100 mA · g^{-1} 电流密度下具有 574 mA · h · g^{-1} 的比容量，同时经过 120 个循环后，其可逆容量依然高达 490 mA · h · g^{-1}；在 1000 mA · g^{-1} 的电流密度下，比容量仍保持为 331 mA · h · g^{-1}，说明 MoO_2/SAC 复合材料具有良好的循环稳定性和优异的倍率性能。

以上具有超高容量的生物质基碳复合材料不仅可以提供高导电基底，而且可以缓冲体积变化的应力，保持充、放电过程中的结构完整性。

3.3.4.3 电催化领域

（1）氧还原反应

燃料电池是清洁高效的能量转换装置，可通过电化学反应直接将燃料的化学能转化为电能。使用氢气或甲醇作为燃料的燃料电池可以在接近室温下使用，未来可用于电动车辆和便携式电子设备。在燃料电池中，燃料在阳极被氧化，释放的电子通过驱动电路转移至阴极，在阴极与 O_2 发生氧还原反应（ORR）。ORR 具有缓慢的反应动力学，通常需要高负载量的 Pt 基材料作为电催化剂。Pt 是一种稀缺金属，具有价格昂贵、稳定性差等缺点，人们努力开发更便宜、更好的 ORR 电催化剂，主要涉及 3 个方面：①通过与其他非贵金属复合形成合金或制备核 / 壳结构复合材料，或者改进 Pt 表面的活性来提高 Pt 使用效率；②研发不含金属的 ORR 电催化剂；③研发非贵金属基电催化剂如 M-N-C、金属氧化物和金属硫化物等。此外，当采用金属纳米颗粒制备 ORR 电催化材料时，要更好地控制粒度和分布，以提高其电化学活性表面积（EASA）。良好的载体材料应具有高的导电性和大的表面积，并且含有大量的中孔，以促进化学物质在催化剂层的扩散。而活性炭材料与上述性质非常吻合，因此，活性炭是电极材料的重要组成部分。最近，将更经济、丰富和可再生生物质资源转化为碳纳米结构已成为获得电催化剂最有吸引力的方法。目前，已有大量研究报道多种类型的生物质活性炭用于合成 ORR 电催化剂。

Wassner 等 [112] 以葡萄糖为原料采用水热处理法获得尺寸均匀且大小约为 300 nm 的碳球，然后通过溶胶凝胶法沉积合成核 – 壳复合材料（TiO_2/C）。随后在高温、氨蒸气氛围中对 TiO_2/C 进行氮化处理，使其生成核 – 壳钛氧氮化物 / 氮化碳（TiO_xN_y/C_nN_m）复合颗粒。结果发现，氮化处理显著提高复合材料的 ORR 活性；当温度为 850 ℃时在酸性电解质中 TiO_xN_y/C_nN_m 复合材料具有优异的 ORR 催化活性，其起始电位达到 0.8 V。然而，在经过数千次循环测试后，由于钛氧化物壳层受到腐蚀，导致 TiO_xN_y/C_nN_m 的稳定性变差。

（2）氧析出反应

氧析出反应（OER）是电催化水分解的一个半反应，但是其缓慢的反应动力学过程成为水分解的一个"瓶颈"。众所周知，贵金属钌、铱及其衍生物是理想的 OER 催化剂。但是，由于这些贵金属储量有限、成本很高，故不适于大规模应用。因此，人们寻找廉价、丰富的非贵金属催化剂用以取代贵金属基催化剂，用于催化 OER。大量研究表明，在催化 OER 的过程中，生物质碳基复合材料表现出一定的电催化活性。

Zhan 等 [113] 将 Co 离子与海藻进行离子交换后，经过碳化可制备得到 N 掺杂多孔碳负载 Co_3O_4/Co 的三维纳米复合材料，即 Co_3O_4/Co-NPC。在碱性介质中，3D Co_3O_4/Co-NPC 具有良好的 OER 电催化活性。在电流密度为 10 mA·cm^{-2} 的条件下，其起始电位（1.450 V vs. RHE）和较低过电位（277 mV）均较小。与商业 IrO_2 催化剂相比，Co_3O_4/Co-NPC 具有优异的 OER 活性，其原因可能是 Co_3O_4/Co 与 N 掺杂多孔碳之间存在强烈的杂化作用。

（3）氢析出反应

由于具有能量密度高和环境友好等优点，氢气作为一种可再生的理想能源具有巨大的应用潜力。目前，通过水电解产生氢气引起人们极大关注。我们知道，铂族金属对析氢反应（HER）具有极高的电催化活性，但稀缺性和高成本限制其广泛应用。因此，迫切需要开发高效的非贵金属催化剂用于催化 HER。到目前为止，大量研究报道证实生物质碳基复合材料在催化 HER 方面具有优异的催化活性。

Liu 等[114]首次使用虾壳衍生的碳纳米点为碳/氮源，通过一步熔盐煅烧法在 $CoSO_4$ 存在下制备 Co_9S_8/N 掺杂多孔碳（Co_9S_8/NC）。然后在 NaH_2PO_2 存在下进行低温磷化，由 Co_9S_8/NC 作为前体获得 Co_9S_8/N/P 掺杂多孔碳（Co_9S_8/NPC）。结果表明，熔盐煅烧法可有效形成具有多孔结构的热解产物，改善材料的表面积，从而有利于电催化相关的质量传递和电催化过程中催化活性位点的暴露。同时，在 Co_9S_8/NC 中适当掺杂 P，对于碱性介质中的高 HER 活性至关重要。作为电催化剂，复合材料 Co_9S_8/NPC 在碱性介质中表现出比 Co_9S_8/NC 更高的 HER 催化活性。Sangeetha 等[115]通过 KOH 活化生物质 -Tendu 叶制得高表面积活性炭（AC），其具有微孔和中孔结构且比表面积为 1509 $m^2 \cdot g^{-1}$。然后通过水热法合成二维 MoS_2/AC 复合材料，同时在该过程中实现 N 掺杂，然后对 N 掺杂活性炭进行高温去掺杂而产生缺陷。有缺陷的活性炭（DAC）比表面积降低至 1300 $m^2 \cdot g^{-1}$，MoS_2/DAC 纳米复合材料表现出较好的 HER 电催化活性，其塔菲尔斜率仅为 84 $mV \cdot dec^{-1}$。

3.4 有序介孔碳基导电复合材料

3.4.1 有序介孔碳的结构及性能

根据国际纯粹和应用化学联合会（IUPAC）规定，介孔材料是一类孔径在 2 ~ 50 nm 的多孔固体材料。有序介孔材料是指介孔在三维上高度有序排列且孔径均一的多孔固体材料，可以是无机材料或有机高分子材料。有序介孔材料具有尺寸均一且相互贯通的孔道体系，它们与原子、离子、分子，乃至更大的客体之间的相互作用不仅仅局限于外表面，而更重要的是贯穿材料内部。

有序介孔碳材料（Ordered Mesoporous Carbon，OMCs）具有较大的比表面积、丰富的介观结构、均一的孔径、整齐的介孔排列、良好的导电和导热性能。对于介孔材料，人们首先研究的是硅基介孔材料。与介孔硅材料不同的是，OMCs 是一种新型的多孔碳材料，具有更加优异的导电性能，在电化学如电极、电容器等方面有着良好的应用前景。与商业化活性炭（ACs）材料（如日本的 Maxsorb）相比，大介孔和二维孔结构的 OMCs 具有优异的电容行为、功率输出和高频率性能，均归因于 OMCs 独特的有序介孔结构。图 3.8a 是传统高比表面积ACs 的离子扩散示意图，可以看到离子扩散通道非常弯曲，在高电流密度下材料内表面与离子接触受限，致使样品比容量减少；而图 3.8b 中 OMCs 的有序介孔结构有利于离子或电子的快速传输，从而提高介孔碳的电化学性能[116]。

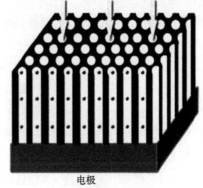

a 离子扩散：慢　　　　　　b 离子扩散：快

图 3.8　ACS（a）和 OMCs（b）中电解液离子的扩散[116]

3.4.2　有序介孔碳的制备方法

合成有序介孔材料的核心是如何在纳米尺度下有序"造孔"，其关键是选取合适的造孔模板，使前驱体与造孔模板通过某种相互作用力在介观尺度下构筑有序的复合结构。在这种复合结构中，目标组分可通过一定的化学手段转化为三维空间上相互连接且刚性的骨架，而将造孔模板通过一定方法去除后，即可得到在纳米尺度下忠实复制模板结构的有序介孔材料。最为常见的制备方法主要包括催化活化法、聚合物混合碳化法、有机凝胶碳化法和模板法。前 3 种方法制备的有序介孔碳，孔径大小难以控制，孔径分布也不均匀；而模板法可均匀控制孔径，孔分布集中，孔结构规整而开放，可制得有序度较高的介孔碳材料。热解法的造孔机制是刻蚀碳骨架或碳骨架上的含氧官能团，而模板法是将所用模板溶解或刻蚀来制造孔隙。人们可通过调节或选择模板的结构获得相应的多孔碳，使孔径从微孔到大孔可调。根据所使用模板物理化学结构的不同，可将模板法分为硬模板法、软模板法和无模板法。

（1）硬模板法

硬模板法是指采用有序介孔硅材料为模板，以含碳元素物质为碳源制备有序介孔碳材料，该法是制备有序介孔碳材料较为经典的方法，也可称为刻蚀法或纳米浇注法，其概念早在 1982 年被提出。

硬模板法制备介孔碳材料一般包括以下 5 个步骤：①模板的选择与合成。选择或合成具有规整结构、带有空隙或孔道的模板骨架材料如介孔二氧化硅等。②前驱体的选择与注入。将可以发生聚合反应的前驱体如蔗糖、吡咯和呋喃醇等引入模板的空隙孔道中。③前驱体的转化。在加热或加入催化剂的条件下，使碳的前驱体进行聚合。④在干燥、惰性气体的保护氛围下，将上述过程所得的聚合物/模板复合物进行高温碳化，得到碳模板复合物。⑤模板的去除。最后用碱或酸等刻蚀除去最初的模板骨架，即可得到介孔碳材料。其中，模板的选择与合成、前驱体的选择与注入是影响最终产物的两大因素。

模板是决定多孔碳结构的主要因素。硬模板法对模板有一定的要求：首先，刚性比较强，应具有均一、固定的结构；其次，应具有很好的高热稳定性，可保证在碳化过程中及高温煅烧条件下模板骨架不会坍塌，避免刻蚀过程对介孔碳材料的最终结构造成影响。在实际操作过程中，即使以同一种物质为模板，不同的操作方法所制备介孔碳的结构也会不同。例如，当以 SBA-15 为模板制备介孔碳时，前驱体引入模板的方式有两种：一种是碳源前驱体完全充满 SBA-15 的孔道，除去模板后形成典型的碳纳米棒阵列，这些碳纳米棒阵列呈二维六角排列，命名为 CMK-3；另一种是碳源前驱体不完全充满 SBA-15 的孔道，高温碳化后只在孔道内壁上沉积一定厚度的碳，除去模板后得到的是介孔碳空心管阵列，同样呈二维六角排列，命名为 CMK-5。硬模板种类繁多，包括聚合物（如聚苯乙烯小球）、金属氧化物（如多孔氧化镁膜）、可溶性结晶盐（如氯化钠晶体）和分子筛等。通常使用的模板是介孔二氧化硅，如 SBA-15、SBA-16、SBA-1、SBA-3、MCM-48、FDU-12、FDU-5、MSU和 HMS 等。

前驱体是影响多孔碳结构的重要因素，前驱体分子结构、官能团、亲水性都直接影响着多孔碳的结构。有机碳源的选择应该满足以下 3 点：①分子大小要适中，可顺利进入模板的空隙或孔道；②较高的产碳量；③在高温碳化过程中不分解。研究发现，合适的碳源有蔗糖、吡咯、呋喃醇、酚醛树脂、丙烯腈、糠醇、离子液体、苯乙烯和乙腈等。

最早采用硬模板法制备介孔碳材料可以追溯到 1983 年，Knox 等[117]首次利用球形硅胶材料为硬模板，以六次甲基四胺和苯酚为碳源，经过高温碳化和去除硅胶模板的过程，得到了介孔碳材料。这项工作对于使用硬模板法制备介孔碳材料具有重要的指导意义。1999 年，Ryoo[118] 和 Hyeon[119] 两个课题组首次报道使用 MCM-48 为模板制备有序介孔碳材料。Ryoo 小组以含有硫酸的蔗糖溶液为碳源，经过聚合、碳化、去除模板等步骤，得到介孔碳材料 CMK-1。Hyeon 小组采用相同方法，以酚醛树脂为碳源合成介孔碳 SNU-1。但是，合成的 CMK-1 和 SNU-1 均没有完全复制 MCM-48 结构，其原因是MCM-48 由两种互不相连的孔道结构构成，在填入碳源、去除模板的过程中，这两种互不相连的孔道相对位置发生一些变化，因此合成的介孔碳材料的结构也相应地发生一定的转变。

硬模板法有很多其他方法无法代替的优点：①引入前驱体的方法较多，如化学浸渍法、电化学沉积法和化学气相沉积法等；②制作方法简单，通过调节模板的结构或前驱体的量可得到微观结构不同的介孔碳材料；③由于模板孔径大小可调，可制备不同直径的一维纳米材料和介孔碳材料；④制备得到的材料分散性好、稳定性强、有序度高且导电性能优良。但也有一些不可避免的缺点，如制备步骤繁琐、需要额外合成模板、模板去除需使用浓 NaOH或 HF、不利于环境保护等。

（2）软模板法

软模板法的合成原理是：软模板剂（以表面活性剂为例）与碳前驱体通过氢键、配位离子键、静电引力等作用力结合，在溶液相中自组装形成有机-有机或有机-无机复合介观结构，再碳化去模板后得到多孔碳。多孔碳的孔隙来源于软模板分解后留下的孔隙，其孔道结构与复合介观结构一致。而软模板法所得到的复合介观结构主要受合成条件（如温度、溶剂、浓度等）和软模板种类（包括阳离子表面活性剂、阴离子表面活性剂和非离子表面活性剂）决定。软模板合成介孔碳材料需要满足以下条件：①模板剂分子具有自组装成纳米结构的能力；②反应体系中至少存在一个成孔的组分和一个产碳的组分；③成孔组分既要有良好的稳定性，可在前驱体固化时保持结构，同时在碳化过程中要比较容易去除；④产碳组分可形成高度交联的聚合物材料，在去除模板后依然能保持稳定。虽然，符合以上4个条件的材料并不多，但是随着人们研究的深入，软模板法制备有序介孔碳已成为一种必然的趋势。根据合成条件的不同，可将软模板法分为溶剂挥发诱导自组装（Evaporation Induced Self-Assembly，EISA）法和水热合成法。

EISA法又称非水合成法，是一种经典的合成有序介孔碳材料的方法，由 Brinker 于1997年首次提出。EISA法采用典型的溶胶凝胶法，同时引入了表面活性剂的自组装过程。易挥发溶剂一般选用乙醇、四氢呋喃等。其制备原理是：随着溶剂分子缓慢的挥发，溶液中前驱体与表面活性剂的浓度逐渐增大，溶液由液相逐步转换为液晶相，而后在一定温度下聚合得到介观结构。EISA法合成有序介孔碳，主要包括自组装和高温热缩聚两个过程。在该合成方法中，表面活性剂的起始浓度一般均比较低。EISA法由于没有明显的相分离过程，在最终固化前反应体系通常是流体，可以任意塑型，适合制备各种特殊形貌的如介孔薄膜、单片材料、纤维材料等的介孔材料。但是，EISA法是通过溶剂蒸发引起的表面张力变化作为驱动力，使表面活性剂趋于有序化，但溶剂挥发易造成体系体积收缩，导致材料宏观结构的破损。因此，EISA法的特点是受所选溶剂限制较大，无法实现大规模批量化生产，较难实现有序结构孔径的调控。2004年，Dai 课题组[120]首次采用软模板法制备有序介孔碳薄膜。作者将 PS-P4VP（聚苯乙烯–聚乙烯基吡啶）型嵌段共聚物与间苯二酚组装得到周期性复合结构，碳化去除模板剂，可成功制备有序介孔碳膜。作者认为，自组装的动力源于模板剂和碳源之间的相互作用力。

水热合成法是在高温高压条件下进行的，相比于 EISA 法，具有更快的反应动力学，且不受溶剂的限制。水热合成法可通过调节表面活性剂浓度、溶剂表面张力、前驱体浓度，调控有序相的结构。例如，从低往高调节表面活性剂浓度，有序相结构可依次从球形、柱形到三维骨架发生变化。复旦大学赵东元教授研究组[121]使用 F 127、F 108 和 P 123 作为模板剂，采用软模板法制备系列介孔碳。具体合成过程包括以下5个步骤：①合成酚醛树脂预聚体；②嵌段共聚物和酚醛树脂预聚体分散在有机溶剂；③在有机溶剂挥发过程中，嵌段共聚物自组装成介观结构；④通过热力学聚合作用固化酚醛树脂；⑤高温碳化，去除模板剂得到有序介孔碳。与硬模板法相比，软模板合成法操作简单，但该法有待进一步研究、成熟。

（3）无模板法

无模板法是指不需要借助传统的介孔硅模板或模板剂，通过直接高温热解金属有机骨架材料（MOFs）而制备介孔碳材料。金属有机骨架材料是一种通过金属离子作为连接点，有机配体经配位作用组成的一种配位聚合物。该聚合物具有三维孔结构，具有较大的比表面积和较高的孔体积。常见的金属有机骨架材料有 M-MOF-74、ZIF-95 和 IMMOF-0 等（见第四章）。通过直接高温碳化金属有机骨架材料即可制备介孔碳材料，制作过程简单，通过该方法制备的材料电化学活性较高。陈金华小组[122]通过直接高温碳化 ZIF-8，得到了氮掺杂的介孔碳材料。合成的介孔碳材料具有较大的比表面积、较窄的孔径分布和较高的电化学活性。无模板法制备介孔碳属于刚刚起步阶段，虽然制备过程比较简单，但是得到的介孔碳结构往往都是无序的。

3.4.3 有序介孔碳基导电复合材料的制备

介孔材料具有表面积大、孔体积大、孔道结构有序、导电性强、稳定性好等优点，使其在催化、吸附、电化学传感、超级电容器等方面具有广泛的应用价值。但是单单只是介孔碳材料，其应用也会受到一定的限制，为了拓宽介孔碳材料的应用范围，需要对介孔碳材料进行功能化，使其具有更加丰富的性能。对于介孔碳的功能化，可分为非金属修饰和金属修饰。介孔碳的不同修饰方法及复合材料应用如图 3.9 所示。

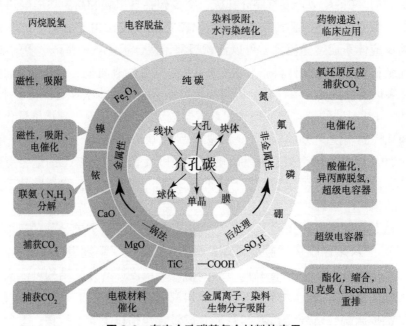

图 3.9 有序介孔碳基复合材料的应用

（1）非金属修饰介孔碳

在有序介孔碳的骨架中掺入杂原子可有效改变介孔碳的性质。由于电负性的差异，掺入杂原子可以改变相邻碳原子的电子自旋密度和电荷分布，掺杂后的介孔碳表现出较好的电化学性能。掺杂的方式有以下 3 种：①含有杂原子的有机前驱体制备介孔碳。苯胺、丙烯腈、氰胺、乙二胺、离子液体、吡咯、邻菲罗啉、明胶、金属酞菁、含氮的染料等有机物作为碳源，通过硬模板法制备含氮的介孔碳。②将可聚合的单体填充到介孔碳内，碳化聚合物包裹的介孔碳制备杂原子掺杂的介孔碳。③高温气体处理的介孔碳制备杂原子掺杂介孔碳。

在高温氨气条件下热处理预先制得的介孔碳可得到氮掺杂的介孔碳。除了这个方法以外，Wei 等 [123] 以 F 127 为模板剂，以酚醛树脂为碳源，以双氰胺为氮源，制备了含氮丰富的介孔碳材料。无论采用哪种方法，制得的含氮介孔碳均表现出优异的性质。氟掺杂、硼掺杂和磷掺杂介孔碳均可采用同样的方法制得。这些非金属元素的加入可有效阻止高温碳化过程中结构的坍塌，并且它们的加入为金属或金属氧化物的复合提供了更多的活性点位。两种元素的同时加入往往比单一元素的加入，杂原子掺杂介孔碳的性能提升更高。

除元素的直接或间接掺杂外，另一个重要的非金属掺杂方式是表面氧化。表面氧化是一种最方便、简单的修饰方法。通常，制备的有序介孔碳表面往往是疏水的，缺少亲水性基团。为了增加介孔碳的亲水性，需要对介孔碳表面进行改性和修饰。与碳纳米管处理方式类似，使用氧化剂氧化介孔碳材料，可以在介孔碳表面引入大量羧基、羟基、羰基、酮基、醚基、内酯等有机官能团。表面氧化不仅可改变介孔碳的亲水性和水溶性，还可增强介孔碳的电容性质。通过改变氧化剂的浓度和氧化时间可很好地控制氧化程度，可改变介孔碳表面的亲水／疏水平衡，使得本来表面惰性、亲水性差、在极性溶液中分散性差的介孔碳材料性能得到改善，以满足更多的应用领域。经过表面氧化的介孔碳含有大量的含氧官能团如羧基、羰基和羟基，这些活性官能团与其他有机官能团可进行酰化、酯化或氨基化反应，从而引入不同的非金属成分。

（2）金属（金属氧化物）纳米颗粒／介孔碳复合材料

介孔碳特殊的性质有利于负载纳米颗粒，在介孔碳中引入纳米颗粒可提高介孔碳的催化性能。金属（金属氧化物）纳米颗粒／介孔碳复合材料的制备方法大致分为两类：①一步法制备金属纳米颗粒／介孔碳复合材料。将金属前驱体和碳源一起填充到模板中制备含有金属纳米粒子掺杂的介孔碳。②化学还原法制备金属纳米粒子／介孔碳复合材料。加入还原剂可将贵金属纳米粒子直接还原于介孔碳载体上。常用的还原剂有硼氢化钠、氢气、乙二醇和甲酸等。目前，金属粒子和介孔碳材料复合的方法有很多。主要有以下几种。

浸渍法：浸渍法是把预先制备好的介孔碳材料浸入到含有金属源的前驱体，经过后续还原等处理过程，制得复合材料。Hao 等[124]采用浸渍法制备金（Au）、钯（Pd）双金属与管状介孔碳（CMK-5）的复合材料。该复合材料中的金属粒子分散均匀、粒径很小（只有 3 ~ 4 nm），且具有较高的催化性能和较好的稳定性。浸渍法的优点在于操作过程简单，可通过调整填充前驱体的种类和浓度大小等因素，实现纳米粒子介孔碳复合材料的可控合成。但是，浸渍法有其局限性，金属纳米粒子可能沉积于介孔碳孔道中，也可能聚集于介孔碳表面，纳米粒子的生长和形貌不可控。

碳源／金属源／有序介孔硅（OMS）共聚合法：又称纳米浇铸法，即将金属粒子前驱体溶液和碳源一同注入介孔硅的孔道中，再经高温碳化去除模板，得到复合材料。另外一种方法是先将金属粒子的前驱体溶液填入介孔硅孔道中，使其形成纳米粒子，然后再注入碳源，高温碳化去除模板后制得复合材料。Gu 等[125]采用两种不同的途径制备金纳米粒子／介孔碳复合材料（图 3.10），第一种途径是将氯金酸和碳源一同注入介孔氧化硅（SBA-15）中，然后高温碳化去除模板得到复合材料 1，第二种途径是先将氯金酸注入 3- 氨丙基三乙氧基硅烷 SBA-15，将氯金酸还原成金纳米粒子后再注入碳源，碳化去除模板后得到复合材料 2。复合材料 1 中的金纳米粒子粒径约 6 nm，复合材料 2 的粒子粒径约 2.3 nm。氨基对于金纳米粒子的固定和分散起到了至关重要的作用。

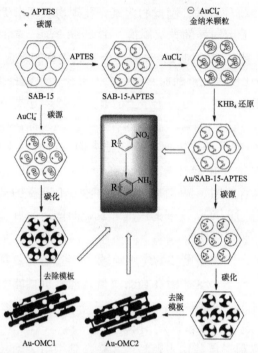

图 3.10　纳米浇铸法合成金纳米粒子（AuNPs）和介孔碳（OMC）复合物 [125]

原位水解法：原位水解法是通过金属粒子前驱体溶液和介孔碳材料在水热条件下反应，是一种制备金属粒子 / 介孔碳复合材料的常用方法。Wu[126] 通过原位水解法得到的三氧化二铁（Fe_2O_3）纳米粒子均匀地分散于介孔碳的孔道结构中，制备 Fe_2O_3/ 介孔碳复合材料。原位水解法可以合成金属粒子负载量较高的复合材料，但是其形貌和粒子大小不易得到控制。

超声法：超声法过程中由于声空化现象的产生，可以从水或其他溶液中引发产生自由基，化学性质极其活泼的自由基赋予了超声溶液特殊的性质，可以把金属离子还原成金属或金属氧化物粒子。Zhu 等 [127] 首次采用超声法制备二氧化锰（MnO_2）/CMK-3 复合材料，其中 MnO_2 纳米粒子均匀地分散于纳米孔道内。超声法合成简单、时间短，且可通过控制超声时间控制纳米粒子的形成过程，但是如果不能很好地控制超声过程，则很容易破坏介孔碳的有序结构。

表面修饰后合成法：由于介孔碳表面惰性、亲水性差、没有丰富的官能团，因此，介孔碳和金属纳米粒子的直接复合比较困难。目前，对于介孔碳的表面修饰方法较多，最常用的是表面氧化，使介孔碳带上丰富的官能团，再通过其他有机反应得到表面修饰丰富官能团的介孔碳。经过修饰后的介孔碳可很好地固定金属纳米粒子，故此法是制备金属粒子 / 介孔碳复合材料的常用方法。Chi 等 [128] 先将 CMK-3 表面氧化，使其带上丰富的羧基，然后负载银（Ag）纳米粒子。此种方法可以负载各种金属纳米粒子，但是在表面修饰的过程中，难免会造成介孔碳结构的破坏。

软模板法：采用的是自组装原理，首先使碳源和金属离子的前驱体在表面活性剂周围，经过自组装后经高温碳化，得到金属或金属氧化物 / 介孔碳复合材料。此方法合成复合材料操作步骤简单。Sun 等 [129] 通过软模板自组装法合成了 Fe_2O_3/ 介孔碳复合材料，Fe_2O_3 粒径可调节，在 8.3 ~ 22.1 nm。目前，人们还利用这种方法制备了介孔碳负载 Co_3O_4、TiO_2 等复合材料。

（3）导电聚合物 / 介孔碳复合材料

介孔碳具有较大的比表面积和多孔结构，有利于聚合物的生长。采用聚苯乙烯、聚苯胺等电容材料修饰介孔碳材料可进一步增强介孔碳材料的电容性质。聚苯乙烯修饰的介孔碳既表现出有机聚合物的性质，又具有介孔碳材料优异的导电性和多孔性质。聚苯胺是一种很好的电容器材料，将聚苯胺和有序介孔碳复合可得到电容性质较好的复合材料。Wang 等[130]制备了聚苯胺 / 介孔碳纳米复合材料，所得复合材料充分结合了聚苯胺和介孔碳的性质。聚苯胺纳米晶须可为电解质离子提供较大接触面积，比电容高达 1221 $F \cdot g^{-1}$。此外，机械混合的聚苯胺 / 介孔碳复合材料亦可作为电极材料，用于检测铜离子和铅离子，与纯聚苯胺修饰电极相比，具有更好的物理稳定性和分析性能。

3.4.4 有序介孔碳基导电复合材料的应用

3.4.4.1 电化学生物传感器

介孔碳纳米材料具有大的比表面积和孔体积，可为固定反应物和生物大分子提供较大的空间，可提供快速接近生物分子活性中心的互通孔道及高的电催化性能，因此可用于电化学生物传感器。此外，介孔碳纳米材料还可保证生物分子反应的快速传质过程，进而保持生物分子的生物活性，实现对生物分子的高效电催化检测。有序介孔碳材料（OMC）是一种典型的多孔碳纳米材料，被广泛地用于固定各种蛋白质并进行电催化分析。与硅基底相比，OMC 具有较强的导电性，无须经过再传递过程，即可实现原位检测固定的酶的产物，从而提高了催化过程的效率。由此可以看出，多孔碳纳米材料在直接蛋白质固定和检测方面的优势。而且，OMC 表面活化产生的活性含氧中心可将蛋白质牢固地结合在 OMC 上，当 OMC 孔尺寸与生物分子尺寸相当时，电子转移速率达到最大值，可进一步加速催化反应。

单纯的有序介孔碳在电化学传感器领域应用有限，通过物理或化学方法对有序介孔碳表面进行改性或功能化，可增强其电催化性能，提高传感器对生物分子检测灵敏度和选择性，拓宽检测对象的范围。Bai 等[131]研究发现经硝酸处理的有序介孔碳，比未经硝酸或氢氧化钠处理的有序介孔碳，可显著提高对 NADH 和 H_2O_2 的电催化活性。结构表征结果显示，经硝酸处理后的有序介孔碳表面含有更多的羧基、羟基和醌基等酸性基团，这些基团可提高有序介孔碳的电催化活性。Hou 等[132]制得氧化钴 / 有序介孔碳复合材料，该复合材料不仅保持了原有介孔碳材料的高度有序孔道结构，而且将其修饰到电极表面可实现对谷胱甘肽良好的电催化作用。

3.4.4.2 超级电容器

超级电容器与常规电池不同，其能量密度高、再充电容量大且循环寿命长。目前，超级电容器最大的"瓶颈"问题是如何提高器件的能级密度，降低其制作成本。而能级密度与电子、离子传输动力学密切相关。具有纳米级孔结构和优良传导性能的介孔碳纳米材料可使活性材料与电解液有效接触，缩短离子传输路径，实现电子和离子的快速传输，是理想的超级电容器电极材料。有人以 F127 和 SiO$_2$ 为模板制备分级的介孔 / 大孔碳，该材料具有高的比表面积和非常大的孔体积，是很好的电化学电容器的电极材料。另外，较低密度的介孔碳电极材料可增大能级密度和能量密度。近年来，有人研发并使用新型较轻的三维多孔石墨烯、石墨泡沫状碳材料。例如，经 KOH 活化的多孔石墨烯，具有超高的表面积（3100 m^2·g^{-1}）和高的电传导性能（500 S·m^{-1}），被用作两电极体系电容器的电极材料，此材料在不同的电流密度下均呈现优良的比电容性能。

电化学双层电容器的电容性能随电极材料比表面积的增大及电解液传输路径的缩短而提高。有序介孔碳具有较大的比表面积和有序介孔孔道，是改善双层电容器电容性能有前途的一种材料。有序介孔碳的介孔结构对于电化学双层电容器高效电双层的形成具有重要作用。有序介孔碳材料存在大量孔结构，可以为离子储存提供空间，从而产生高电容。

Dong 等[133]通过高锰酸钾与碳发生氧化还原反应制备不同尺寸 MnO$_2$ 纳米粒子，并嵌入介孔碳骨架得到 MnO$_2$/ 介孔碳复合材料。该复合材料的比电容高达 220 F·g^{-1}，且比电容随 MnO$_2$ 嵌入量的增加而增加，同时表现出较好的循环稳定性。Wang 等[134]在有序介孔碳表面生长须状聚苯胺（PANI），得到 PANI/ 有序介孔碳复合材料。结果发现，该复合材料在电流密度为 0.5 A·g^{-1} 时其比电容高达 900 F·g^{-1}，且碳骨架的支撑可有效提高聚苯胺的循环稳定性。

3.4.4.3 锂离子电池

锂离子电池的充放电性能主要取决于电极对 Li$^+$ 的存储能力。开发锂储存行为良好的新型电极材料，可构建具有高电容、高电荷效率和长循环寿命的高性能锂离子电池。有序介孔材料具有均一的孔径，可提供大的表面积与电解液接触，具有的连通孔道可在不牺牲电子传输的前提下优化离子迁移路径，提高倍率性能，被认为是一种良好的锂离子电池电极材料。有人采用静电纺丝法制备的多孔碳纳米纤维，用于可再充电的锂离子电池，呈现出高的可逆容量和良好的循环稳定性。金属氧化物 / 有序介孔碳复合材料具有高的充放电容量和良好的循环稳定性，引起人们极大兴趣。Zhou 等[135]研究孔径为 3.9 nm、比表面积为 1030 m^2·g^{-1} 的有序介孔碳材料 CMK-3 的锂离子存储能量。脱锂电压在 0.1 ~ 0.3 V 时，初始容量高达 3100 mA·h·g^{-1}；当电流密度为 100 mA·g^{-1} 时，CMK-3 电极表现 850 ~ 1100 mA·h·g^{-1} 的循环容量。

最近，一种新型的多孔石墨烯 / 多孔碳纳米材料复合材料被用作锂离子电池的电极材料。该复合材料结合了石墨烯高的电传导性能和多孔碳材料高的表面积，多孔石墨烯可为充放电中大量电荷提供较大的存储空间，可实现快速的电荷传导，在锂离子电池领域将会有较大的应用前景。

3.4.4.4 催化剂载体

有序介孔分子筛的孔径充分可调，可突破孔径的限制为大分子提供足够的反应空间。通过研究发现，介孔材料可应用于一些弱酸催化的精细化工反应。通过负载或嫁接金属原子（如 Al、Ga、Fe 和 Zr 等），介孔分子筛在催化基于大分子的 Friedel-Crafts、缩醛（Acetalization）、Diels-Alder、Beckmann 重排、Aldol 缩聚、Prins 缩聚、MPV 还原、Metathesis 和醚化（Etherification）等类型的反应时，有良好的催化活性及应用潜力。此外，有序介孔碳是良好的催化剂载体材料。Salgado 等[136]采用甲酸法将 Pt-Ru 电催化剂负载到有序介孔碳 CMK-3 上，合成得到一种可催化氧化甲醇和一氧化碳的高效催化剂。

3.4.4.5 燃料电池

有序介孔碳具有宽的开放孔道及丰富的表面含氧官能团，可提高金属催化剂与碳载体之间的相互作用，促使燃料电池中氢到活性催化位点的有效扩散。此外，还可通过对有序介孔碳的各种结构进行调控，如孔的形貌、孔尺寸分布、硬模板或软模板的选择和有序介孔碳的表面修饰等方面，进一步增强有序介孔碳材料在燃料电池中的催化性能。均一的、高度分散的金属纳米粒子/有序介孔碳复合材料可用于甲醇氧化的电催化或氧还原催化反应中。另外，还可合成杂原子掺杂的有序介孔碳，用来改善有序介孔碳在燃料电池中的传导性能。Ma 等[137]通过直接模板法合成一种具有一维孔道结构的硅/有序介孔碳复合材料，该复合材料负载 Pt 纳米粒子后可用作氢燃料电池的电氧化催化剂。Liu[138]以 SBA-15 为模板，选用多环含氮的 PDI 或 BNc 为碳源，合成氮掺杂的石墨化有序介孔碳材料用作燃料电池氧还原催化剂。该复合材料具有良好的性能和极佳的耐溶剂穿越效应，可替代贵金属 Pt，降低燃料电池的制作成本。

3.5 富勒烯基导电复合材料

富勒烯（C_{60}）又称布基球、巴基球、足球烯或富勒苯，为纪念美国建筑师 Buckminster Fuller，也称为富勒碳。1985 年，英国 Sheffield 大学的 H. W. Kroto 和 R. E. Smalley 等使用激光束使石墨蒸发，用 10 个大气压氦气产生超声波，合成了新的碳同素异形体 C_{60} 和 C_{70}。C_{60} 是新的碳同素异形体，也是迄今发现的对称性最强的分子结构。英国科学家 Kroto、美国科学家 Smalley 和 Curl 因发现并成功制备 C_{60} 而获得 1996 年诺贝尔化学奖。

3.5.1 富勒烯的结构

C_{60} 是由 20 个六元碳环和 12 个五元碳环拼接而成的凸三十二面体，笼体直径为 0.71 nm。C_{60} 含有两种不等价的化学键，分别为单键（与六元环共边的五元环 C—C 键，用 6∶5 C—C 表示）与双键（两个六元环共边的 C—C 键，用 6∶6 C—C 表示），其键长分别为 0.145 nm 和 0.140 nm，所有的五元环均由单键构成，而六元环由单键和双键交替构成。这些单、双键既不同于石墨那样的 sp^2 杂化，也不同于金刚石 sp^3 杂化，而是介于两者之间。C_{60} 分子中每个碳原子与周围 3 个碳原子采用 $sp^{2.28}$ 杂化形成 3 个 σ 键，以 $s^{0.09}p$ 杂化形成 π 键。C_{60}

分子呈球状，在球的内外表面分布 π 电子云，此与平面共轭分子相同。尽管弯曲的表面可影响到杂化轨道的性质，但仍可简单地理解为每个碳原子和周围 3 个碳原子形成两个单键和一个双键。每个碳原子和周围 3 个碳原子形成的 σ 键键角之和为 348°，小于石墨层中 3 个碳原子形成的 σ 键键角之和 360°，故 C_{60} 呈球面体。C—C—C 键角的平均值为 116°，σ 轨道与 π 轨道的夹角均为 101.64°。

3.5.2　富勒烯的性质

C_{60} 是三维空间中可能存在的最对称和最圆的分子，这种高度的对称性使球面上的碳原子可分摊一定的外部压力，因此，单分子 C_{60} 不仅十分稳定，还异常坚固，理论预测一个 C_{60} 分子的体模量可高达 800 ~ 900 GPa，远远超过金刚石的体模量 441 GPa，成为至今人们所发现的最硬物质。此外，由于 C_{60} 结构的高度对称性，使其导带和价带之间的跃迁被严格禁止，因此，真空条件下 C_{60} 发光强度很弱，而在空气中发光强度明显增强。研究发现，富勒烯分子通过吸附、掺杂和嫁接一些有机官能团，其发光强度大幅提高，其原因是富勒烯分子对称性降低，改变了电子原有的跃迁方式，因而具有很强的发光特性。

C_{60} 晶体的电子刚好填满整个价带，因此，C_{60} 本身为半导体材料，禁带宽度为 1.69 eV。即使当温度降低至 1 K 左右时，C_{60} 也不具有超导电性。然而，当人们将碱金属如 K、Rb、Pb、Cs、Pt 与碱土金属 Ca、Ba 的化合物掺杂到 C_{60} 晶格中时，发现随着碱金属掺杂量的增加，整个分子的导电性发生明显改变。其原因是当碱金属掺杂后，碱金属与富勒烯分子之间发生电荷转移，使得最外层电子形成一个导电带，使得其导电性发生改变。尤其当碱金属的掺杂个数为 3 时，在低温下 C_{60} 向超导体发生转变，如 $RbTl_2C_{60}$ 超导体的临界温度为 48 K。

3.5.3　富勒烯的制备方法

富勒烯是碳元素中一种热力学不稳定但动力学较稳定的亚稳态物质。从能量角度看，石墨中碳原子的能量为零，而富勒烯中碳原子的能量高达 0.45 eV，因此，要使石墨变成富勒烯必须从外界施加很高的能量。自 1985 年富勒烯问世以来，已有数十种合成方法。根据碳源的不同，其合成方法可分为如下 4 类。

（1）碳蒸发法

以人造天然石墨或高含碳量煤等为原料，在惰性气体氛围中（如 Ar、He、N_2），通过电弧、电阻加热、电子束辐照、激光蒸发、真空热处理、等离子体、太阳能等手段将碳原子蒸发，在不同环境气压及不同类型金属催化剂的存在下，使蒸发后的碳原子再次簇合形成富勒烯。

（2）催化热解含碳气体、烃类及有机化合物

以 Fe、Co、Ni 等金属为催化剂，通过 CO 的歧化、C_2H_2 或丙烯等气相裂解合成富勒烯。此外，二茂铁等有机金属化合物可直接热解产生富勒烯。

（3）苯火焰燃烧法

在火焰温度 1800 K 条件下，苯经氢气稀释后燃烧可得 C_{60} 和 C_{70}（$C_{70}/C_{60}=0.86$），该制备方法非常有效，且易于工业生产。

（4）含碳无机物的转化

在基底温度为 600 ℃条件下，通过激光照射可在晶化 SiC 里面生成尺寸较大、缺陷较少的富勒烯。

3.5.4　富勒烯基导电纳米复合材料

与富勒烯体材料相比，对富勒烯基复合材料的研究尚不完善。借助于氢键相互作用、配位相互作用等，富勒烯可与聚合物、有机小分子等复合得到富勒烯基复合材料。此外，富勒烯分子呈中空笼状结构，形成晶体后具有一定的周期结构和较大空间间隙，而这些空隙为复合不同种类分子提供了有利条件。

3.5.4.1　聚合物 / 富勒烯复合材料

富勒烯可通过氢键相互作用和配位相互作用与聚合物复合，获得聚合物 / 富勒烯复合材料。Ouyang 等[139]采用溶液浇铸法，将侧链羧基化聚二甲基硅氧烷（PDMS）与 1-（4- 甲基）- 哌嗪基富勒烯（MPF）复合，制备了含富勒烯的超分子组装聚二甲基硅氧烷复合材料。研究表明，在富勒烯和聚二甲基硅氧烷之间存在着强离子相互作用，MPF 分散在 PDMS 基体中形成富勒烯纳米微区。与纯的聚合物相比，MPF 复合材料具有较好的热力学稳定性及较高的储能模量和损耗模量。

3.5.4.2　有机小分子 / 富勒烯复合材料

通过氢键相互作用、配位相互作用等非共价键方式，富勒烯可与有机小分子化合物复合得到有机小分子 / 富勒烯复合材料。Zhuang 等[140]通过互补六位点的氢键相互作用，将含二氨基取代间苯二甲酰胺基团的苝酰亚胺和含巴比妥酸基的富勒烯联结在一起，制备了一种新型超分子复合材料，且呈球形颗粒状。

3.5.4.3　掺杂分子 / 富勒烯复合材料

从结构角度来看，根据掺杂分子在富勒烯晶体中掺杂位置的不同，可分为内包式掺杂、取代式掺杂和内嵌式掺杂。

（1）内包式掺杂

由于富勒烯具有独特的笼状结构，一些原子或离子可以通过某些特定的手段掺杂到富勒烯笼内，人们将这种掺杂方式称为内包式掺杂，所得到的富勒烯分子称为内包富勒烯（Endohedral Fullerenes）。这些富勒烯复合材料具有许多独特的结构和优异的电学、磁学等性质，并在相关领域均有重要的应用价值。最早合成得到的是将一些金属离子掺杂到富勒烯笼中，如 La/C_{60} 等，其中，金属离子与富勒烯分子间具有电荷转移的作用。之后人们发现，一些惰性气体也可以掺杂到富勒烯笼内，如 He/C_{60} 等，然而这些惰性气体与富勒烯分子间没有电荷转移作用。此外，一些多金属离子的掺杂也逐渐被人们所熟悉。

最早发现的 La 掺杂富勒烯，是通过将 La 原子浸入的石墨靶进行激光汽化而得到，但该方法的产量较少。之后，人们对此方法进行改进，寻找可大量合成不同种类内包掺杂富勒烯的方法，如在惰性气体条件下（He 和 Ar 等），对金属、石墨混合物进行激光和电弧汽化。而对于 He、Ne 等气体分子的掺杂，可先将碳电极置于该气体氛围中，通过对碳电极进行电弧汽化而得到。

（2）取代式掺杂富勒烯

取代式掺杂（Substitutional Doping）是指新的原子将富勒烯分子球面中的碳原子替换，形成一类新的复合材料。取代式掺杂一般多发生于第四主族元素中，如金刚石中的碳原子可被硼（B）和氮（N）原子取代。石墨中的碳原子一般只能被 B 原子取代。而对于富勒烯分子，碳原子不仅可以被 B 和 N 原子取代形成 $C_{59}B$ 和 $C_{59}N$，还可以被一些金属原子取代，如 $C_{59}Sm$。这类材料可以改变富勒烯分子的电子结构，从而产生更多具有新奇特性的新材料。

对于 B 或 N 原子掺杂富勒烯，通常是先将石墨与氮化硼（BN）粉末相混合，再对混合物进行激光汽化，可得到不同掺杂含量的产物。

（3）内嵌式掺杂富勒烯

内嵌式掺杂（Exohedral Doping）是指将分子掺杂到富勒烯空隙之间的一类复合材料。由于富勒烯是一种较好的电子受体材料，从电荷转移的角度来看，内嵌式掺杂富勒烯可细分为具有电荷转移作用和不具有电荷转移作用的掺杂材料。其中，碱金属掺杂 C_{60}（A_xC_{60}，其中 A 为碱金属，x 为碱金属的掺杂个数）是一种典型的依靠强电荷转移作用。在掺杂过程中，每个碱金属贡献出一个电子给 C_{60}，使其形成 C_{60}^{n-} 阴离子，而碱金属阳离子则位于 C_{60} 晶格的空隙处，保持整个分子的电中性。一个 C_{60} fcc 结构晶胞中含有 8 个四面体空位和 4 个八面体空位，这些空位可掺入任何一种碱金属。根据碱金属原子的尺寸不同，碱金属的最大掺杂量也不同，如金属 Li 的最大掺杂量为 28 个，金属 Na 为 11 个，而对于具有较大原子半径的 K、Rb 和 Cs，其最大掺杂量仅为 6 个。

对于内嵌式掺杂富勒烯，因掺杂种类众多，合成方法也不尽相同。对于有电荷转移作用的碱金属掺杂富勒烯复合物，通常采用固—固热处理的方法，在手套箱中将一定化学计量比的富勒烯和碱金属相混合，密封在石英管中加热一段时间后，即可获得。对一些碱土金属、稀土金属、过渡族金属掺杂富勒烯时，一般也采用类似的热处理方法制备。这种方法多适用于富勒烯体材料的掺杂，而对于生长于基底的富勒烯材料，则需要寻找特殊的方法来实现碱金属的掺杂。

除以上 3 种强电荷转移体系，还有一类复合材料，掺杂物与富勒烯分子之间没有电荷转移作用或只依靠弱的电荷转移作用或范德瓦尔斯力结合在一起，如二茂铁（Fc）掺杂 C_{60} 等，又如 O_2、S_8、C_8H_8 及一些溶剂分子掺杂 C_{60} 等。由于分子之间弱的相互作用，使其既保留了富勒烯的部分属性又同时具有掺杂分子的特性，使得整个复合材料展现出较为独特的结构和性质。有人发现，当较小的 C_8H_8 分子掺杂富勒烯晶格时，晶体结构没有发生大的改变，仍保持初始 fcc 的结构；而当较大的 S_8（CS_2）分子掺杂到富勒烯晶格时，整个晶体结构发生重组，形成了具有独特结构的新材料。对于此类复合材料，一般可通过溶液法或混合溶液法获得，即先将掺杂物溶于含有富勒烯的饱和溶液中，在一定条件下储存一段时间后，取出的沉淀物或上清液即为所得产物。也可将富勒烯和掺杂物分别先溶于某些溶剂中，然后混合、静置一段时间，底部沉淀即为所需产物，如一些金属卟啉分子掺杂富勒烯即可通过此种方法获得。

3.5.5　富勒烯基导电纳米复合材料的应用

掺杂、复合某些分子后，富勒烯分子本身的性质将会发生很大改变，并展现出许多优于石墨烯体材料的新性能，这些新型复合功能材料在物理、化学、生物等科学领域有着更加广阔的发展前景。

（1）太阳能电池

富勒烯具有高的电子亲和能和优异的迁移率，可通过化学修饰引入不同的官能团调控其性能，因此，富勒烯是太阳能电池应用中一种理想的受体材料。Mondal 等[141]以 KIT 6-150 和 SBA-15-150 为模板合成介孔状富勒烯材料，将其作为载体负载 Pt 纳米颗粒，应用于质子交换膜燃料电池（PEMFC）。该 Pt 纳米颗粒/富勒烯复合材料对甲醇氧化表现出较好的电催化活性，其电化学性能优于市面上的商业 Pt/炭黑催化剂。

（2）电化学传感器

富勒烯基复合材料修饰电化学传感器的电极，可有效增加电极的活性表面积，可有效促进纳米粒子与敏感膜分子的结合，基于该复合材料构建的电化学传感器具有可再生、生产工艺简单等优点。Zhang 课题组[142]采用电化学沉积法将 Pt 纳米颗粒沉积于富勒烯修饰的电极上，可实现在生理 pH 值条件下同时检测生物小分子抗坏血酸（AA）、多巴胺（DA）和尿酸（UA）。

（3）锂离子电池

早在 1991 年，有人在 $LiClO_4$/丙烯碳酸酯电解质溶液中测试以 C_{60} 为电极的电化学性能，因发现其电化学稳定性较差，故认为 C_{60} 不会提升锂离子电池（LIB）的性能。然而，C_{60} 本身具有很强的电子接收能力，可将碱金属（如 Li、K 等）嵌入其表面形成 M_xC_{60}，故 C_{60} 及其复合材料有可能进一步应用于锂离子电池。当 C_{60} 被氢化后可形成 Li—H 键，其 Li 的存储容量及稳定性都将大大提升。此外，Ag 纳米颗粒掺杂 C_{60} 得到 $Ag/C_{60}O_{10}$，$Li_n(C_{60}O_{10})$ 作为负极时可以可逆地释放锂离子，有一定的充放电性能和较好的稳定性。

（4）氧气还原反应

目前，燃料电池的阳极发生氧化反应，对应的阴极发生氧气还原反应（ORR），ORR 因其较难发生而成为整个燃料电池反应速率的速控步。表 3.3 归类了 ORR 的两个反应途径[143]。由表 3.3 可以看出，在碱性条件下，二电子过程是氧气分子先和 2 个电子结合生成 HO_2^-，再结合 2 个电子生成 OH^-；四电子过程是氧气直接与 4 个电子结合生成 OH^-，并且效率远高于前者。理论计算和实验结果均说明 C_{60}（或 $N-C_{60}$）具备一定的 ORR 催化活性，但仍需进一步修饰、改性以提高其催化性能。

表3.3 ORR反应在酸性和碱性电解质中的路径及相应的电极电势[143]

路径	酸性电解液	碱性电解液
四电子	$O_2 + 4H^+ + 4e^- \longrightarrow 2H_2O$（0.299 V）	$O_2 + 2H_2O + 4e^- \longrightarrow 4OH^-$（0.401 V）
二电子	$O_2 + 2H^+ + 2e^- \longrightarrow H_2O_2$（0.695 V）	$O_2 + H_2O + 2e^- \longrightarrow HO_2^- + OH^-$（-0.065 V）
	$H_2O_2 + 2H^+ + 2e^- \longrightarrow 2H_2O$（1.763 V）	$H_2O + HO_2^- + 2e^- \longrightarrow 3OH^-$（0.867 V）

3.6 碳纤维基导电复合材料

3.6.1 碳纤维的结构

碳纤维（Carbon Fiber，CF）是碳元素含量在90%以上无机高分子纤维，是有机纤维经碳化、石墨化处理后而得到。由于其表面和内部存在缺陷，使得其结构并非理想的石墨点阵结构，而是属于多晶乱层石墨结构。

不同碳纤维结构有一定的差异，但表面状态和性质大体类似。乱层石墨结构是指石墨网平面大体上沿碳纤维轴向排布，但石墨网平面的层面间距较大，与石墨晶体结构的差异在于碳纤维的碳原子层面之间发生了不规则的平移与转动，其以共价键结合成六角网状的碳原子大体上沿纤维轴向平行排列。在碳纤维的乱层石墨结构中，石墨微晶的尺寸、形状、取向及排列方式均与纤维的制备工艺有关，碳纤维的结构存在不均匀性，会产生一定的缺陷，而碳纤维的力学性能如强度和模量均与这些缺陷有一定的关系；通过消除缺陷，可以有效地提高碳纤维的力学性能。

国内外一些学者通过大量实验，深入研究了聚丙烯腈（PAN）碳纤维的结构，提出了几种比较有代表性的碳纤维结构模型。

（1）皮芯结构模型

皮芯结构模型是由Bennett和Johnson提出，他们认为碳纤维是由皮层和芯层构成。皮层的石墨化程度较高，晶格排列较规整；而芯层的石墨化程度较低，晶格条纹排列紊乱。皮层与芯层分界不明确，逐步连续过渡，致使碳纤维的密度和结构呈径向分布，因此称为"皮芯结构"。

（2）条带结构模型

Johoson首次观察到，碳纤维微纤沿纤维轴向方向择优取向。Perret和Ruland后来提出了条带结构模型，他们认为碳纤维由平均宽度为5～7 nm、平均长度为200～800 nm的带状石墨层组成。条带可以从一个区域进入另一个堆叠区，条带之间存在长的孔洞、原子位错等缺陷，具有不规则的外形。

（3）微原纤结构模型

Diefendon和Tokarsky在条带模型的基础上提出了微原纤结构模型。该模型认为，微原纤维由10～30个基本面构成，再叠成条带结构。在低模量碳纤维中，条带由13层平面构成，其厚度为 3.2 nm，宽度为 4 nm；在高模量碳纤维中，条带由 30 层平面构成，其厚度为 7.2 nm，宽度为 9 nm。高强型碳纤维有较为明显的褶皱，表面的微晶尺寸较大，且沿纤维轴有一定的择优取向度；而内部微晶尺寸较小，排列较紊乱，呈现乱层堆叠状，条带出现缠结。

（4）双相结构模型

Dobb 等在修正条带模型的基础上提出了双相结构模型。该模型中包含了相对有序的准晶区和无序的非晶区，而且大量的无定形碳存在于非晶区和晶界处。在同一条 PAN 分子链上，氰基按一定角度排列，使单个高分子形成螺旋结构而表现出刚性，形成对称的棒，这种棒的规整排列便形成了准晶区，而分子中没有形成规整构象的分子链段则形成了非晶区。碳纤维晶体结构是以乱层石墨结构排布，因为石墨片层间碳原子依靠范德华力结合在一起，在晶粒尺寸较大时由于结合力较小，受压缩容易产生裂纹等缺陷。

这 4 种模型的共同之处在于：碳纤维的表层和内部结构有一定的差异，表层的微晶尺寸大、石墨化程度高、排布相对整齐，而内部结构的石墨化程度低、排列较紊乱，而且存在一些孔洞结构。

3.6.2　碳纤维的性能

碳纤维具有十分优异的力学性能，但它的比重不到钢的 1/4，是铝合金的 1/2。由于碳纤维的比重小、强度高，因而比强度较高。碳纤维的比强度是钢的 16 倍、铝合金的 12 倍，易制成轻质复合材料。碳纤维具有高的强度，T300 碳纤维的拉伸强度约在 3.5 GPa，T800 碳纤维的拉伸强度可达到 5.49 GPa，而 T1000 高达 6.63 GPa。碳纤维杨氏模量一般在 200 ~ 650 GPa，大约是传统玻璃纤维（GF）的 3 倍、凯夫拉纤维（KF-49）的 2 倍，故刚性非常高。碳纤维耐高温、低温，在 -180 ~ 2000 ℃、非氧化气氛条件下仍可使用；耐酸、耐腐蚀性能好，可耐浓盐酸、硫酸、丙酮、苯类等介质腐蚀，热膨胀系数小，导热系数大等。此外，碳纤维由于具有类石墨结构而呈现出良好的导电性能（$10^2 ~ 10^4$ S·cm^{-1}）。

3.6.3　碳纤维（PAN 基）的制备工艺

目前，制备碳纤维的前驱体材料主要有聚丙烯腈（PAN）、沥青和黏胶 3 种。根据 3 类前驱体的特性不同，制得碳纤维性能差别也很大。PAN 生产的碳纤维品种较沥青和黏胶广泛，工业化生产的 PAN 基碳纤维拉伸强度为 2 ~ 7 GPa，模量范围为 200 ~ 600 GPa。而且，PAN 基碳纤维的生产工艺相对简单，其产量占当前世界碳纤维总产量的 96% 以上。PAN 基碳纤维是目前可大规模、连续化生产且应用市场最广的碳纤维品种。

PAN 基碳纤维的制备工艺十分复杂，主要包括 PAN 原丝制备、原丝预氧化处理及炭化处理等工艺。PAN 基碳纤维的主要生产流程如图 3.11 所示。在整个处理过程中，PAN 大分子从线性结构逐渐转化为具有乱层石墨结构的碳纤维材料。

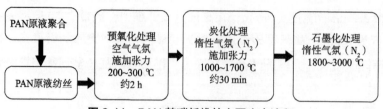

图 3.11　PAN 基碳纤维的主要生产流程

PAN 原丝的主要制备工艺为湿法纺丝和干喷湿法纺丝。由于 PAN 的分解温度低于熔融温度（320 ~ 340 ℃），当加热到 220 ~ 230 ℃时，常规腈纶便发生分解，所以聚丙烯腈不可直接进行熔融纺丝。从纺丝到成型，PAN 基碳纤维需要经过凝固预成型、预牵伸、水洗预热、沸水牵伸、上油、致密化、高压蒸汽牵伸等一系列加工过程。PAN 的线性大分子链在纺丝牵伸过程中逐渐取向，最终形成具有高度取向的 PAN 基碳纤维分子链结构。PAN 原丝的质量状况将直接影响最终产品碳纤维的质量，随着牵伸倍数的增加，PAN 大分子链的取向规整度增加，PAN 原丝的取向度也会随之提高，PAN 原丝整体强度的上升可进一步使得碳纤维强度及模量升高。

PAN 基碳纤维从线性大分子转化为具有乱层石墨结构，需要经历一系列热处理过程，主要包括预氧化和炭化过程。预氧化处理又称为热稳定化或不熔化处理，通常是指在空气气氛 200 ~ 300 ℃下对 PAN 原丝进行热处理，处理过程中需对 PAN 原丝施加一定的张力，阻碍大分子链的解取向运动，从而减少纤维的收缩。该过程的目的是使线性 PAN 大分子链转化为耐热的含氮梯形结构，这种梯形结构可使 PAN 原丝在后续的炭化过程中不熔不燃，并且保持纤维形态，从而得到高质量的碳纤维。预氧化处理是碳纤维制备过程中至关重要的一步，是连接 PAN 原丝和碳纤维的纽带，起到承上启下的作用，其影响因素主要包括热处理时间、温度和张力施加程度等。

炭化处理是指经预氧化 PAN 基碳纤维在一定张力作用下，在惰性气氛中持续升温至1000 ~ 1700 ℃发生的炭化反应。预氧化时形成的含氮梯形结构进一步交联，转变为稠环状结构，最终形成网络状乱层石墨结构。随着炭化温度的增加，碳纤维中的石墨微晶取向度增加，其晶粒尺寸也逐渐增大。PAN 基碳纤维炭化温度的升高导致其拉伸强度和模量的增加。当纤维的处理温度处于 1800 ~ 3000 ℃时则称之为石墨化处理。在这一过程中，乱层石墨结构中的缺陷被进一步完善，形成更加规整的类石墨结构。炭化处理温度为 1000 ℃时所产生的主要是低模量型 PAN 基碳纤维，中模量型 PAN 基碳纤维的生产温度需达到 1500 ℃，高模量型 PAN 基碳纤维则需要更高的生产温度。

在 PAN 基碳纤维的整个生产工艺过程中，PAN 大分子的结构状态随各个阶段加工工艺的不同而逐渐改变。PAN 大分子链在纺丝牵伸过程中发生的变化主要为物理变化，目的是使 PAN 分子链状态改变，即从纺丝原液中的 PAN 大分子无规线团结构转变为 PAN 基碳纤维中的线性取向结构。在热处理阶段，线性 PAN 大分子链发生一系列的化学变化和物理变化。在预氧化处理阶段，线性 PAN 大分子在热和氧的作用下，经过环化、氧化等反应逐渐转变成不熔不燃的梯形结构；在炭化处理阶段，预氧化时期形成的梯形结构在高温环境中进一步交联，最终形成乱层石墨结构。

部分国家（如日本、美国和俄罗斯等）的活性炭纤维材料及其产品已经进入工业化和实际应用阶段。中国的活性炭纤维产业尚处于研发、实验阶段，只有少数几个品种的产品刚刚开始产业化，但这些产品的性能亟须进一步提高，工业体系也亟须完善。关于活性炭纤维的研发过程，国内所用原料基本与国外保持一致。其中，中科院山西煤炭化学研究所、上海纺织科学研究院、上海纺织科学院在活性炭纤维的研发上做了大量的工作，取得了不菲的成绩，已经具备了一定的生产能力和技术转让能力。另外，中国人民解放军部队，以及北京化工大学、东华大学、长春工业大学、吉林大学、复旦大学、中山大学等高校也在进行活性炭纤维的相关研究，但均未进入工业化生产阶段。

3.6.4　碳纤维基复合材料

（1）氧化石墨烯/PAN基碳纤维复合材料

由于氧化石墨烯（GO）表面含有丰富的含氧官能团，在极性溶剂和聚合物基体中具有优异的分散性；GO含氧官能团极易在热条件下分解，使GO被还原为rGO，恢复导电性。结合GO的结构特点和PAN基碳纤维的结构演化规律，GO被认为是PAN基碳纤维完美的改性填料。理想情况下，在GO/PAN基碳纤维的热处理过程中，GO与PAN可以充分发挥各自优势，实现一加一大于二的协同效果。对GO而言，在预氧化、炭化处理过程中GO被逐渐还原成为rGO，恢复rGO的导电性。对于PAN而言，GO表面的酸性官能团可用于引发PAN在预氧化阶段发生的环化反应，降低环化温度；同时，GO表面的含氧官能团受热分解产生的含氧小分子可用于氧化、交联等反应，有效加快氧从空气扩散进入材料内部的动力学过程，增加预氧化PAN基碳纤维的均匀性，同时改善预氧化PAN和PAN基碳纤维的结构。其中，GO在预氧化、炭化过程中对PAN结构演化的影响是研发GO/PAN基碳纤维复合材料的关键问题。

Lee等[144]通过溶液共混法将GO和PAN分别溶解在DMSO中制成均一的溶液，并将两种共混液进行膜处理，制备GO/PAN复合膜，在空气氛围250 ℃下稳定化处理3 h，在氮气氛围400 ~ 1000 ℃下进行炭化处理。结果表明，GO的加入使PAN在稳定化处理的环化温度降低，并且rGO作为导电填料，随着炭化温度的升高，GO的添加量对导电性的影响变小。

虽然GO非常适用于PAN基碳纤维的结构改性，但是目前对于GO改性PAN基碳材料的相关研究较少。在导电改性方面，通过共混法制备的GO/PAN复合材料在800 ℃以上高温热还原后，GO对材料的导电性影响不大；在影响PAN预氧化、炭化方面，GO可促进环化，可能存在一定的模板作用，可促进石墨微晶结构的形成。目前为止，GO在预氧化过程中对PAN结构演化及作用机制尚未系统研究，GO的模板作用对PAN基碳纤维结构性能的影响也未得到充分阐释。

（2）导电聚合物/碳纤维复合材料

Chien等[145]采用熔融混合法制备了聚丙烯/碳纤维（PP/CF）导电复合材料，结果表明，导电填料含量的增加使PP/CF导电复合材料的拉伸模量显著增加。

将碳纤维和导电聚合物复合可充分发挥两者各自的优势。由碳纤维填充的高分子复合材料具有一定的导电性，其电阻率介于导体和绝缘体之间。制备碳纤维填充的导电高分子复合材料，需要先把碳纤维和基体混炼造粒，然后通过注射、挤出或压塑等方法成型。以聚丙烯（PP）、丙烯腈 - 丁二烯 - 苯乙烯（ABS）、聚碳酸酯（PC）、聚甲醛（POM）为基体的碳纤维复合材料，碳纤维的最高体积分数为 40%。美国威斯康星州 Premix 热塑性塑料公司的碳纤维填充导电高分子复合材料，以尼龙（PA）和聚苯硫醚（PPS）为基体树脂，其中，短切碳纤维体积分数高达 60%。

（3）金属氧（硫）化物 / 碳纤维导电复合材料

碳纤维还可作为载体，与金属氧（硫）化物复合，得到电化学性能较好的导电复合材料。与碳纤维复合的材料有很多，如金属氧化物 SnO_2、NiO、MnO_2 等，金属硫化物 NiS_2、CoS_2 等。2014 年华中科技大学的龙湖等[146]在三维碳纤维布上包覆 NiO 纳米片，成功制得 NiO/CC 复合材料，其中，NiO 本身的介孔相互连通，形成具有较大比表面积的孔隙网络。作为锂离子电池负电极时，在电流密度为 100 $mA \cdot g^{-1}$、120 个周期后，电池的可逆容量为 892.6 $mA \cdot h \cdot g^{-1}$。在实际应用时，NiO/CC 复合材料可以随意弯折而不发生改变，具有较高的柔韧性。

3.6.5 碳纤维基导电复合材料的应用

（1）超级电容器

碳纤维具有化学稳定性好、导电性良好、直径小、柔性好、易于制成三维材料和复合材料等优点，在超级电容器电极材料中应用潜力巨大。2012 年，Zhou 等[147]制得 MnO_2/ 碳纤维芯 - 壳复合型超级电容器电极材料，利用碳纤维的良好导电性和二氧化锰的可逆氧化还原性，使比电容量和能量密度分别高达 2.5 $F \cdot cm^{-3}$ 和 2.2 × 10^{-4} $Wh \cdot cm^{-3}$，基于碳纤维的超级电容器具有良好的可弯折性，可进一步应用于穿戴电子产品。

虽然可以通过各种方法提高碳纤维的实际循环充放电容量使其能够最大限度地接近理论容量，但较低的实际循环容量依然有待进一步提高。因此，将碳纤维与其他具有较高理论容量的材料复合，制得具有更高的实际比容量的碳纤维复合材料，又具有与碳纤维可比拟的循环稳定性及倍率性能，成为目前关注的热点之一。

（2）能源及电子工业

高电导率碳纤维纸，在新能源和电化学领域广泛推广应用。人们已确认高性能碳纤维纸可满足绿色能源燃料电池的要求，而且，与原炭材料电极相比，碳纤维纸电极具有体积小、质量轻、效率高等优点，因此可采用高性能碳纤维纸制作燃料电池质子交换膜的气体扩散层电极材料。碳纤维因其优良的力学性能，可用于结构材料的增强；因其导电性极好且呈非磁性而用作功能材料。采用碳纤维制作的电子屏蔽装置有很好的电磁波吸收能力。碳纤维与聚合物复合成为填充型复合材料，不仅具有良好的屏蔽作用，同时使壳体材料的力学性能大大提高。碳纤维热塑性复合材料（CFRTP）具有优良的抗拉、抗弯性能，其比强度大于铝镁合金；质量轻于铝镁合金，且不易生锈，无须与特殊的热环境隔离，具有很好的耐震动衰减性和耐疲劳性能，特别适于制造在交变载荷下工作的电子零部件；其永久抗静电性、电磁波屏蔽性和耐候性均优于热塑性塑料（ABS）。所以碳纤维热塑性复合材料，

CFRTP 材料已被广泛应用于电子电气领域，风力发电机叶片、防爆开关、电磁屏蔽材料、仪表罩壳、精密电子仪器部件、电缆管道等。

3.7 碳包覆复合材料

1993 年，Ruoff 等[148]首次发现碳包覆 LaC$_2$ 单晶（LaC$_2$/C），高分辨电镜（HRTEM）和能量散射能谱（EDS）确定 LaC$_2$ 为 α 相，且 α-LaC$_2$ 具有金属性且容易水解，但 LaC$_2$/C 在室温下暴露空气中数天仍稳定存在。由此，人们意识到此类材料的优异性能，并开展碳包覆复合材料的制备工作，逐步发展了一系列合成方法，归纳如下。

（1）电弧放电法

在 Ruoff 的工作基础上，相似结构的 NdC$_2$/C、CeC$_2$/C、YC$_2$/C 也相继采用同样方法被制备出来，并进一步证实碳壳的保护作用。Jiao 等[149]将电弧放电法运用到碳包覆磁性纳米颗粒的合成中，得到了 Fe/C、Co/C 和 Ni/C 纳米粒子，强酸溶液浸泡测试发现，碳包覆层对金属纳米颗粒起到了很好的保护作用。采用电弧放电法制备的碳包覆复合材料粒径较小且分布均匀，由于合成温度较高（4000 K），碳壳层石墨化程度高，但制备产物不可避免地出现碳纳米管、富勒烯等副产物。此外，设备复杂、工艺不易控制、耗能大、成本高等缺点也限制了其大规模实际应用。

（2）化学气相沉积法

化学气相沉积（CVD）法通常是以气相有机小分子为碳源，在预先制备好的纳米颗粒催化作用下，通过气相沉积作用生成碳包覆复合材料。Seo 等[150]将 Fe（NO$_3$）$_3$·9H$_2$O 和 H$_2$PtCl$_6$·9H$_2$O（原子比为 1:1）负载到高比表面积硅粉上，800 ℃下先通入氢气使金属盐还原为金属合金 FePt，再通入甲烷可得到尺寸为 2 ~ 3 nm 的 FePt/C 颗粒。CVD 法对前期纳米催化剂的制备及其在衬底上的分散性要求较高，此外，后期产物与衬底的分离比较复杂。

（3）高温热解法

1998 年 Harris 等[151]将预先制备好的微孔碳浸泡于金属盐溶液中，然后在 1800 ~ 2000 ℃ Ar 气的保护下高温热处理得到了 Mo/C、UC$_2$/C、Co/C 纳米颗粒，引起世界同行的关注。随后，有机金属化合物、有机金属聚合物和高分子络合物等作为前驱体在惰性气氛下热解合成 M/C 复合材料。A. k. Schape 将 C$_{32}$H$_{16}$CuN$_8$ 在 850 ~ 1000 ℃下 Ar/H$_2$ 氛围中热解得到了尺寸为 50 nm 的 Cu/C 核壳结构。高温热解法对工艺要求比较高，技术条件苛刻，不容易操作。

（4）低温液相碳化法

根据合成步骤，低温液相碳化法可分为"两步法"和"一步法"：在"两步法"中，第一步先制备金属纳米颗粒，第二步碳源在金属颗粒的表面碳化并将其包覆。此种方法已成功应用到 Te/C 纳米电缆及 FeNi/C 和 Ni/C 纳米颗粒的合成。在"一步法"中，金属离子 M^{n+} 还原成金属单质 M 与碳源的碳化是在同一体系中同步进行的，碳源通常为具有还原性的糖类等碳水化合物淀粉、纤维素、蔗糖、葡萄糖等。此方法已应用到 Se/C、Te/C、Ag/C 及 Cu/C 纳米电缆的合成。低温液相碳化法可通过调控反应物和反应条件等对碳包覆复合材料的形貌、尺寸、包覆层厚度等进行调节，与其他合成方法相比，具有很强的可控性。

碳是无毒、非抗原的生物相容性材料，适当尺寸的碳纳米颗粒可以携带药物和生物探针穿过细胞壁，在生物医学方面具有潜在的应用价值。俞书宏教授课题组[152]将 Ag/ 酚醛树脂用作生物成像标签，可用于人体肺癌细胞 H1299 的检测。碳包覆层可以通过表面改性使其在不同溶剂中得到很好的分散性，Titirici 等将亲水性的 Pd/C 复合材料用作苯酚催化加氢反应的催化剂，转化率可达 99%。在燃料电池应用方面，Wen 等[153]将 Pt/C 用作直接甲醇燃料电池（DMFC）阴极抗甲醇催化剂，呈现出高效率和高稳定性。

金属 Sn 的理论比电容量可达 992 mA·h·g^{-1}，被认为是很好的负极替代材料，但其存在较大的应用局限性，如充放电过程中金属 Sn 容易粉化。最新研究发现，将金属 Sn 与碳做成复合材料，尤其是 Sn/C 类型复合材料，则可很好地解决上述问题。如 Yu 等将 Sn/C 用作锂电池的正极材料，在电流密度为 0.5 C 下充放电测试 200 个循环，其可逆放电容量仍达到 480 mA·h·g^{-1}。在溶液相中直接实现碳包覆 II-VI 族半导体复合材料的合成较为困难，但 M/C 可用作反应前驱物与溶液相中的金属盐反应间接制备碳包覆 II-VI 族半导体复合材料，如以 Se/C、Te/C 为反应前驱物已成功制备 CdSe/C、PbSe/C、CdTe/C、PbTe/C 复合材料。

参考文献

[1] GEIM A K，NOVOSELOV K S. The rise of graphene [J]. Nature materials，2007，6：183-191.

[2] NOVOSELOV K S，FAL' KO V I，COLOMBO L，et al. A roadmap for graphene [J]. Nature，2012，490：192-200.

[3] RACCICHINI R，VARZI A，PASSERINI S，et al. The role of graphene for electrochemical energy storage [J]. Nature materials，2015，14：271-279.

[4] YING W，SUN Z. Liquid-phase exfoliation of graphite for mass production of pristine few-layer graphene [J]. Current opinion in colloid & interface science，2015，20：311-321.

[5] HERNANDEZ Y，NICOLOSI V，LOTYA M，et al. High-yield production of graphene by liquid-phase exfoliation of graphite [J]. Nature nanotechnology，2008，3：563-568.

[6] PARVEZ K，YANG S，FENG X，et al. Exfoliation of graphene via wet chemical routes [J]. Synthetic metals，2015，210：123-132.

[7] PATON K R，VARRLA E，BACKES C，et al. Scalable production of large quantities of defect-free few-layer graphene by shear exfoliation in liquids [J]. Nature materials，2014，13：624-630.

[8] KIM J，COTE L J，HUANG J. Two dimensional soft material：new faces of graphene oxide [J]. Accounts of chemical research，2012，45：1356-1364.

[9] 何光裕，王亮，王林，等. Co$_3$O$_4$/ 石墨烯复合物的水热合成及其超级电容器性能 [J]. 化工新型材料，2012，40：23-25，42.

[10] XIANG C，LI M，ZHI M，et al. Reduced graphene oxide/titanium dioxide composites for supercapacitor electrodes：shape and coupling effects [J]. Journal of materials chemistry，2012，22：19161-19167.

[11] CHEN W，LI S，CHEN C，et al. Self-assembly and embedding of nanoparticles by in situ reduced graphene for preparation of a 3D graphene/nanoparticle aerogel [J]. Advanced materials，2011，23：5679-5683.

[12] 顾大明，杨丹丹，李加展，等. 四氧化三钴 - 铂 / 石墨烯锂空气电池阴极材料 [J]. 哈尔滨工业大学学报，2015，47：35-39.

[13] ZHANG H，ZHANG X，ZHANG D，et al. One-step electrophoretic deposition of reduced graphene oxide

and Ni（OH）₂ composite films for controlled syntheses supercapacitor electrodes [J]. The journal of physical chemistry b，2013，117：1616-1627.

[14] 赵华. 电化学沉积的二氧化锰 / 石墨烯复合材料的电容性能研究 [D]：太原：山西大学，2012.

[15] LU T，PAN L，LI H，et al. Microwave-assisted synthesis of graphene-ZnO nanocomposite for electrochemical supercapacitors [J]. Journal of alloys & compounds，2011，509：5488-5492.

[16] RAMADOSS A，KIM S J. Improved activity of a graphene–TiO₂ hybrid electrode in an electrochemical supercapacitor [J]. Carbon，2013，63：434-445.

[17] 乔玉林，赵海朝，臧艳，等. 石墨烯负载纳米 Fe₃O₄ 复合材料的摩擦学性能 [J]. 无机材料学报，2015，30：41-46.

[18] LI J F，ZHANG L，XIAO J K，et al. Sliding wear behavior of copper-based composites reinforced with graphene nanosheets and graphite [J]. Transactions of nonferrous metals society of China，2015，25：3354-3362.

[19] 刘永欣，唐佳勇，王诗迪，等. 石墨烯 / 镍掺杂二氧化锰复合材料的电化学性能 [J]. 电池，2014，44：268-270.

[20] WU Q，XU Y，YAO Z，et al. Supercapacitors based on flexible graphene/polyaniline nanofiber composite films [J]. Acs nano，2010，4：1963-1970.

[21] LI D，M LLER M B，GILJE S，et al. Processable aqueous dispersions of graphene nanosheets [J]. Nature nanotechnology，2008，3：101-105.

[22] SHEN B，ZHAI W，CHEN C，et al. Melt blending in situ enhances the interaction between polystyrene and graphene through π-π stacking [J]. Acs applied materials & interfaces，2011，3：3103-3109.

[23] 石琴，门春艳，李娟. 氧化石墨烯 / 聚吡咯插层复合材料的制备和电化学电容性能 [J]. 物理化学学报，2013，29：1691-1697.

[24] 金莉，孙东，张剑荣. 石墨烯 / 聚 3，4- 乙烯二氧噻吩复合物的电化学制备及其在超级电容器中的应用 [J]. 无机化学学报，2012，28：1084-1090.

[25] ZHOU T，FENG C，TANG C，et al. The preparation of high performance and conductive poly（vinyl alcohol）/graphene nanocomposite via reducing graphite oxide with sodium hydrosulfite [J]. Composites science & technology，2011，71：1266-1270.

[26] ZHANG F，XIAO F，DONG Z H，et al. Synthesis of polypyrrole wrapped graphene hydrogels composites as supercapacitor electrodes [J]. Electrochimica acta，2013，114：125-132.

[27] STOLLER M D，PARK S，ZHU Y，et al. Graphene-based ultracapacitors [J]. Nano letters，2008，8：3498-3502.

[28] JEONG H M，LEE J W，SHIN W H，et al. Nitrogen-doped graphene for high-performance ultracapacitors and the importance of nitrogen-doped sites at basal planes [J]. Nano letters，2011，11：2472-2477.

[29] 靳瑜，陈宏源，陈名海，等. 碳纳米管 / 聚苯胺 / 石墨烯复合纳米碳纸及其电化学电容行为 [J]. 物理化学学报，2012，28：609-614.

[30] XU D，XU Q，WANG K，et al. Fabrication of free-standing hierarchical carbon nanofiber/graphene oxide/ polyaniline films for supercapacitors [J]. Acs applied materials & interfaces，2014，6：200-209.

[31] KAN Z，HEO N，SHI X，et al. Chemically modified graphene oxide-wrapped quasi-micro Ag decorated silver trimolybdate nanowires for photocatalytic applications [J]. The journal of physical chemistry c，2013，117：24023-24032.

[32] NETHRAVATHI C，RAJAMATHI C R，RAJAMATHI M，et al. Cobalt hydroxide/oxide hexagonal ring–graphene hybrids through chemical etching of metal hydroxide platelets by graphene oxide：energy storage applications [J]. ACS nano，2014，8：2755-2765.

[33] KIM Y-K，HAN S W，MIN D-H. Graphene oxide sheath on Ag nanoparticle/graphene hybrid films as an antioxidative coating and enhancer of surface-enhanced raman scattering [J]. ACS applied materials & interfaces，2012，4：6545-6551.

[34] PARK J W, PARK S J, KWON O S, et al. Polypyrrole nanotube embedded reduced graphene oxide transducer for field-effect transistor-type H_2O_2 biosensor [J]. Analytical chemistry, 2014, 86: 1822-1828.

[35] GAO Z, YANG W, WANG J, et al. A new partially reduced graphene oxide nanosheet/polyaniline nanowafer hybrid as supercapacitor electrode material [J]. Energy & fuels, 2013, 27: 568-575.

[36] KUMAR N A, CHOI H-J, SHIN Y R, et al. Polyanline-grafted reduced graphene oxide for efficient electrochemical super capacitors [J]. ACS nano, 2012, 6: 1715-1723.

[37] GOLI P, NING H, LI X, et al. Thermal properties of graphene-copper-graphene heterogeneous films [J]. Nano letters, 2014, 14: 1497-1503.

[38] TANG X Z, CAO Z, ZHANG H B, et al. Growth of silver nanocrystals on graphene by simultaneous reduction of graphene oxide and silver ions with a rapid and efficient one-step approach [J]. Chemical communications, 2011, 47: 3084-3086.

[39] VARELA-RIZO H, MART N-GULL N I, TERRONES M. Hybrid films with graphene oxide and metal nanoparticles could now replace indium tin oxide [J]. Acs nano, 2012, 6: 4565-4572.

[40] HAN L, LIU C M, DONG S L, et al. Enhanced conductivity of rGO/Ag NPs composites for electrochemical immunoassay of prostate-specific antigen [J]. Biosensors & bioelectronics, 2017, 87: 466-472.

[41] ER E, ÇELIKKAN H, ERK N. Highly sensitive and selective electrochemical sensor based on high-quality graphene/nafion nanocomposite for voltammetric determination of nebivolol [J]. Sensors and actuators b: chemical, 2016, 224: 170-177.

[42] XUE C, WANG X, ZHU W, et al. Electrochemical serotonin sensing interface based on double-layered membrane of reduced graphene oxide/polyaniline nanocomposites and molecularly imprinted polymers embedded with gold nanoparticles [J]. Sensors & actuators chemical b, 2014, 196: 57-63.

[43] HAI B N, NGUYEN V C, NGUYEN V T, et al. Development of the layer-by-layer biosensor using graphene films: application for cholesterol determination [J]. Advances in natural sciences: nanoscience & nanotechnology, 2013, 4: 015-013.

[44] CHEN L, CHEN L, AI Q, et al. Flexible all-solid-state supercapacitors based on freestanding, binder-free carbon nanofibers@polypyrrole@graphene film [J]. Chemical engineering journal, 2018, 334: 184-190.

[45] SONG N, WU Y, WANG W, et al. Layer-by-layer in situ growth flexible polyaniline/graphene paper wrapped by MnO_2 nanoflowers for all-solid-state supercapacitor [J]. Materials research bulletin, 2019, 111: 267-276.

[46] LI Z, TIAN M, SUN X, et al. Flexible all-solid planar fibrous cellulose nonwoven fabric-based supercapacitor via capillarity-assisted graphene/MnO_2 assembly [J]. Journal of alloys and compounds, 2019, 782: 986-994.

[47] YU J, XIE F, WU Z, et al. Flexible metallic fabric supercapacitor based on graphene/polyaniline composites [J]. Electrochimica acta, 2018, 259: 968-974.

[48] MA L, LIU R, NIU H, et al. Freestanding conductive film based on polypyrrole/bacterial cellulose/graphene paper for flexible supercapacitor: large areal mass exhibits excellent areal capacitance [J]. Electrochimica acta, 2016, 222: 429-437.

[49] REN J, REN R P, LV Y K. Stretchable all-solid-state supercapacitors based on highly conductive polypyrrole-coated graphene foam [J]. Chemical engineering journal, 2018, 349: 111-118.

[50] RAMADOSS A, YOON K Y, KWAK M J, et al. Fully flexible, lightweight, high performance all-solid-state supercapacitor based on 3-Dimensional-graphene/graphite-paper [J]. Journal of power sources, 2017, 337: 159-165.

[51] WANG H, CUI L F, YANG Y, et al. ChemInform abstract: Mn_3O_4-graphene hybrid as a high-capacity anode material for lithium ion batteries[J]. ChemInform, 2011, 42.

[52] RAI A K, THI T V, GIM J, et al. $Li_3V_2(PO_4)_3$/graphene nanocomposite as a high performance cathode

material for lithium ion battery [J]. Ceramics international, 2015, 41: 389–396.

[53] MO R, LI F, TAN X, et al. High-quality mesoporous graphene particles as high-energy and fast-charging anodes for lithium-ion batteries [J]. Nature communications, 2019, 10: 1474–1483.

[54] KANOUN O M, BENCHIROUF A, SANLI A, et al. Flexible carbon nanotube films for high performance strain sensors [J]. Sensors, 2014, 14: 10042–10071.

[55] EBBESEN T W, AJAYAN P M. Large-scale synthesis of carbon nanotubes [J]. Nature, 1992, 358: 220–222.

[56] SUBRAMANIAM C, YAMADA T, KOBASHI K, et al. One hundred fold increase in current carrying capacity in a carbon nanotube-copper composite [J]. Nature communications, 2013, 4: 2202–2208.

[57] LEKAWA-RAUS A, HALADYJ P, KOZIOL K. Carbon nanotube fiber–silver hybrid electrical conductors [J]. Materials letters, 2014, 133: 186–189.

[58] QUINN B, DEKKER C, LEMAY S. Electrodeposition of noble metal nanoparticles on carbon nanotubes [J]. Journal of the American chemical society, 2005, 127: 6146-6147.

[59] 陈小华, 颜永红, 张高明, 等 . Ni-Co 合金包覆碳纳米管的研究 [J]. 微细加工技术, 1999 (2): 3-5.

[60] SUN S, YANG D, ZHANG G, et al. Synthesis and characterization of platinum nanowire–carbon nanotube heterostructures [J]. Chemistry of materials, 2007, 19: 6376–6378.

[61] HSIN Y L, HWANG K C, CHEN F-R, et al. Production and in-situ metal filling of carbon nanotubes in water [J]. Advanced materials, 2001, 13: 830–833.

[62] LIU Z J, CHE R, XU Z, et al. Preparation of fe-filled carbon nanotubes by catalytic decomposition of cyclohexane [J]. Synthetic metals, 2002, 128: 191–195.

[63] AJAYAN P M, LIJIMA S. Capillarity-induced filling of carbon nanotubes [J]. Nature, 1993, 361: 333-334.

[64] UGARTE D, CHATELAIN A, DE HEER W A. Nanocapillarity and chemistry in carbon nanotubes[J]. Science (New York, NY), 1996, 274: 1897–1899.

[65] TSANG S C, CHEN Y K, HARRIS P J F, et al. A simple chemical method of opening and filling carbon nanotubes [J]. Nature, 1994, 372: 159–162.

[66] ZHANG, WEI-DE. Growth of ZnO nanowires on modified well-aligned carbon nanotube arrays [J]. Nanotechnology, 2006, 17: 1036–1040.

[67] JITIANU A, CACCIAGUERRA R, BENOIT R, et al. Synthesis and characterization of carbon nanotubes–TiO$_2$ nanocomposites [J]. Carbon, 2004, 42: 1147–1151.

[68] JIANG L. Carbon nanotubesmagnetite nanocomposites from solvothermal processes: formation, characterization, and enhanced electrical properties [J]. Chemistry of materials, 2003, 14: 2848–2853.

[69] AN G, YU P, XIAO M, et al. Low-temperature synthesis of Mn$_3$O$_4$ nanoparticles loaded on multi-walled carbon nanotubes and their application in electrochemical capacitors [J]. Nanotechnology, 2008, 19: 275–709.

[70] JIA B, GAO L. Fabrication of "Tadpole" -like magnetite/multiwalled carbon nanotube heterojunctions and their self-assembly under external magnetic field [J]. Journal of physical chemistry b, 2007, 111: 5337–5343.

[71] MATSUI K, PRADHAN B K, KYOTANI T, et al. Formation of nickel oxide nanoribbons in the cavity of carbon nanotubes [J]. Journal of physical chemistry b, 2001, 105: 5682–5688.

[72] WHITSITT E A, BARRON A R. Silica coated single walled carbon nanotubes [J]. Nano letters, 2003, 3: 775–778.

[73] LIU J, LI X, DAI L. Water - assisted growth of aligned carbon nanotube–ZnO heterojunction arrays [J]. Advanced materials, 2010, 18 (13): 1740–1744.

[74] RAVINDRAN S, CHAUDHARY S, COLBURN B, et al. Covalent coupling of quantum dots to multiwalled carbon nanotubes for electronic device applications [J]. Nano letters, 2003, 3: 447–453.

[75] LI X L, LIU Y Q, FU L, et al. Efficient synthesis of carbon nanotube–nanoparticle hybrids [J]. Advanced functional materials, 2006, 16: 2431–2437.

[76] KIM H, SIGMUND W. Zinc oxide nanowires on carbon nanotubes [J]. Applied physics letters, 2002, 81: 2085-2087.

[77] GREEN J M, DONG L, GUTU T, et al. ZnO-nanoparticle-coated carbon nanotubes demonstrating enhanced electron field-emission properties [J]. Journal of applied physics, 2006, 99: 56.

[78] YU K, ZHANG Y S, XU F, et al. Significant improvement of field emission by depositing zinc oxide nanostructures on screen-printed carbon nanotube films [J]. Applied physics letters, 2006, 88 (15): 3123.

[79] MA R Z, WU J, WEI B Q, et al. Processing and properties of carbon nanotubes–nano-SiC ceramic [J]. Journal of materials science, 1998, 33: 5243-5246.

[80] YU R, LIU R, DENG J, et al. Pd nanoparticles immobilized on carbon nanotubes with a polyaniline coaxial coating for the heck reaction: coating thickness as the key factor influencing the efficiency and stability of the catalyst [J]. Catalysis science & technology, 2018, 8: 1423-1434.

[81] SHI L, LIANG R-P, QIU J-D. Controllable deposition of platinum nanoparticles on polyaniline-functionalized carbon nanotubes [J]. Journal of materials chemistry, 2012, 22: 17196-17203.

[82] WARREN R, SAMMOURA F, TEH K S, et al. Electrochemically synthesized and vertically aligned carbon nanotube-polypyrrole nanolayers for high energy storage devices [J]. Sensors and actuators a: physical, 2015, 231: 65-73.

[83] 王素敏, 王奇观, 森山广思. 单壁碳纳米管/聚苯胺自组装薄膜的制备及性能研究 [J]. 化工新型材料, 2011, 39: 84-86.

[84] 车剑飞, 叶欣欣, 刘文婷, 等. 碳纳米管-聚3, 4-乙撑二氧噻吩修饰电极 [J]. 南京理工大学学报 (自然科学版), 2010, 34: 833-837.

[85] ERDEN F, LI H, WANG X, et al. High-performance thermoelectric materials based on ternary TiO_2/CNT/PANI composites [J]. Physical chemistry chemical physics, 2018, 20: 9411-9418.

[86] YUAN C, LI C, BO G, et al. Synthesis and utilization of $RuO_2 \cdot xH_2O$ nanodots well dispersed on poly (sodium 4-styrene sulfonate) functionalized multi-walled carbon nanotubes for supercapacitors [J]. Journal of materials chemistry, 2009, 19: 246-252.

[87] HOU Y, CHENG Y, HOBSON T, et al. Design and synthesis of hierarchical MnO_2 nanospheres/carbon nanotubes/conducting polymer ternary composite for high performance electrochemical electrodes [J]. Nano letters, 2010, 10: 2727-2733.

[88] HRAPOVIC S. Electrochemical biosensing platforms using platinum nanoparticles and carbon nanotubes [J]. Analytical chemistry, 2004, 76 (4): 1083-1088.

[89] CHA S I, KIM K T, ARSHAD S N, et al. Field-emission behavior of a carbon-nanotube-implanted CO nanocomposite fabricated from pearl-necklace-structured carbon nanotube/co powders [J]. Advanced materials, 2006, 18: 553-558.

[90] SU C, ZHOU N, GUO P, et al. Preparation of partially unzipped carbon nanotube/Ag (PUCNTs/Ag) nanocomposite and its application for ho based non-enzymatic sensor [J]. Journal of nanoscience & nanotechnology, 2018, 18: 1811.

[91] MUHAMMAD A, HAJIAN R, YUSOF N A, et al. A screen printed carbon electrode modified with carbon nanotubes and gold nanoparticles as a sensitive electrochemical sensor for determination of thiamphenicol residue in milk [J]. RSC advances, 2018, 8: 2714-2722.

[92] SERAF N V, HERN NDEZ P, AG L, et al. Electrochemical biosensor for creatinine based on the immobilization of creatininase, creatinase and sarcosine oxidase onto a ferrocene/horseradish peroxidase/gold nanoparticles/multi-walled carbon nanotubes/Teflon composite electrode [J]. Electrochimica acta, 2013, 97: 175-183.

[93] GHODSI J, RAFATI A A. A voltammetric sensor for diazinon pesticide based on electrode modified with TiO_2 nanoparticles covered multi walled carbon nanotube nanocomposite [J]. Journal of electroanalytical chemistry,

2017, 807: 1-9.

[94] ARABALE G, WAGH D, KULKARNI M, et al. Enhanced supercapacitance of multiwalled carbon nanotubes functionalized with ruthenium oxide [J]. Chemical physics letters, 2003, 376: 207-213.

[95] JIN X, ZHOU W, ZHANG S, et al. Nanoscale microelectrochemical cells on carbon nanotubes [J]. Small, 2007, 3: 1513-1517.

[96] ZHAO X, JOHNSTON C, GRANT P S. A novel hybrid supercapacitor with a carbon nanotube cathode and an iron oxide/carbon nanotube composite anode [J]. Journal of materials chemistry, 2009, 19: 8755-8760.

[97] SIVAKKUMAR S R, OH J S, KIM D W. Polyaniline nanofibres as a cathode material for rechargeable lithium-polymer cells assembled with gel polymer electrolyte [J]. Journal of power sources, 2006, 163: 573-577.

[98] AN K H, JEON K K, HEO J K, et al. High-capacitance supercapacitor using a nanocomposite electrode of single-walled carbon nanotube and polypyrrole [J]. Journal of the electrochemical society, 2002, 149: A1058.

[99] JAGANNATHAN S, LIU T, KUMAR S. Pore size control and electrochemical capacitor behavior of chemically activated polyacrylonitrile – carbon nanotube composite films [J]. Composites ence & technology, 2010, 70: 593-598.

[100] 李莉香, 赵宏伟, 许微微, 等. 铁基氮掺杂碳纳米管制备及其电催化性能 [J]. 物理化学学报, 2015, 31: 498-504.

[101] 安洋, 杨柳, 彭邦华, 等. 碳纳米管—二氧化钛纳米复合材料的制备、表征及其光催化性能 [J]. 石河子大学学报（自然科学版）, 2014, 32: 583-588.

[102] JR. G A R B P L W. Activation of anthracite: using carbon dioxide versus air [J]. Fuel and energy abstracts, 1994, 32 (6): 1171-1176.

[103] KÜHL H, KASHANI-MOTLAGH M M, M HLEN H J, et al. Controlled gasification of different carbon materials and development of pore structure [J]. Fuel, 1992, 71 (8): 879-882.

[104] XUE J L, WEI X, JIN Z, et al. Excellent capacitive performance of a three - dimensional hierarchical porous graphene/carbon composite with a superhigh surface area [J]. Chemistry, 2014, 20: 13314-13320.

[105] ZHOU J, LI Z, XING W, et al. A new approach to tuning carbon ultramicropore size at sub-angstrom level for maximizing specific capacitance and CO_2 uptake [J]. Advanced functional materials, 2016, 26: 7955-7964.

[106] FAN Y M, SONG W L, LI X, et al. Assembly of graphene aerogels into the 3D biomass-derived carbon frameworks on conductive substrates for flexible supercapacitors [J]. Carbon, 2017, 111: 658-666.

[107] LIU W J, JIANG H, TIAN K, et al. Mesoporous carbon stabilized MgO nanoparticles synthesized by pyrolysis of $MgCl_2$ preloaded waste biomass for highly efficient CO_2 capture [J]. Environmental ence & technology, 2013, 47: 9397-9403.

[108] LI D, SUN Y, CHEN S, et al. Highly porous FeS/carbon fibers derived from fe-carrageenan biomass: high-capacity and durable anodes for sodium-ion batteries [J]. ACS applied materials & interfaces, 2018, 10: 17175-17182.

[109] 丛文博, 张宝宏, 喻应霞. 聚苯胺修饰碳电极电容性能研究 [J]. 哈尔滨工程大学学报, 2004, 25 (6): 809-813.

[110] SEVILLA M, GU W, FALCO C, et al. Hydrothermal synthesis of microalgae-derived microporous carbons for electrochemical capacitors [J]. Journal of power sources, 2014, 267: 26-32.

[111] CHE Y, ZHU X, LI J, et al. Simple synthesis of MoO_2/carbon aerogel anodes for high performance lithium ion batteries from seaweed biomass [J]. Rsc advances, 2016, 6: 106230-106236.

[112] WASSNER M, ECKARDT M, GEBAUER C, et al. Spherical core-shell titanium（oxy）nitride@nitrided carbon composites as catalysts for the oxygen reduction reaction: synthesis and electrocatalytic performance[J]. ChemElectroChem, 2016, 3: 1641-1654.

[113] ZHAN T R, LU S S, LIU X L, et al. Alginate derived Co_3O_4 /co nanoparticles decorated in n-doped porous carbon as an efficient bifunctional catalyst for oxygen evolution and reduction reactions [J]. Electrochimica acta, 2018, 265: 681-689.

[114] LIU R, ZHANG H, ZHANG X, et al. Co_9S_8 @N, P-doped porous carbon electrocatalyst using biomass-derived carbon nanodots as a precursor for overall water splitting in alkaline media [J]. RSC Adv, 2017, 7: 19181-19188.

[115] SANGEETHA D N, SELVAKUMAR M. Active-defective activated carbon/MoS_2 composites for supercapacitor and hydrogen evolution reactions [J]. Applied surface ence, 2018, 453: 132-140.

[116] YUAN C Z, GAO B, SHEN L F, et al. Hierarchically structured carbon-based composites: design, synthesis and their application in electrochemical capacitors [J]. Nanoscale, 2011, 3: 529-545.

[117] KNOX J H, UNGER K K, MUELLER H. Prospects for carbon as packing material in high-performance liquid chromatography [J]. Journal of liquid chromatography, 1983, 6: 1-36.

[118] RYOO R, JOO S, JUN S. Synthesis of highly ordered carbon molecular sieves via template-mediated structural transformation [J]. Journal of physical chemistry b, 1999, 103: 7743-7746.

[119] LEE J, YOON S, HYEON T, et al. Synthesis of a new mesoporous carbon and its application to electrochemical double-layer capacitors [J]. Chemical communications, 1999 (21): 2177-2178.

[120] LIANG C, HONG K, GUIOCHON G A, et al. Synthesis of a large-scale highly ordered porous carbon film by self-assembly of block copolymers [J]. Angewandte chemie international edition, 2004, 43: 5785-5789.

[121] HUANG Y, CAI H, YU T, et al. Formation of mesoporous carbon with a face-centered-cubic Fd3m structure and bimodal architectural pores from the reverse amphiphilic triblock copolymer PPO-PEO-PPO [J]. Angewandte chemie international edition, 2007, 46: 1089-1093.

[122] GAI P, ZHANG H, ZHANG Y, et al. Simultaneous electrochemical detection of ascorbic acid, dopamine and uric acid based on nitrogen doped porous carbon nanopolyhedra [J]. Journal of materials chemistry b, 2013, 1: 2742-2749.

[123] WEI J, ZHOU D, SUN Z, et al. A controllable synthesis of rich nitrogen-doped ordered mesoporous carbon for CO_2 capture and supercapacitors [J]. Advanced functional materials, 2013, 23: 2322-2328.

[124] HAO Y, HAO G-P, GUO D-C, et al. Bimetallic au-pd nanoparticles confined in tubular mesoporous carbon as highly selective and reusable benzyl alcohol oxidation catalysts [J]. ChemCatChem, 2012, 4: 1595-1602.

[125] GU H, XU X, LI Y, et al. Homogeneously dispersed gold nanoparticles stabilized on the walls of ordered mesoporous carbon via a simple and repeatable method with enhanced hydrogenation properties for nitro-group [J]. Microporous and mesoporous materials, 2013, 173: 189-196.

[126] WU Z, LI W, WEBLEY P A, et al. General and controllable synthesis of novel mesoporous magnetic iron oxide@carbon encapsulates for efficient arsenic removal [J]. Advanced materials, 2012, 24: 485-491.

[127] ZHU S, ZHOU H, HIBINO M, et al. Synthesis of MnO_2 nanoparticles confined in ordered mesoporous carbon using a sonochemical method [J]. Advanced functional materials, 2005, 15: 381-386.

[128] CHI Y, ZHAO L, YUAN Q, et al. In situ auto-reduction of silver nanoparticles in mesoporous carbon with multifunctionalized surfaces [J]. Journal of materials chemistry, 2012, 22: 13571-13577.

[129] SUN Z, SUN B, QIAO M, et al. A general chelate-assisted co-assembly to metallic nanoparticles-incorporated ordered mesoporous carbon catalysts for fischer–tropsch synthesis [J]. Journal of the American chemical society, 2012, 134: 17653-17660.

[130] WANG Y G, LI H Q, XIA Y Y. Ordered whiskerlike polyaniline grown on the surface of mesoporous carbon and its electrochemical capacitance performance [J]. Advanced materials, 2006, 18: 2619-2623.

[131] BAI J, BO X, ZHU D, et al. A comparison of the electrocatalytic activities of ordered mesoporous carbons treated with either HNO_3 or NaOH [J]. Electrochimica acta, 2010, 56: 657-662.

[132] HOU Y, NDAMANISHA J C, GUO L P, et al. Synthesis of ordered mesoporous carbon/cobalt oxide

nanocomposite for determination of glutathione [J]. Electrochimica acta, 2009, 54: 6166-6171.

[133] DONG S, CHEN X, GU L, et al. One dimensional MnO₂/titanium nitride nanotube coaxial arrays for high performance electrochemical capacitive energy storage [J]. Energy & environmental science, 2011, 4: 3502-3508.

[134] WANG Y G, LI H Q, XIA Y Y. Ordered whiskerlike polyaniline grown on the surface of mesoporous carbon and its electrochemical capacitance performance [J]. Advanced materials, 2006, 18: 2619-2623.

[135] ZHOU H, ZHU S, HIBINO M, et al. Lithium storage in ordered mesoporous carbon (CMK-3) with high reversible specific energy capacity and good cycling performance [J]. ChemInform, 2004, 35: 2107-2111.

[136] SALGADO J R C, ALCAIDE F, ÁLVAREZ G, et al. Pt–Ru electrocatalysts supported on ordered mesoporous carbon for direct methanol fuel cell [J]. Journal of power sources, 2010, 195: 4022-4029.

[137] MA Y, CUI L, HE J, et al. Uniformly dispersed pt nanoparticles as fuel-cell catalyst supported onto ordered mesoporous carbon–silica composites [J]. Electrochimica acta, 2012, 63: 318-322.

[138] LIU R, WU D, FENG X, et al. Nitrogen - doped ordered mesoporous graphitic arrays with high electrocatalytic activity for oxygen reduction [J]. Angewandte chemie, 2010, 122: 2619-2623.

[139] OUYANG J, PAN Y, ZHOU S, et al. Supramolecular assembled C60-containing carboxylated poly (dimethylsiloxane) composites [J]. POLYMER, 2006, 47: 6140-6148.

[140] ZHUANG J, ZHOU W, LI X, et al. Multiple hydrogen-bond-induced supramolecular nanostructure from a pincer-like molecule and a [60]fullerene derivative [J]. Tetrahedron, 2005, 61: 8686-8693.

[141] MONDAL, SUJIT K. Synthesis of mesoporous fullerene and its platinum composite: a catalyst for PEMFc [J]. Journal of the electrochemical society, 2012, 159: K156.

[142] ZHANG X, MA L X, ZHANG Y C. Electrodeposition of platinum nanosheets on C60 decorated glassy carbon electrode as a stable electrochemical biosensor for simultaneous detection of ascorbic acid, dopamine and uric acid [J]. Electrochimica acta, 2015, 177: 118-127.

[143] ZHENG Y, JIAO Y, JARONIEC M, et al. Nanostructured metal-free electrochemical catalysts for highly efficient oxygen reduction [J]. Small, 2012, 8: 3550-3566.

[144] LEE S, KIM Y J, KIM D H, et al. Synthesis and properties of thermally reduced graphene oxide/ polyacrylonitrile composites [J]. Journal of physics & chemistry of solids, 2012, 73: 741-743.

[145] MEHDIPOUR A, SEBAK A R, TRUEMAN C W, et al. Conductive carbon fiber composite materials for antenna and microwave applications [J]. Radio science conference, 2012, 1 (1): 1-8.

[146] LONG H, SHI T, HU H, et al. Growth of hierarchal mesoporous nio nanosheets on carbon cloth as binder-free anodes for high-performance flexible lithium-ion batteries [J]. Scientific report, 2014, 4: 7413-7421.

[147] XIAO X, LI T, YANG P, et al. Fiber-based all-solid-state flexible supercapacitors for self-powered systems [J]. ACS nano, 2012, 6: 9200-9206.

[148] RUOFF R, LORENTS D, CHAN B, et al. Single crystal metals encapsulated in carbon nanoparticles [J]. Science (New York), 1993, 259: 346-348.

[149] JIAO J, SERAPHIN S, WANG X, et al. Preparation and properties of ferromagnetic carbon-coated Fe, Co, and Ni nanoparticles [J]. Journal of applied physics, 1996, 80: 103-108.

[150] SEO W S, KIM S M, KIM Y-M, et al. Synthesis of ultrasmall ferromagnetic face-centered tetragonal fept–graphite core–shell nanocrystals [J]. Small, 2008, 4: 1968-1971.

[151] HARRIS P J F, TSANG S C. A simple technique for the synthesis of filled carbon nanoparticles [J]. Chemical physics letters, 1998, 293: 53-58.

[152] GUO S-R, GONG J-Y, JIANG P, et al. Biocompatible, luminescent silver@phenol formaldehyde resin core/shell nanospheres: large-scale synthesis and application for in vivo bioimaging [J]. Advanced functional materials, 2008, 18: 872-879.

[153] WEN Z, LIU J, LI J. Core/shell pt/c nanoparticles embedded in mesoporous carbon as a methanol-tolerant cathode catalyst in direct methanol fuel cells [J]. Advanced materials, 2008, 20: 743-747.

第四章　新型二维纳米材料基导电复合材料

二维纳米材料是指一类横向尺寸大于 100 nm 甚至数微米，而厚度仅为单个或数个原子层厚的片状纳米结构材料。对于二维纳米材料的探索可以追溯到数十年前。2004 年 Novoselov 等使用透明胶带从石墨上成功剥离得到石墨烯，使得二维纳米材料再次进入人们的视线。石墨烯的制备方法给人们以启发，通过破坏宏观层状材料内部紧密连接的层状结构，众多具有类石墨烯结构的二维纳米材料不断地被合成出来，如氮化硼、二维过渡金属硫化物、二维过渡金属氮化物等（图 4.1）。二维材料的表面效应、小尺寸效应、量子效应、电子限域效应及电子结构可调控等特点，使其具有优异的电、光、磁、热、力学和机械几何性能，在半导体器件、传感、电化学储能及光电催化等领域展现出广阔的应用前景。

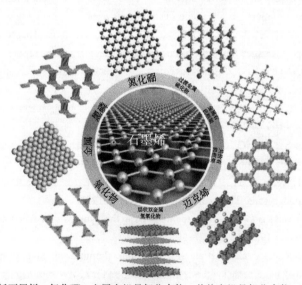

注：超薄二维纳米材料包括石墨烯、氮化硼、金属有机骨架化合物、共价有机骨架化合物、过渡金属硫化物、过渡金属碳/氮化合物、层状双氢氧化物、氧化物、金属及黑磷[1]。

图 4.1　典型超薄二维纳米材料

二维纳米材料性能优异，具有广泛的应用前景，但充分发挥其优势还面临着很多困难和挑战，如可控备技术不足、片层结构容易发生聚集等，使其应用受到限制。因此，合理地设计和开发低成本、大面积、高性能、高质量的二维纳米材料，并通过片层厚度控制、元素掺杂、表面功能化等途径实现多功能高性能的制备，将会使二维纳米材料获得更加广阔的发展和应用空间。

通常，单一的二维纳米材料已经难以满足实际生产和社会发展的需要。很多二维纳米材料导电性较差，这也严重限制了这些二维材料在新能源电池中的应用潜力。二维纳米材料的原子层数目和晶体结构会直接影响材料的导电性。此外，目前二维纳米材料在应用时，所面临另外一个最大的挑战是：如何有效减弱二维纳米片之间的团聚和堆积，从而提高其可以利用的表面积。由于二维纳米材料具有特殊的电子结构，为了提高其导电性，可通过表面改性、层间掺杂、缺陷工程、晶格应变及片层剥离等方式。并且，二维纳米材料具有极大的比表面积，超高的柔性和可加工性等优点，使得二维纳米片和每个组件之间的交互作用可以产生的协同效应提高性能，避免了各成分的缺陷。因此，将二维纳米材料与其他功能化材料相结合是制备具有新性能和增强性能的二维纳米复合材料的有效策略。迄今为止，已经报道了一系列功能材料（如贵金属、金属氧化物、有机化合物、聚合物和生物材料等）用于二维纳米材料的复合，它们表现出新颖增强的性能使得其在许多应用中都具有应用前景。

4.1 过渡金属硫化物基导电复合材料

4.1.1 过渡金属硫化物的结构

过渡金属硫化物（TMDs）由过渡金属元素和硫族元素组成，结构通式为 MX_2，其中 M 代表Ⅳ族（Ti、Zr 和 Hf）、V 族（V、Nb 和 Ta）或Ⅵ族（Mo、W）的过渡金属元素，X 代表硫族元素（S、Se 和 Te）。与石墨烯不同，过渡金属硫化物不是由单层原子组成，而是形成 X—M—X 夹心层结构，过渡金属 M 原子层夹在两个硫族元素 X 层之间，且层中原子以强共价键结合沿六边形排布填充，每层厚度 6 ~ 7Å，相邻层之间则通过弱的范德华力相互作用（图 4.2a），此为剥离和离子插层技术制备单层过渡金属硫化物提供了可能。过渡金属原子与硫族元素的配位方式有两种：即三棱柱配位和八面体配位。三棱柱配位是过渡金属 M 原子与其周围 6 个硫族原子 X 结合构成三棱柱结构，相邻两层的硫族原子 X 在晶格 c 轴方向重合；八面体配位是过渡金属 M 原子与其周围 6 个硫族原子 X 结合构成八面体结构，相邻两层的硫族原子 X 在晶格 c 轴方向不重合，而是错开了 60° 均匀分布在金属 M 原子周围。不同的过渡金属和硫族元素的组合依赖于各自热力学稳定的配位方式。根据堆叠方式的不同，过渡金属硫化物可形成 1T、2H 和 3R 等 3 种不同结构。其中，1、2、3 代表晶胞中包含 X—M—X 单元的数目，T、H 和 R 代表的对称方式分别为四方对称、六方对称和菱形对称，三者均属于六方晶系，如图 4.2b 所示 [2]。

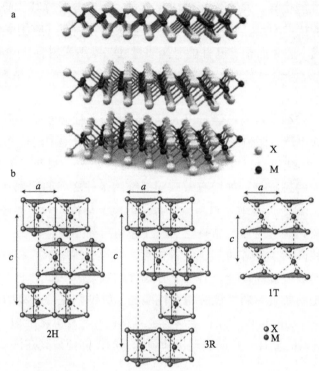

图 4.2　过渡金属硫化物的分子结构和 1T、2H 和 3R 模型结构[2]

4.1.2　过渡金属硫化物的性质

　　根据化学元素周期表的排布，可推断出不同组合的二维过渡金属硫化物，它们表现的性质取决于其不同的化学组成，可以是半导体（MoS_2、WS_2 等）、半金属（WTe_2、$TiSe_2$ 等）、全金属（NbS_2、VSe_2 等）和超导体（$NbSe_2$、TaS_2 等）。单层或几层厚度的二维过渡金属硫化物，由于其组成多样化、晶体结构可调节和独特的二维形态，赋予它们卓越的物理、化学、电子和光学性质。而且，二维过渡金属硫化物具有较强的结构调控性，其晶体结构、层数和堆叠顺序不同，则其性质不同。譬如，$2H\text{-}MoS_2$ 是半导体性的，而 $1T\text{-}MoS_2$ 是金属性的。半导体性的 $2H\text{-}MoS_2$ 具有间接带隙，但将 $2H\text{-}MoS_2$ 剥离成单层时，则转化为金属性的 $1T\text{-}MoS_2$，表现出直接的电子和光学带隙，具有较强的光致发光特性。

　　过渡金属硫化物的能带结构与层数相关。譬如，块状 MoS_2 的禁带宽度为 1.3 eV，为间接禁带；随着层数变少而禁带宽度变大，单层 MoS_2 的禁带宽度为 1.8 eV，为直接禁带。碱金属插层法可使一些过渡金属硫化物发生相转变。譬如，锂插层 $2H\text{-}MoS_2$ 可使 $1T\text{-}MoS_2$ 形成，而 $1T\text{-}MoS_2$ 的导电性为 $2H\text{-}MoS_2$ 的 10^7 倍；锂插层法亦可诱导 $1T\text{-}TaS_2$ 向 $2H\text{-}TaS_2$ 转变。相转变是由于碱金属 s 轨道的电子向过渡金属 d 轨道转移，而只有部分 TMDs 发生相转变，从而形成 2H/1T 即金属态 / 半导体态杂化材料。TMDs 具有电子结构的多样性和可调控性，使其可应用于能量转换和存储、催化、传感、存储器件等领域。

目前，如何调控二维过渡金属硫化物的结构以增强其应用性能，非常重要。人们广泛关注的二维层状过渡金属硫化物有 MoS_2、TiS_2、TaS_2、WS_2、ReS_2、$MoSe_2$ 和 WSe_2 等。

4.1.3 过渡金属硫化物的制备方法

二维过渡金属硫化物的制备方法较多，基本可分为两种思路：第一种为自上而下减薄法，以块体、厚层过渡金属硫化物为原料，采用各类剥离手段得到 TMDs 薄层，主要方法有机械剥离法和液相剥离法等；第二种则是自下而上生长法，通过前驱体化合物生长得到 TMDs 薄层，主要方法有化学气相沉积法（CVD）、物理气相沉积法（PVD）和水热/溶剂热法。

（1）机械剥离法

机械剥离法是指将思高（Scotch）胶带黏附于过渡金属硫化物的块体材料上，用镊子按压后取下胶带，再将该胶带进行多次对折—撕开操作，如此可使黏附于胶带表面上的过渡金属硫化物薄片剥离。

随后，将胶带上的薄膜材料转移至硅片基底，即可获得少量 TMDs 薄层。此法得到的二维过渡金属硫化物的质量较高，但产量极少且耗时，一般适用于研究二维材料的各类本征物理特性，但无法实际生产应用。

（2）液相剥离法

液相剥离法是将块体材料置于某种特定有机溶剂或水中，借助超声波或小分子插层技术，使过渡金属硫化物薄片从块体上脱落而悬浮于溶剂中，而后将溶剂挥发即可得到过渡金属硫化物片层材料。此法操作简单，可一次性处理大量厚层 TMDs 原料，但产物通常尺寸较小而且较难获得少于 3 层的超薄 TMDs 片。此外，液相剥离法对溶剂要求较高，通常需要高沸点溶剂，但后期溶剂附着在产物表面又无法去除干净。

①超声辅助剥离法：将块体材料置于特定的溶剂中，利用超声波空化而产生的强烈冲击波或微射流，将块体材料剥离得到 TMDs 片层材料。Coleman 等[3]采用超声辅助剥离法在 N-甲基吡咯烷酮（NMP）中大量制得单层或少层 MoS_2 纳米片（图 4.3b）。

②离子/分子插层剥离法：层状 TMDs 存在一定的层间间距，该法正是利用这一点，引导大量活性小分子插入层间，消除范德华力从而将层间撑开得到二维 TMDs 薄片。已报道多种原子、离子和小分子可通过化学气相传输、电化学、离子交换和氧化还原等方法，成功插入 TMDs 层间。目前，最为成熟的是锂离子插层法。2011 年 Eda 团队[4]首次使用正丁基锂（n-butyllithium）作为插层剂，将大量高活性锂离子插入 MoS_2 层间，把富含层间锂离子的 MoS_2 样品置于水中超声，利用锂离子与水剧烈反应产生氢气，削弱层间范德华力，从而高效减薄厚层 MoS_2 样品。化学插层剥离法是一种可有效获得大量二维薄层产物的方法，但由于层间化学作用会对二维 TMDs 片表面造成一定损害，由此会产生一定的空位缺陷（图 4.3a）。

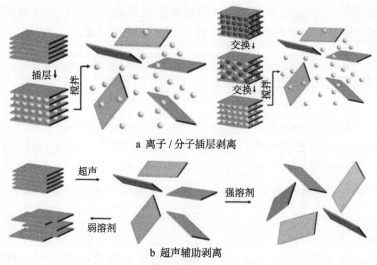

a 离子/分子插层剥离

b 超声辅助剥离

图 4.3 液相剥离法制备 TMDs[5]

（3）电化学沉积法

电化学沉积法是将金属、合金或金属化合物溶液置于电场作用下，在导电基底上沉积形成过渡金属硫化物，此过程通常伴有电子的得失。常用的基底材料有商用泡沫镍、碳布、铜网等。

电化学沉积制备过渡金属硫化物的方法有很多，主要包括循环伏安法、脉冲电沉积、方波扫描法、恒电位/恒电流法等。电化学沉积法的主要推动力是超电势，具体反应如下：

阳极：$Metal_{bulk} \longrightarrow Metal^{n+} + ne^-$，

阴极：$Metal^{n+} + ne^- \longrightarrow Metal$。

电化学沉积法的优点在于条件温和、操作简单、容易控制等。通过简单控制电沉积的参数，如沉积电压、反应时间、基底的选择，调控材料的成核速率，进一步控制产物的形貌、结构及沉积膜层的厚度等。目前，许多过渡金属硫化物纳米结构或薄膜均是由电化学沉积法制备而成的。Huang 等[6]将电化学法与锂离子插层法相结合，制备 TMDs 材料（如 MoS_2、WS_2、TiS_2、TaS_2、ZrS_2、$NbSe_2$、WSe_2 等）、BN 和石墨烯纳米片。在一个锂离子电池装置中，以块体层状材料为阴极、锂箔为阳极、水或乙醇溶液作为电解液。充电时锂离子嵌入层状材料的层间，形成锂离子插层化合物；放电时，锂和水（或乙醇）反应产生氢气，使得相邻层剥离。在超声波的剧烈作用下，最终得到分散良好的纳米片。相比于单纯锂离子插层法，这种电化学法与锂离子插层法相结合的方法反应时间较短、反应温度较低，且可通过监测放电曲线来控制锂的嵌入过程，避免因锂离子嵌入不足而使单层纳米片的产率降低，或锂离子嵌入太多导致二维纳米材料的结构发生分解。此外，此法制备的二维 TMDs 材料的本征电学性质发生改变，使其在电子器件上的应用受到限制。

（4）气相沉积法

气相沉积法是一种典型的自下而上生长大面积二维材料（如石墨烯、TMDs、氮化硼等）的方法，主要包括化学气相沉积法（CVD）和物理气相沉积法（PVD）两种。

化学气相沉积法通常采用固态前驱体粉末（钼粉、钨粉和金属氧化物）和硫属粉末

（硫粉、硒粉），在惰性流动气氛（氮气、氩气及氩氢混和气体）下高温挥发，最终在合适基底（SiO₂/Si、石英、氧化铝、金属基片）上形成核生长，得到二维 TMDs 薄片。化学气相沉积法制备二维 TMDs 薄片，具有高效、可控且产物性能高等优点。合成二维过渡金属硫化物主要分为 3 种类型：第一，直接将过渡金属硫化物的前驱体在高温下直接汽化分解，形成的产物在特定的基底上沉积而得到二维过渡金属硫化物薄片；第二，以过渡金属薄膜为原料，直接高温硫化得到二维过渡金属硫化物；第三，以过渡金属氧化物作为原料，通过高温硫化的方法得到二维过渡金属硫化物。

物理气相沉积法则是直接使用过渡金属硫化物粉末为前驱体，在高温下蒸发使其分子重新排列沉积于基底上形成二维过渡金属硫化物层状片。这类方法可在特定衬底上获得大面积二维 TMDs 薄片，但缺点是后续转移材料和制备器件的过程比较繁琐。

（5）水热 / 溶剂热法

水热 / 溶剂热法是合成过渡金属硫化物纳米材料的一种自下而上的化学合成法，是指在密闭反应容器（如反应釜）中，以水或其他溶剂为反应溶液，在高温高压作用下，使得反应容器内的反应物溶解并重新结晶生长，进而得到所需反应产物的过程。与其他合成方法相比，水热 / 溶剂热法具有简单、通用性强、易于调控材料组分及形貌等特点，制备的产物具有纯度高、颗粒大小容易控制、分散性好等优点。合成过渡金属硫化物常用的硫源有硫代乙酰胺、二硫化碳、硫化钠、半胱氨酸和硫脲。影响水热反应和溶剂热反应的因素有很多，如前驱体（金属盐及硫源）的种类、溶液 pH 值、反应物浓度、反应时间等。截至目前，水热 / 溶剂热法在合成过渡金属硫化物上取得了很大进展，其制备出的纳米结构多种多样，如 MoS₂ 空心立方笼结构、CuS 微管结构、FeS₂ 纳米网、CoS₁.₀₉₇ 花状结构等。

4.1.4　过渡金属硫化物基导电复合材料的制备方法

过渡金属硫化物比相应的过渡金属氧化物相的电导率高几个数量级，在电化学反应过程中表现出较快的电子传输速度。此外，过渡金属硫化物的储量丰富、价格低廉，在产业化过程中有利于降低商业化制造成本。然而，与相应的氧化物类似，过渡金属硫化物同样存在着严重的体积效应，致使其循环稳定性差、倍率性能差。因此，若能更好地发挥过渡金属硫化物的性能，与碳材料、导电聚合物和贵金属纳米颗粒等复合，可抑制活性颗粒的团聚现象和体积效应，在复合材料独特结构的协同效应下表现出优异的电化学性能，可有效提高过渡金属硫化物的循环稳定性和倍率性能。

4.1.4.1　碳 / 过渡金属硫化物复合材料

碳材料具有良好的导电性能和机械性能。过渡金属硫化物与碳材料复合后，一方面碳材料可以形成导电网络，加速电子的转移速度，减小复合材料的电阻，提高倍率性能；另一方面，一定形态的碳材料具有优异的机械性能，如可压缩、可拉伸、可弯折等，可使复合电极材料部分保持碳材料机械性能，再协同过渡金属硫化物优异的电化学性能，形成兼具柔性和高性能的复合导电材料。碳材料如石墨、碳纳米管和石墨烯等是最常见的锂离子电池阳极材料。其中，石墨易得、价格便宜，但其理论容量仅为 372 mA·h·g^{-1}。低容量碳材料不能满足锂离子电池高性能的需求。然而，碳材料具有高导电性的优点，可与过渡金属硫化物复合，制备用于锂离子电池的新型阳极材料。Zhang 等 [7] 采用化学气相沉积法在 MoS$_2$ 纳米棒上沉积薄碳层，获得碳包覆 MoS$_2$（C-MoS$_2$）纳米棒。结果显示，C-MoS$_2$ 被用作锂离子电池的阳极材料时，与未涂覆的 MoS$_2$ 纳米棒相比，C-MoS$_2$ 纳米棒的可逆性和循环性能显著增强。在电流密度 200 mA·g^{-1} 下循环 80 次，仍保留 621 mA·h·g^{-1} 的高容量，表明薄碳层可有效提高 MoS$_2$ 纳米棒的稳定性。

碳纳米管为管状结构，具有尺寸小、各向异性强等特点，且嵌锂体积膨胀率在 10% 左右，与锂的膨胀率相近，与过渡金属硫化物复合可得到相容性较好的电极材料。Lu 等 [8] 制备网络状碳纳米管（CNTs），并与 MoS$_2$ 复合得到 MoS$_2$/ CNTs 材料，用于锂离子电池的新型阳极材料。结果表明，该复合材料可提供高而稳定的锂离子存储能力和良好的倍率性能。在充放电电流 200 mA·g^{-1} 下循环 10 次后，放电容量为 1450 mA·h·g^{-1}。当电流密度增加到 400 mA·g^{-1}、600 mA·g^{-1}、800 mA·g^{-1} 和 1000 mA·g^{-1} 时，10 次循环后相应的脱锂容量分别为 1431 mA·h·g^{-1}、1367 mA·h·g^{-1}、1302 mA·h·g^{-1} 和 1224 mA·h·g^{-1}。当电流回到 200 mA·g^{-1} 时，脱锂容量恢复到 1535 mA·h·g^{-1}，这表明复合材料具有优异的倍率性能。

石墨烯是碳原子以 sp^2 方式杂化的二维平面结构，独特的蜂窝状晶格赋予其许多优异的性质，如超高比表面积、高室温载流子迁移率和良好的导热性等。因此，掺入石墨烯可有效提高过渡金属硫化物的电化学性能。Wang 等 [9] 采用改进的伯奇（Birch）还原法将石墨剥离成少量石墨烯，并进行表面修饰得到功能化石墨烯（f- 石墨烯）。在 f- 石墨烯上烷基、羧基官能团位置原位合成 MoS$_2$ 纳米颗粒，在 MoS$_2$ 纳米颗粒和石墨烯层之间形成桥接以有效促进电子传输且避免 MoS$_2$ 和石墨烯的堆积。用作锂离子负极材料时，这种独特的 MoS$_2$/f- 石墨烯异质结构有高的比容量和良好的倍率容量。即使电流密度高达 1.6 A·g^{-1}，容量仍然达到 910 mA·h·g^{-1}。当电流密度再次降为 0.1 A·g^{-1} 时，MoS$_2$/f- 石墨烯保留了高达 1169 mA·h·g^{-1} 的平均容量。因此，嵌入 f- 石墨烯显著提高了 MoS$_2$/f- 石墨烯的比容量和循环稳定性。

4.1.4.2 导电高分子 / 过渡金属硫化物复合材料

当过渡金属硫化物应用于超级电容器时，仍存在一些主要问题，如二维 MoS$_2$ 只有在极低的扫描速率下才能表现出高的比电容，高扫描速率下其比电容下降较多，致使过渡金属硫化物的功率密度及倍率性能不高。例如，韩国济州国立大学 Kim 教授课题组 [10] 采用水热法制备中孔 MoS$_2$ 纳米材料，该材料在扫描速率 1 mV·s^{-1} 下的比电容为 376 F·g^{-1}。随着扫描速率增加至 50 mV·s^{-1}，比电容下降 80% 左右。高扫描速率或高电流密度下，过渡金属硫化物的电容性能不高的主要原因有如下几个方面：① TMDs 具有 2H 和 1T 相的晶体结构。2H 相 TMDs 为体相，其电导率和电容性能较低。②虽然 1T 相 TMDs 具有高电导率，但是相邻 TMDs 片层之间的电子 / 离子电导率低。③剥离后的 TMDs 重新堆积后的层间距极小，约为 0.65 nm，而溶剂化离子的直径则稍大于该层间距。因此，高扫描速率或高电流密度下

不易于离子在 MoS_2 层间畅通传输，二维层状 MoS_2 高比表面积利用率下降。

导电高分子（Conductive Polymers，CPs）插入二维层状过渡金属硫化物中，可取长补短达到优势互补的目的，从而获得高性能的导电复合材料。大量研究表明，CPs 作为客体插入二维层状过渡金属硫化物具有以下优势：①高导电性的 CPs 为过渡金属硫化物提供层与层之间的桥梁作用，提高过渡金属硫化物的层间导电性；②高电容的 CPs 可以进一步提高过渡金属硫化物的电容性；③CPs 纳米线、纳米颗粒、纳米针等结构形貌可控，可采用不同的方法在单层、少层或多层过渡金属硫化物上得到形貌及厚度可控的 CPs，有利于调控 MoS_2 的层间距和层间的空间构型，从而提高过渡金属硫化物层间的离子浓度并缩短离子的扩散路径；④CPs 的分子结构数量多、侧链上的功能基团丰富，有利于调节过渡金属硫化物复合材料的能带隙；⑤带正电荷的 CPs 与带负电荷的 MoS_2 之间的静电作用及分子之间的氢键作用，有利于 CPs 在过渡金属硫化物表面进行自组装；⑥最重要的是带正电荷的 CPs 能使 1T 相过渡金属硫化物的结构更加稳定。

4.1.4.3　贵金属纳米颗粒 / 过渡金属硫化物复合材料

贵金属纳米颗粒 / 过渡金属硫化物复合材料主要有两种制备方法：①采用物理沉积法将贵金属纳米颗粒直接与过渡金属硫化物进行复合，主要包括溅射沉积技术、电子束蚀刻（Electron Beam Lithography，EBL）技术、旋涂法和热蒸发法。②采用化学还原沉积法构筑复合纳米结构，即在金属前驱体与还原剂的反应过程中直接插入单层或少层的过渡金属硫化物，使生成的贵金属纳米颗粒沉积到过渡金属硫化物上。

（1）物理沉积法

物理沉积法是构筑贵金属纳米颗粒 / 过渡金属硫化物复合材料最常用的方法。该法首先采用溅射、热蒸发、旋涂等物理方法在基底或待复合样品上沉积一层贵金属纳米颗粒，然后采用 EBL 法去除贵金属纳米颗粒层上的多余部分，得到具有一定形貌的纳米结构。物理沉积法的主要优点是方法成熟、操作简便，采用 EBL 法可制备多种形貌的复合材料。胡伟达课题组[11]采用热蒸发法在少层的 MoS_2 薄膜上沉积了一层厚度约为 4 nm 的金膜，然后利用 EBL 法在金膜上制备周期排列的 Au 矩形（160 nm×180 nm）纳米阵列，成功构筑 Au-MoS_2 纳米复合材料，结果发现其光生电流得到增强。

除 Au-MoS_2 纳米复合材料外，采用物理沉积法还成功制备了 Ag-MoS_2、Ag-WS_2、Au-$MoSe_2$、Au-WS_2 等复合纳米结构。Butun 等[12]采用 EBL 法在 MoS_2 单层薄膜上制备银纳米盘阵列，研究了纳米盘直径的变化对纳米复合材料光电性能的影响，并结合等离激元耦合模型对实验结果进行分析。Podila 课题组[13]将 MoS_2 或 WS_2 分散液均匀地旋涂于银膜基底上，成功制备 Ag/MoS_2 和 Ag/WS_2 纳米复合材料，并用该复合纳米结构取代传统的 Ag-SiO_2 传感器，使其荧光强度大幅增强。

（2）化学还原沉积法

化学还原沉积法将二维过渡金属硫化物浸入金属前驱体溶液中，在还原剂的作用下（如柠檬酸钠（$Na_3C_6H_5O_7 \cdot 2H_2O$）、抗坏血酸（$C_6H_8O_6$）、半胱氨酸（$C_3H_7NO_2S \cdot H-Cl \cdot H_2O$）、硼氢化钠（$NaBH_4$）、羟胺（$NH_2OH$）、$N_2H_4 \cdot 2H_2O$ 等），生成的贵金属纳米颗

粒沉积于单层或少层的过渡金属硫化物，从而构筑贵金属纳米颗粒 / 过渡金属硫化物复合材料。Singha 等[14]将少层 MoS₂ 薄膜直接浸于四水合氯金酸（HAuCl₄·4H₂O）中，通过控制浸泡时间来改变金纳米颗粒（Au NPs）在 MoS₂ 薄膜表面缺陷位置处的沉积量。该方法具有操作简便、成本低等优点，但只能在 MoS₂ 缺陷位置沉积 Au NPs。此外，改变 Au 的前驱体和还原剂的种类，也可制备具有不同形貌和尺寸的 Au NPs/MoS₂ 复合结构。

除 Au NPs 以外，其他贵金属纳米颗粒如 Ag、Pd、Pt 等也可通过化学还原沉积法与单层或少层 MoS₂ 薄膜复合构筑二维纳米复合材料。Zhou 等[15]将硝酸银（AgNO₃）和有机官能团修饰的 MoS₂ 水溶液在室温下混合，以 NaBH₄ 做还原剂，构筑 Ag/MoS₂ 的复合纳米结构。该法亦可用于其他贵金属纳米颗粒 / 过渡金属硫化物纳米复合结构的制备，提供了一种新的思路。表 4.1 对比了上述两种制备方法。

表 4.1 物理沉积法和化学还原沉积法制备贵金属纳米颗粒 / 过渡金属硫化物复合材料的优缺点比较

制备方法	优点	缺点
物理沉积法	技术成熟，贵金属纳米颗粒形貌可控	纳米颗粒尺寸较大，复合材料的厚度不可控
化学还原沉积法	一步合成，纳米颗粒尺寸较小	需对 TMDs 进行预处理、改性修饰

除了碳材料、导电高分子和贵金属纳米颗粒外，其他材料包括金属氧化物（如 MoO₃、WO₃ 和 Fe₃O₄）、金属有机骨架（MOFs）和有机小分子亦可与二维 TMDs 薄片复合。譬如，将高活性量子点（QDs）负载于二维 TMDs 薄片是当前关注的热点之一。Zaumseil 等[16]将颗粒尺寸 10 nm 以下 PbSe 量子点成功负载于二维 MoS₂ 和 WS₂ 纳米薄片上，形成二维杂化材料，该复合材料结合 PbSe 量子点优异的光敏感性及二维材料特殊片层结构。当用近红外光（λ > 1200 nm）照射时，基于该复合材料构建的光电探测器表现清晰且稳定的光电导率，且基于该复合材料，在 PET 基材上构建的柔性器件表现出优异的弯折稳定性。

4.1.5 过渡金属硫化物基导电复合材料的应用

4.1.5.1 锂离子电池负极材料

过渡金属硫化物具有优异的储能性能，通常比其相应的金属氧化物具有更高的电导率和机械稳定性。单一过渡金属硫化物材料被用作锂离子电池（LIBs）电极时远不能满足 LIBs 的性能要求。因此，需制备具有优异性能的过渡金属硫化物基纳米复合材料，作为 LIBs 的电极材料。

（1）硫化锰（MnS）

MnS 具有优异的储锂能力，理论比容量高达 616 mA·h·g⁻¹，具有转化电位低、制备方法简单等优点。但是，在锂离子嵌入 / 脱嵌过程中，较大的体积变化使 MnS 电极的循环性能严重下降。Chen D 等[17]采用一种简单的溶剂热法，制备介孔硫化锰（α-MnS）和三维网络石墨烯纳米复合材料。在合成过程中，将四水合乙酸锰［Mn（CH₃COO）₂·4H₂O］和 L- 半胱氨酸加入含有氧化石墨烯纳米片的 N，N- 二甲基乙酰胺（DMAC）悬浮液，在氧化石墨烯纳米片还原得到石墨烯纳米片的同时，Mn²⁺ 也还原得到 MnS 纳米团簇，最后制得介孔 MnS 纳米颗粒交联三维石墨烯的复合材料。rGO/MnS 电极材料的放电、充电比容量分别为 1512 mA·h·g^{-1}、1003 mA·h·g^{-1}，远高于纯 MnS 的理论比容量（616 mA·h·g^{-1}）。rGO/MnS 电极经过 3 次循环后，放电和充电比容量仍能达到 987 和 976 mA·h·g^{-1}。在 0.1A·g^{-1}、0.2A·g^{-1} 和 0.5 A·g^{-1} 的高电流密度下，rGO/MnS 电极仍能分别保持 960 mA·h·g^{-1}、780 mA·h·g^{-1} 和 620 mA·h·g^{-1} 的高比容量，具有优异的倍率性能。

（2）硫化铁（FeS$_2$）

硫化铁又称黄铁矿，是一种天然丰富、低成本、高理论比容量的电极材料（890 mA·h·g^{-1}），被用于商业锂电池（Li-FeS$_2$）。FeS$_2$ 作为电极材料，在电化学反应过程中，锂离子嵌入形成 Li$_{2-x}$Fe$_{1-x}$S$_2$ 中间产物，其在充放电过程中的可逆性受温度变化的影响较大，电化学反应机制为：

$$FeS_2 + 2Li^+ + 2e^- \longrightarrow Li_2FeS_2 \quad （1.8 V），$$

$$Li_2FeS_2 + 2Li^+ + 2e^- \longrightarrow Fe + 2Li_2S \quad （1.6 V）。$$

由于 FeS$_2$ 在放电过程中产生硫化锂和金属铁，锂硫化物容易在铁上生长，因此提高了硫化锂的利用率和 FeS$_2$ 电极的循环性能。更重要的是，在循环中没有直接形成多硫化锂，抑制了穿梭效应，因此，可以提供高的库仑效率。通过利用 FeS$_2$ 纳米结构的优点，将其和碳材料进行复合可以大幅提升 FeS$_2$ 的性能。Gan Y 等[18]通过简单的生物模板方法成功地合成了黄铁矿 FeS$_2$ 和掺硫碳（S-C/FeS$_2$）复合纤维，可用作锂离子电池的负极材料。S-C/FeS$_2$ 电极 100 次循环后仍保持较高的可逆比容量 689 mA·h·g^{-1}，在 0.1 A·g^{-1}、0.2 A·g^{-1}、0.5 A·g^{-1}、1.0A·g^{-1}。和 2 A·g^{-1} 电流密度下循环 10 次后，比容量分别为 1200 mA·h·g^{-1}、900 mA·h·g^{-1}、700 mA·h·g^{-1}、550 mA·h·g^{-1} 和 400 mA·h·g^{-1}，其优异的电化学性能可归因于高导电性的掺硫碳和 FeS$_2$ 纳米颗粒的均匀分布。硫掺杂的碳基质作为有效的缓冲层，有助于缓解体积应变，阻止 FeS$_2$ 在循环过程中的团聚，从而保证了 S-C/FeS$_2$ 高的电化学性能。

（3）硫化镍（NiS）

用作锂离子电池负极材料，硫化镍具有高的理论比容量，但其循环稳定性一直是棘手的问题。硫化镍的存在形式有：Ni$_{3+x}$S$_2$、Ni$_3$S$_2$、Ni$_4$S$_{3+x}$、Ni$_6$S$_5$、Ni$_7$S$_6$、Ni$_9$S$_8$、NiS、Ni$_3$S$_4$ 与 NiS$_2$ 等。通过对 NiS$_2$、NiS、Ni$_3$S$_2$ 和 Ni$_3$S$_4$ 的循环性能研究发现，硫化镍在放电结束后、充电过程中 Ni 和 Li$_2$S 的转化效率较低；在充电结束后，主要生成了 NiS 和 Ni$_3$S$_2$，且硫溶解到电解液中。此外，在锂化/脱锂过程中，由于体积变化较大而引起严重的机械降解和粉化问题，导致比容量迅速衰减。为了获得高的可逆容量和长循环寿命，人们使用碳材料优化 NiS 纳米结构，含碳材料可极大地缓冲 NiS 纳米材料体积的变化，同时增加电极材料的导电性和机械稳定性。Pi W 等[19]采用 EDTA-2Na 辅助水热法，添加适量的氧化石墨烯（GO）合成榴梿状 NiS$_2$/rGO 纳米复合材料。该复合材料的放电比容量高达 1053 mA·h·g^{-1}。

（4）硫化钼（MoS$_2$）

MoS$_2$ 具有特殊的二维层状结构、优异的物理和化学性能，用作锂离子电池负极材料，其理论比容量为 670 mA·h·g^{-1}，在首次充放电过程中，具有较好的可逆性。锂嵌入 MoS$_2$ 纳米片电极存在 4 种可能性：①锂离子插入纳米片中；②锂离子插入纳米片的缺陷部位；③锂离子通过开放端插入中空芯部位；④锂离子插入 MoS$_2$ 层位点以形成 Li$_x$MoS$_2$。

在锂嵌入 / 脱出循环过程中，MoS_2 材料由于体积变化较大，因此，会带来容量衰退和速率不理想的困扰。可以将各种碳材料与 MoS_2 进行复合改善 MoS_2 的性能。Wang 等[20] 通过添加十六烷基三甲基溴化铵（CTAB）合成单层 MoS_2/ 石墨烯纳米片（SL- MoS_2/GNS）复合材料，用作锂离子电池负极材料时，具有较高的可逆容量和良好的循环稳定性。纯 MoS_2 的首次放电容量和充电容量分别为 1091 和 825 $mA \cdot h \cdot g^{-1}$，而 SL-MoS_2/GNS 复合材料的首次放电容量和充电容量分别为 1367 $mA \cdot h \cdot g^{-1}$ 和 912 $mA \cdot h \cdot g^{-1}$。尤其在大电流密度下，复合材料的倍率性能和循环稳定性远超过纯 MoS_2。

（5）硫化钨（WS_2）

WS_2 是一种石墨烯层状材料，其理论比电容量为 433 $mA \cdot h \cdot g^{-1}$，比商品石墨的比容量（372 $mA \cdot h \cdot g^{-1}$）更高。然而，WS_2 的电子电导率较低，脆性相对较高，从而限制了 WS_2 在锂离子电池的应用。而具有纳米结构的 WS_2 可缩短锂离子插入 / 嵌入过程中电子和锂离子传输的途径，可获得更好的导电性和快速的充 / 放电效率。Lv W 等[21] 将大孔聚苯乙烯珠粒浸渍在钨酸中，与带负电荷的磺酸盐基团共价结合，随后在硫蒸气下进行碳化，得到均匀的 WS_2 纳米颗粒和聚苯乙烯衍生多孔碳（PDPC）复合材料（PDPC/WS_2）。与纯 PDPC 相比，WS_2 纳米粒子的嵌入极大改善了电化学性能。在 1 $A \cdot g^{-1}$ 的高电流密度下，超过 1000 次循环后的电池效率仍达到 100%，1220 次循环后可逆比容量保持在 282 $mA \cdot h \cdot g^{-1}$。将电流密度调至 2 $A \cdot g^{-1}$，PDPC/WS_2 负极在经过 1000 次和 2000 次以上的循环后仍能保持 81% 和 70% 的容量。

（6）硫化钴（CoS 和 CoS_2）

在负极材料中，CoS 和 CoS_2 的理论比容量高达 590 和 870 $mA \cdot h \cdot g^{-1}$。但是，由于 CoS 和 CoS_2 的导电性差和体积变化大，使其在 LIBs 中的应用严重受阻。而纳米结构的 CoS 和 CoS_2 及其复合材料可有效改善离子扩散、电子传输和容量扩展，克服了结构粉化。碳材料可吸附并捕获负责穿梭效应的多硫化物中间体，使硫化钴材料的循环寿命更长。Zhang Y 等[22] 通过简单的冷冻干燥法和水热法将 CoS_2 纳米颗粒（约 20 nm）均匀固定在海绵状碳基体上得到海绵状 CoS_2/C 复合材料。作为锂离子电池的负极材料，由于复合材料中碳基体和多孔结构的导电性而具有协同效应，显示出较好的锂储存性能，并且提供了用于体积膨胀的缓冲空间及在充 / 放电过程中电子和离子的可行转移途径。CoS_2/C 复合材料的第一次放电和充电比容量分别为 1420 $mA \cdot h \cdot g^{-1}$ 和 796.5 $mA \cdot h \cdot g^{-1}$ 均伴有 56.1% 的库仑效应。经过 120 次循环后，电极的比容量高达 610 $mA \cdot h \cdot g^{-1}$。另外，CoS_2/C 复合材料也具有优异的倍率性能，在 2 $A \cdot g^{-1}$ 的高电流密度下依然表现出 391.5 $mA \cdot h \cdot g^{-1}$ 的高比容量。

（7）硫化铜（CuS）

CuS 除具有较高的理论比容量（约 560 $mA \cdot h \cdot g^{-1}$），还具有平坦的充放电平台和良好的电子导电性等优点。其最大问题是循环容量快速衰减，导致其高容量无法保持。因此，构建纳米结构以减小材料的尺寸，与碳基质复合以提高导电性并缓冲体积变化来改善性能。Iqbal S 等[23] 通过水热合成法制备了六方结构 CuS 纳米片（CuS NPs），在 CuS NPs 和石墨烯纳米片（GR NSs）作为基体的情况下，原位聚合苯胺得到了石墨烯 / 聚苯胺 /CuS 纳米复合材料（GR/PANI/CuS NPs）。该三元复合电极材料在 100 mA·g⁻¹ 的电流密度下，第一次充放电循环中，电流充电、放电比容量分别为 1265 mA·h·g⁻¹、1655 mA·h·g⁻¹，其库仑效率为 76.5%；在 250 次循环后，放电比容量达到 1255 mA·h·g⁻¹，库仑效率大于 99.25%。GR/PANI/CuS NPs 负极材料表现出良好的循环性能、较高的热稳定性、优异的可逆电流容量、高电流密度表面积及高库仑效率（99%）。

4.1.5.2　超级电容器

超级电容器是一种新型储能设备，它具有功率密度大、快速充放电、超长循环周期、温度范围特性好、节约能源和对环境无污染等特点。但是电荷存储密度相对比较低，一次充电后不能长时间供电是超级电容器的主要缺点，同样也阻碍了作为动力电源的发展应用。电极材料、电解质、隔膜、集流体构成了超级电容器的主要结构。电极材料的好坏直接影响着超级电容的性能。因此，寻找能量密度高、功率密度大、超长循环寿命、性能稳定的优异电极材料来提高超级电容器性能是当务之急。

二维过渡金属硫化物具有类石墨烯的结构和特性。与碳基材料的低能量密度、金属氧化物的低电导率相比较，二维过渡金属硫化物具有更大的比电容。过渡金属硫化物的主要缺点就是循环稳定性差和倍率能差。因此，与碳材料、导电聚合物、贵金属纳米材料复合，是有效提高循环稳定性和倍率性能的方法之一。二维层状结构的 MoS₂ 导电性较差，人们将导电性良好的物质与 MoS₂ 复合，如石墨烯、导电聚合物（PANI、PPy）、碳复合物等。Yang 等[24] 在层状 MoS₂ 上生长 PANI 后，再以葡萄糖为碳源，包覆一层大约 3 nm 厚度的碳壳，制备得到的 PANI/C/MoS₂ 复合材料展现出良好的电化学性能，在 1 mV·s⁻¹ 的扫描速率下，容量可达到 678 F·g⁻¹，倍率性能保持良好（81%，1～10mV·s⁻¹），在 10 000 次循环之后，其容量保持率为 80%。此外，Ren 等[25] 致力于提升 PANI/MoS₂ 复合物的倍率性能，在三维管状 MoS₂ 表面可控生长 PANI 纳米阵列，当电流密度从 0.5 A·g⁻¹ 增大至 30 A·g⁻¹ 时，其倍率性能保持率高达 82%。实验表明，良好的倍率性能得益于复合材料独特结构的协同效应。

形貌和结构是影响纳米材料性能和特性的重要因素。长期以来，人们一直致力于优化纳米材料的结构并探索不同的制备方法，以期合成高能量密度、超长循环寿命的过渡金属硫化物纳米电极材料。核—壳结构复合材料，内层材料为"核（core）"，表面覆盖的外层材料为"壳（shell）"，形成一种复合结构，通常以"核—壳"或者"核—壳—壳"的形式表示这种复合材料的结构。核、壳的材料选择多样化，且一般为不同种类的物质，其目的是为了利用复合结构的协同效应。核壳结构在构造上如图 4.4 所示[26]。核壳结构按照物质的化学组成可以分为"无机物—无机物""有机物—有机物""无机物—有机物""有机物—无机物"。核壳结构不局限于纳米材料，也适用于尺寸较大的材料。过渡金属硫化物的理论容量较高，可将其设计成核—壳结构，可得到性能更加优异的超级电容器电容材料。Wang 等[27] 采用一步水热法合成的 Ni₃S₂/CdS 核—壳纳米结构，在 2 mA·cm⁻² 电流密度下，容量为 2100 F·g⁻¹，表现出很高的比容量；在 15 mA·cm⁻² 的电流密度下，容量保持率为 86.7%，具有良好的倍率性能；在 6 mA·cm⁻² 的电流密度下，循环 4000 次后，容量是初始容量的 130%，具有优异的循环稳定性。

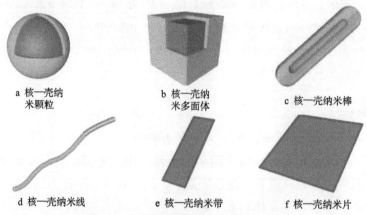

a 核—壳纳米颗粒　　b 核—壳纳米多面体　　c 核—壳纳米棒

d 核—壳纳米线　　e 核—壳纳米带　　f 核—壳纳米片

图 4.4　多种核壳结构复合材料模型 [26]

4.1.5.3　电催化领域

氧还原反应（ORR）发生在气、液、固三相界面之间，其反应机制相对复杂。通常氧还原反应机制可根据反应环境不同而分为水系电解液和非水系电解液两种体系。一般选碱性溶液（KOH 溶液）为电解液，反应机理如下：

负极：$M \longrightarrow M^{n+} + ne^-$（M 为金属）

正极：$O_2 + 2H_2O + 4e^- \longrightarrow 4OH^-$

总反应：$4M + nO_2 + 2nH_2O \longrightarrow 4M（OH）_n$

目前，普遍认为的氧还原反应为四电子转移的途径，具体反应机制为：

$O_2 + 2H_2O + 4e^- \longrightarrow 4OH^-$

当溶液中的氧分子以桥基式和侧基式的形式吸附在催化剂表面时，此时的两个氧原子均可以吸附在催化剂表面，若金属活性位与氧原子间的相互作用较强时，O—O 键会从中断裂形成 O 原子，进一步发生四电子转移反应。氧还原反应的催化剂主要包括贵金属、金属氧化物、金属硫化物及其复合材料等。

析氧反应（OER）是一个多电子的电化学反应。反应过程涉及多个中间步骤与不同的中间产物。析氧催化剂分为以下两种：①稳定的金属氧化物，如 PtO_2、PdO_2 等。在反应过程中吸附在反应中间体 HO_2^- 上；②催化剂本身阳离子价态处于较高态或较低态，如 Ru、Co、Ni 的化合物等，在析氧电位之前，会形成亚稳态的中间体，随着反应的进行，中间体会分解产生 O_2 而自身被还原。OER 催化剂主要有贵金属及其氧化物材料、过渡金属及其合金与过渡金属硫化物等。

在清洁且可持续的能源系统中，双功能电催化反应（ORR 和 OER）被视为与能源相关的两个主要反应。然而，ORR 和 OER 缓慢的动力学导致催化剂的催化性能减弱，因此，需要较高的电势来引发这些电化学反应。过渡金属硫化物因其合适的电子带隙、能带位置且暴露较多的活性位点，而受到广泛应用。例如，MoS_2、WS_2 和 Co_9S_8 之类的超薄二维金属硫化物纳米结构，具有高的表面积和优良的电子扩散路径，在能量转换和存储研究中显示出优异的物理和化学性质。表面暴露的原子增加了催化剂与电解质界面。然而，具有多晶的纯过渡金属硫化物因其导电性差而表现出较低的催化活性。因此，人们研究新型过渡金属硫化物基复合材料，包括混合或使用高导电性载体材料。例如，碳载体，使过渡金属硫化物具有更大的表面积、更高的电子导电性、良好的机械性能和优异的化学稳定性，从而极大提高了 ORR/OER 性能。

Hong 等[28]使用 N–S 掺杂的碳基质制备 3 种不同的过渡金属硫化物（即 MS/G/NSC，其中 M：Fe、Co、Ni）。MS/G/NSC 与市售 Pt/C 催化剂相比，FeS/G/NSC 催化剂具有高电导率和高暴露活性区域，因此，具有优异的 ORR，其半波电势（$E_{1/2}$）约为 0.88 V。同样，由于高表面积和丰富的活性位点，N 和 S 掺杂的碳包封的 Co_9S_8（Co_9S_8/TDC-900）催化剂表现出优异的电催化活性。Jiang 等[29]采用热溶剂法制得的 $NiCo_2S_4$，表现出良好的 OER，其起始电位和 Tafel 斜率均低至 1.45 V 和 64 mV·dec^{-1}。为了增强电催化活性，将 $NiCo_2S_4$ 与氮和硫共掺杂的石墨烯气凝胶（N，S-MGA）混合以构建 $NiCo_2S_4$/N、S-MGA 复合材料。这些具有过渡金属硫化物的催化剂均表现出优异的双功能催化活性。但是，在高电势下过渡金属硫化物催化剂易被氧化。

4.2　过渡金属碳/氮化物基导电复合材料

4.2.1　过渡金属碳/氮化物的结构

通过选择性蚀刻 MAX 相中的 A 原子，即可制备过渡金属硫/氮化物。MAX 相是一族 70 多种层状的三元金属碳化物、氮化物和碳氮化物，通用的分子式为 $M_{n+1}AX_n$（$n = 1$，2，3），M 代表过渡金属（M = Ti、Sr、V、Cr、Ta、Nb、Zr、Mo、Hf）、A 代表 III 或者 IV 主族元素（主要有 Al、Ga、In、Ti、Si、Ge、Sn、Pb），而 X 代表碳（C）或氮（N）元素。在 MAX 相中，M 原子层和 X 原子层交错排布，以共价键或离子键键合，A 原子层穿插在 M-X 构成的层与层之间，使用外部机械力很难将 MAX 相分层。2011 年，美国德雷赛尔大学的 Gogotsi 和 Barsoum 教授课题组通过巧妙的化学腐蚀法（氢氟酸或者 LiF 和 HCl 的混合溶液为腐蚀剂）将 Ti_3AlC_2、Ti_2AlC、Ta_4AlC_3、$(Ti_{0.5}Nb_{0.5})_2AlC$ 和 Ti_3AlCN 等 MAX 陶瓷相材料中的 Al 元素溶解，获得表面含有丰富活性基团（如 F、O 和 OH 基团）的 Ti_3C_2、Ti_2C、Ta_4C_3、$(Ti_{0.5}Nb_{0.5})_2C$、Ti_3CN 和 Mo_2C 等二维纳米材料。该二维纳米材料的结构通用式为 $M_{n+1}X_nT_x$，其中 X 为 C 或 N 原子，T 为表面活性封端基团，由于与石墨烯结构相似，被命名为 MXene。截至目前，已有超过 30 种 MXene 被合成出来，经计算还有数十种不同的 MXene 能够稳定存在，如 Zr_2C、Ti_3N_2、V_4C_3 等。而对于三元氮化物 MXene，由于 M-A 键要比三元碳化物中的 M-A 键更加稳定，因此，目前只有两种氮化物 MXen 被合成出来，即 Ti_2N 和 Ti_4N_3。而对于 MXene 中的 M 部分，除了含有一种元素外，人们发现 MXene 相可以同时含有两种不同元素，其主要包括固溶体形式和有序相形式，如 $(TiV)_2C$ 和 $(CrV)_3C_2$ 固溶体，以及（Cr$_2$V）C$_2$和（V$_2$Ti$_2$）C$_3$有序相结构的 MXene 材料。

与 MAX 相一样，MXene 具有六方晶体结构，其中 M 原子六方紧密堆积，X 原子则填充在八面体间隙，其通式 M$_{n+1}$X$_n$ 也与 MAX 相保持一致。由于 MXene 无表面基团，因而具有极高的化学活性，在溶液刻蚀法制备 MXene 的过程中很容易与溶液发生反应，形成带有功能键的 MXene（M$_{n+1}$X$_n$T$_x$，T$_x$ 主要代表—F、—OH、—O 官能团）。Tang 等[30]构建了 Ti$_3$C$_2$ 和 Ti$_3$C$_2$X$_2$（X = F，OH）的微观结构模型，如图 4.5 所示。对于表面无功能基团的 Ti$_3$C$_2$，其原子结构主要是按照 Ti$_{(1)}$—C—Ti$_{(2)}$—C—Ti$_{(1)}$ 的顺序呈层状排布，而带有功能团的 Ti$_3$C$_2$X$_2$（X = F，OH），由于功能基团 X 的分布，其原子的结构分布主要分为 3 种类型：① X 功能基团分布于 Ti$_3$C$_2$ 片层的两边，X 基团在 Ti$_{(2)}$ 原子正上方，同时紧邻 3 个 C 原子；②在 Ti$_3$C$_2$ 的两边，X 基团在 C 原子正上方；③这一类可以视为前两种的结合：一边的 X 基团正对 Ti$_{(2)}$ 原子；另一边 X 基团正对 C 原子。此外，X 基团（包括 O 等）在 Ti$_3$C$_2$ 的两边是随机分布的，并没有特定的顺序，且基团之间没有相关性。Hope 等[31] 采用 1H—19F 异质相关谱（HETCOR 谱）发现 Ti$_3$C$_2$ 片层之间并不是只存在单一的表面基团，而是—OH 和—F 同时存在。他们还认为，Ti$_3$C$_2$ 层间存在结构水，并且这些结构水是很难移动的；同时 2D 1H NMR 谱表明 Ti$_3$C$_2$ 片层之间不存在两个相邻的—OH，而且—OH 的数目要远少于—F 和—O。

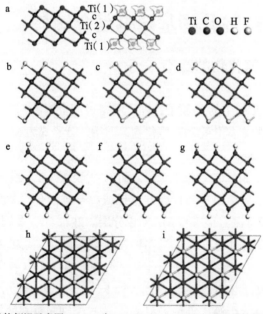

注：a 为二维材料 Ti$_3$C$_2$ 的微观结构侧视示意图；b ~ g 为 Ti$_3$C$_2$X$_2$（X = F，OH）微观结构侧视示意图；h 和 i 为 I -Ti$_3$C$_2$F$_2$ 和 II -Ti$_3$C$_2$F$_2$ 微观结构俯视示意图。

图 4.5　Ti$_3$C$_2$ 的微观结构[30]

4.2.2　过渡金属碳/氮化物的性质

结构决定性质，性质影响应用，MXene 的这种层状结构可赋予其独特的性质，使其可

以像 Nb_2O_5、$VOPO_4$、MoS_2 和 VS_2 等层状材料一样进行离子的存储；MXene 可以做成类似于石墨烯的单片层，使其具有柔韧性、透光性；此外，其层间还有可调控的官能团、水分子，这些均对其性质的多样性、实际应用的多样性提供可能性。与石墨烯相比，MXene 继承了传统二维纳米材料的优异性能，同时表现出了类石墨烯和金属的高导电性（～ 8000 $S \cdot cm^{-1}$），还具有能量高、功率密度高、电磁屏蔽性能强的特点。

迈科烯的导电性在很大程度是由过渡金属原子决定的，如含有较重过渡金属（Mo、W）的迈科烯被预测为拓扑绝缘体。大多数 MXene 是金属性的，只有一小部分为半导体性的。此外，MXene 的导电性也与 X 原子有关，当 X 为氮或者碳、氮时，其导电性要比 X 为碳的 MXene 导电性高，这主要源于氮元素比碳元素具有更多的电子。此外，MXene 的导电性除与组成有关外，还与制备 MXene 的方法息息相关。一般情况下，缺陷少、横向尺寸较大的 MXene 具有优异的导电性。理论预测 MXene 具有优良的导电性，且从实验上直接证实了 MXene 优异的导电性。例如，$Ti_3C_2T_x$ 的 I-V 曲线呈线性电阻关系，是典型的金属性；无论 MXene 的面内还是面外导电性均十分优异，$Ti_3C_2T_x$ 面内导电性比垂直电导率高一个数量级[32]。$Ti_3C_2T_x$ 堆垛体压制成片后测得电导率为 1000 $S \cdot cm^{-1}$，然而经过温和刻蚀法获得少层 $Ti_3C_2T_x$ 迈科烯的电导率约为 4600 ± 1100 $S \cdot cm^{-1}$，通过真空抽滤或旋涂成膜 MXene 电导率高达 6500 $S \cdot cm^{-1}$。除了 $Ti_3C_2T_x$，测得其他 MXene 的电导率，理论与实验均证实 Ti_2CT_x、Mo_2CT_x 等同样具有优异的导电性，表明这类材料在储能领域具有极大的应用潜质。

由于制备方法的限制，采用 HF 刻蚀 MAX 相制备的 MXene，带有—F、—OH、—O 等官能团，这些官能团的存在可改变 MXene 的电子特性。电泳和 ζ 电位测量表明 MXene 带负电，ζ 电位在 –80 mV 和 –30 mV 之间，这可能与表面吸附带负电的官能团有关。Zhang 等[33] 通过密度泛函理论计算表明，载流子在单层—O 吸附的 Ti_2CO_2 材料上沿 x 轴向和 y 轴向具有明显的各向异性，沿 x 轴向的传输速率是沿 y 轴向传输速率的 3 倍。更重要的是，无论是沿 x 轴向还是沿 y 轴向，空穴的传输速率数量级为 $10^4 cm^2 \cdot V^{-1} \cdot s^{-1}$，而电子的传输速率数量级为 $10^2 cm^2 \cdot V^{-1} \cdot s^{-1}$，这说明空穴在 MXene 上的传输速度远高于电子。此外，热处理条件也会对 MXene 的导电性能产生很大的影响，例如，Wang 等[34] 测试对比了高温处理前后 Ti_3C_2 的电学性质，发现经 400 ℃和 600 ℃退火处理的 Ti_3C_2，其导电性能比未处理的 Ti_3C_2 电导有大幅提高，其原因是高温处理减少了 Ti_3C_2 的表面官能团，从而提高了导电性。

此外，MXene 及其复合材料在薄到一定程度会表现出透光性。5 nm 厚的 $Ti_3C_2T_x$ 膜对于波长在 200 ～ 800 nm 的可见光，透过率可达 80% 以上，并且其光电特性可通过阳离子的化学和电化学嵌入来调节。这表明 MXene 薄膜可应用于透明导电电极和光电子器件。

4.2.3　过渡金属碳 / 氮化物的制备方法

MXene 材料通过选择性蚀刻掉 MAX 相中的 A 元素，从而获得 M 和 X 元素交替排列的薄层状结构。大量计算和实验研究表明，MAX 相中的 M—X 键共价键或离子键结合更强，而 M—A 键金属键相对较弱，化学活泼性更强，因此，可以通过化学腐蚀或加热的方法优先破坏 M—A 键而保留 M—X 键，从而获得二维 MXene 材料。虽然高温能破坏 M—A 键，但由于去孪晶过程会使产生的片层状重构形成岩石状三维结构，所以化学蚀刻法被广泛用于制备 MXene 材料。

（1）氢氟酸蚀刻

2011 年，Naguib 博士首次用 HF 蚀刻 Ti_3AlC_2 制得 $Ti_3C_2T_x$，HF 蚀刻就成为制备 MXene 最广泛采用的方法。制备 MXene 的前驱体以含 Al 的 MAX 相为主，其与氢氟酸的反应可分为以下两步：

$$M_{n+1}AlX_n + 3HF = AlF_3 + M_{n+1}X_n + 1.5H_2 \qquad (1)$$
$$M_{n+1}X_n + 2H_2O = M_{n+1}X_n(OH)_2 + H_2 \qquad (2)$$
$$M_{n+1}X_n + 2HF = M_{n+1}X_nF_2 + H_2 \qquad (3)$$

其中，式（1）为第一步，式（2）和式（3）并列为第二步，反应同时发生。由上述反应式可以看出，HF 蚀刻 MAX 相制备的 MXene 材料，其表面含有大量的官能团（如—OH、—F 等），这些官能团虽然在某些程度上影响了该材料的电导率、机械强度等性能，但是由于其表面丰富的官能团，可以使其充分地分散在水相或者其他有机相的溶剂中，有效增强了 MXene 和基体材料的复合性。制备 MXene 的影响因素有很多，如蚀刻时间、氢氟酸浓度、温度等。氢氟酸刻蚀制备的 MXene 往往具有多层的手风琴结构，若想获得少层的 MXene，还需要进行超声机械剥离或者层间插入有机物进行剥离。

氢氟酸蚀刻前驱体制备多层 MXene 的过程中，加入不同的阳离子，有助于增加 MXene 材料的层间距。Lukatskaya 等[35] 在刻蚀溶液中不同阳离子（Li^+、Na^+、Mg^{2+}、K^+、NH^{4+} 和 Al^{3+}），研究其对插层的影响，发现 Al^{3+} 可明显提高 $Ti_3C_2T_x$ 的层间距，不但可以使电解液离子更加有效地与活性电位进行氧化还原反应，而且大大提高电解液离子的传输速率，从而有效提高了其电化学性能。研究还发现，当 MXene 浸没在不同溶液中（KOH、NH_4OH、NaOH、LiOH、Na_2CO_3、K_2SO_4、$MgSO_4$、CH_3COOH、H_2SO_4）插层时，碱性溶液能使晶格指数 c 值大大提高（表 4.2）。

表 4.2　不同工艺条件下 HF 蚀刻 MAX 相制备 MXene 的晶格参数 c 值变化

MXene	MAX	HF 溶液比例（%）	时间（h）	晶格参数 c	
				MAX	MXene
$Ti_3C_2T_x$	Ti_3AlC_2	50	2	1.842	2.051
$Ti_3C_2T_x$	Ti_3AlC_2	49	24	1.830	1.990
$Ti_3C_2T_x$	Ti_3AlC_2	40	20	1.862	2.089
V_2CT_x	V_2AlC	50	8	1.313	2.396
V_2CT_x	V_2AlC	40	168	1.315	2.370

除了离子插层，也可引入尿素、二甲基甲酰胺（DMF）、二甲基亚砜（DMSO）、四丁基氢氧化铵（TBAOH）和四甲基氢氧化铵（TMAOH）等极性有机分子对 MXene 进行插

层，由于增大了层间距而弱化了其层间作用力，最后可通过低功率超声辅助或者简单的震荡或摇晃辅助剥离。然而，插入 MXene 层间的有机分子尽管可以提高层间距，有利于锂离子的迁移扩散，但是插层有机分子的 MXene 导电性则会变差。此外，制备 MXene 的原料除了 MAX 相，还可以是非 MAX 相。例如，Meshkian 等[36]以非 MAX 相的 Mo_2Ga_2C 为原料，通过 HF 选择性蚀刻 Mo_2Ga_2C 中的 Ga 原子层，得到了 MXene 材料 Mo_2C。但是，由于氢氟酸腐蚀性极强，接触易被人体吸收，对健康有害，因此，寻找更有效、更温和、对人体无害的合成方法变得更为重要。

（2）盐酸和氟化盐混合溶液蚀刻

除了直接使用 HF 来刻蚀外，为降低实验的危险系数，含氟盐也被广泛用来作刻蚀剂，如盐酸和氟化盐的混合溶液。将 Ti_3AlC_2 浸没在盐酸和氟化盐的混合溶液，F^- 和 H^+ 会在前驱体的表面原位生成 HF，从而达到蚀刻的目的。这种方法制备的 Ti_3C_2 不需要后续的离子插层操作，溶液中的 Li^+ 由于 Ti_3C_2 表面的负电荷（ZETA 电位为 -63.3 mV）自动插入层片之间，使得晶格参数 c 达到 2.7 ~ 2.8 nm，同时在水溶液中分散时，Ti_3C_2 的 c 值达到 4 nm，大大高于由 HF 蚀刻的 Ti_3C_2 的 c 值 2 nm。盐酸和氟化盐混合溶液刻蚀得到的 Ti_3C_2，采用滚对辊方法用于制备电极材料，由于大的晶格参数，可以使电极材料的体积比电容达到 $900 \ F \cdot cm^{-3}$。同时，为了进一步增大 Ti_3C_2 层间距并提高自支撑电极材料的机械强度和体积比电容，将 CTAB 修饰的碳纳米管与 Ti_3C_2 复合，在增加电解液离子传输速率的同时，有效增加体积比电容。

蚀刻所用的氟化盐除了 LiF 以外，还可以采用 KF 与 HF 混合溶液。此外，提供同样温和、对人体伤害小的蚀刻剂 NH_4HF_2，也可在前驱体表面原位生成 HF。当使用（NH_4）HF_2 进行刻蚀时，铵根离子则插层进入层间，铵根离子具有修饰层间结构的作用，使片层间距变得均一。然而，目前最多的还是使用 HCl/LiF 混合溶液。HCl 与 LiF 可以原位生成 HF 进行选择性刻蚀，反应更温和，一般刻蚀时间比直接用 HF 时间长，实验危险系数小。重要的是，使用 HCl/LiF 法得到的 MXene 产物原子缺陷少，不需要再进行超声或插层剥离即可得到平均厚度在 3 μm 左右的 MXene 片层；而且 MXene 产物具有黏土的特性，可随意成型而制备的膜具有柔性，其原因可能与锂离子与水分子的插层有关。

HCl/LiF 混合溶液刻蚀得到的 MXene 的片层厚度要比 HF 刻蚀得到的类手风琴的叠层结构的片层厚度小得多，但在水溶液中极易受到氧和水分的攻击而发生氧化，所以在制备过程中按需制备或现做现用。

（3）熔融盐蚀刻

2016 年，Urbankowski 等[37]采用熔融氟化盐刻蚀法解决了这个难题，他们成功制备首个二维金属氮化物——$Ti_4N_3T_x$。其做法是将 Ti_4AlN_3 粉末与 KF、NaF、LiF 的混合物在氩气保护下高温加热，使氟化盐变为熔融状态刻蚀 Ti_4AlN_3 中 Al 层，并用 TBAOH 对产物进行分层并除去残余的 Ti_4AlN_3 粉末，最终得到分层的 $Ti_4N_3T_x$。这是目前已经制备出的 MXene 中唯一的氮化物。熔融盐刻蚀法的关键在于气氛保护和温度，若温度太高或是没有气氛保护直接在空气中加热，则生成的产物可能是立方相结构。在 MXene 材料问世之前，有人使用气态刻蚀剂（卤化物）在高温下刻蚀 MAX 相，但是刻蚀的选择性不足，同时去除了 A 和 M 元素，最终形成了碳化物衍生物（图 4.6）。

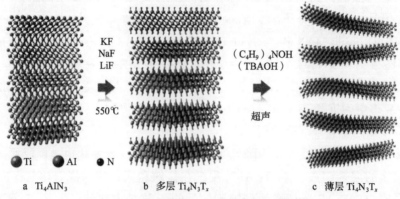

图 4.6　熔融盐蚀刻 Ti₄AlN₃ 制备 Ti₄N₃[37]

$$a\ Ti_4AlN_3 \qquad b\ 多层\ Ti_4N_3T_x \qquad c\ 薄层\ Ti_4N_3T_x$$

目前，人们在实验室中合成的 MXene 大部分均为碳化物和碳氮化物（Ti₃AlCN），几乎没有氮化物 MXene。采用化学液相法无法从氮化物 MAX 相中制备 MXene。一般情况下，材料的聚合能越低，其结构的稳定性越差，而形成能越高，越不易制备出来。理论计算表明，$Ti_{n+1}AlN_n$ 中的 Al 比 $Ti_{n+1}AlC_n$ 的 Al 更强地键合在晶体结构中，因此，蚀刻 $Ti_{n+1}AlN_n$ 中的 Al 要更加困难。而且，$Ti_{n+1}N_n$ 的 Ti-N 键能比 $Ti_{n+1}C_n$ 的 Ti-C 键能更小，因此 $Ti_{n+1}N_n$ 理论上比 $Ti_{n+1}C_n$ 更加活泼，这也就导致制备 $Ti_{n+1}N_n$ 比较困难。如果使用 HF 蚀刻 $Ti_{n+1}AlN_n$，当 Al 被溶解后，$Ti_{n+1}N_n$ 也会溶解在 HF 溶液中。

熔融盐蚀刻法存在的一个缺点就是熔盐产物中的氟化物难以完全除去，但是它作为一种全新的 MXene 制备方式，人们对实验条件的相关细节所知甚少，其产物的组成、结构和性能需要进一步研究。

（4）其他合成方法

二维材料自发现以来，人们发明了多种制备超薄材料的方法，化学气相沉积（CVD）被广泛地采用来制备厚度达到纳米级别的超薄材料。Xu C 等[38]首次通过化学气相沉积法制得横向尺寸较大、厚度仅有几纳米的 α-Mo₂C 二维纳米片及其他过渡金属碳化物，如 W₂C、W、TaC、NbC 等。具体做法是：将 Cu 箔切成小片状，放置在相同尺寸的 Mo 箔上面；然后将它们放置在水平管式炉的石英管中，作为超薄 α-Mo₂C 晶体的生长衬底；随后在 H₂ 气氛下，将 Cu/Mo 双层基板加热至 1020 ℃以上；然后将少量 CH₄ 引入反应管中以引发 α-Mo₂C 晶体的生长。该方法制备的 α-Mo₂C 二维纳米片的横向尺寸超过了 100 μm。其原理是：由于较高的生长温度使 Cu 箔熔化，并在液态 Cu/Mo 界面形成 Mo-Cu 合金，Mo 原子从 Cu/Mo 界面扩散到液态 Cu 的表面，与甲烷分解的碳原子反应形成 α-Mo₂C 晶体。α-Mo₂C 二维晶体的横向尺寸和厚度主要取决于生长温度和生长时间：生长温度越高，其成核密度越大；生长时间越长，横向尺寸也越大。但是，在较低的生长温度下，延长生长时间不会使二维晶体的厚度增加，而在高生长温度下，延长生长时间会致使晶体厚度的增加。因此，可以使用较低的生长温度和较长的生长时间制备大型超薄 α-Mo₂C 二维晶体。

4.2.4　过渡金属碳／氮化物基导电复合材料的制备方法

MXene 材料可进行一系列单价和多价阳离子（主要为 Li^+、Na^+、K^+、Mg^{2+} 及 NH^{4+} 等）的插层。此外，极性有机分子和部分金属离子也可以自发嵌入 MXene 层间，占据 MXene 表面的电化学活性位，并参与储能。除了插层方法以外，将 MXene 材料与其他材料进行复合可提高 MXene 的电化学和机械性能。

4.2.4.1　碳 /MXene 导电复合材料

将 CNT、石墨烯或拥有洋葱状形貌的碳与 MXene 进行复合，可以得到电化学性能优异的复合材料，这是由于在水性和有机电解质中复合材料具有更好的离子传输性和稳定性。Liu 等[39]通过静电自组装技术成功地制备了三明治结构的 C/MXene 纳米球复合材料。其方法主要是采用十六烷基三甲基溴化铵（CTAB）在 MXene 片层之间引入碳球，使碳球在片层间起到支撑作用。这种独特的结构增加了 MXene 的层间距和比表面积。

相邻 MXene 纳米片之间存在范德华力和氢键作用，在随后的抽滤、干燥等过程发生不可避免的堆叠现象，这种堆叠现象将严重阻碍离子的传输，降低单个 MXene 垂直层间方向的电导率。基于此，有人提出碳纳米纤维（CNF）"桥接" MXene 片的策略：一方面通过在 MXene 层间提供大量的导电 CNF 通路，改善 MXene 垂直层间方向的电导性；另一方面通过 CNF 将分离的 MXene 连接起来，显著降低其接触电阻。CNF/Ti_3C_2 复合材料作为锂离子电池的负极，该电池表现优异的长期稳定性和倍率能力，1 C 电流密度下容量为 320 $mA \cdot h \cdot g^{-1}$；即使电流密度达到 100 C，Ti_3C_2/CNF 复合材料的容量稍低于 $Ti_3C_2T_x$ 在 1 C 时的容量，并且经过 2900 次循环后没有出现容量衰减。Cao 等[40]使用抽滤、自组装的工艺制备了具有贝壳层状结构的超薄和高柔韧性的纳米碳纤维 /d-$Ti_3C_2T_x$（CNFs/d-$Ti_3C_2T_x$）复合纸。通过一维 CNFs 和二维 d-$Ti_3C_2T_x$ 的相互作用，成功地实现了 d-$Ti_3C_2T_x$/CNF 复合纸的增强增韧。

4.2.4.2　聚合物 /MXene 导电复合材料

链中具有极性官能团的聚合物。例如，聚乙烯醇（PVA）和聚 – 二烷基二甲基氯化铵（PDDA），将其嵌入 $Ti_3C_2T_x$ MXene 的层与层之间，不仅可以防止片层的重新堆叠，在保证材料电化学性能的同时还可以显著改善 MXene 的机械性能。如果使用氧化还原活性聚合物代替电化学惰性聚合物，则可以实现更加优异的电化学性能。例如，与纯 $Ti_3C_2T_x$ 薄膜相比，烯丙基吡咯 /$Ti_3C_2T_x$ 复合材料在厚度仅有 13 μm 的情况下，在 2 $mV \cdot s^{-1}$ 的扫速下，质量比电容由 240 $F \cdot g^{-1}$ 提升到 420 $F \cdot g^{-1}$ 其质量比电容提升约 2 倍，其体积比电容也提高至 1000 $F \cdot cm^{-3}$。

4.2.4.3　金属氧（硫）化物 /MXene 导电复合材料

金属氧化物和金属硫化物具有高容量的优点，但存在电导率低、反应过程中体积膨胀、循环稳定性差等问题，且氧化物内电子—空穴对极易复合，从而影响其广泛应用。将金属氧化物或金属硫化物与 MXene 复合，既可提高容量又可增强材料的电子电导率，有效缓解反应过程中的体积膨胀，实现最佳的电化学性能，拓宽金属氧（硫）化物的应用领域。Yang 等[41]以 Ti$_3$AlC$_2$ 为前驱体，HF 为刻蚀剂得到具有层状结构的手风琴状 Ti$_3$C$_2$。经水热处理后原位形成尺寸为 10 ~ 20 nm 的 TiO$_2$ 纳米颗粒，并均匀地负载在 Ti$_3$C$_2$ 上得到 TiO$_2$/Ti$_3$C$_2$ 纳米复合物。该 Ti$_3$C$_2$ 的层间距离从原来的 0.98 nm 增大至 1.02 nm。Wu 等[42]以 SnCl$_4$·5H$_2$O、硫代乙酰胺为原料，经水热处理后得到 SnS$_2$ 天冬氨酸盐。将 SnS$_2$ 悬浮液添加到 MXene 的胶体溶液中，混合后通过聚丙烯分离膜过滤得到 SnS$_2$/MXene 复合材料，该复合材料中的 MXene 薄片和均匀分散的 SnS$_2$ 纳米片之间形成二维互连结构，其中 SnS$_2$ 纳米片可以有效地将 MXene 薄片分离。而且由于 SnS$_2$ 的存在，使 MXene 薄片仍连接在一起形成连续的导电网络。此外，在相邻的 MXene 薄片之间形成了多孔结构，有利于电解质扩散。

4.2.4.4 磷/MXene 导电复合材料

磷（P）可通过 3 次电子转移反应获得超高的容量（如 P+3Na+3e$^-$ → Na$_3$P，理论容量 2595 mA·h·g^{-1}），离子在磷中曲折扩散，扩散速度比二维 MoS$_2$ 和石墨烯的速度快数百倍，这些独特性质使得磷成为备受关注的电池负极材料。磷具有多种同素异形体，但一般选用红磷与黑磷作为电极材料。黑磷（BP）作为负极时，由于循环过程中较大的体积变化导致容量衰减较快。受限于黑磷本身半导体的特性，BP 的离子转移和电化学过程受到严重阻碍。为此，Meng 等[43]构建黑磷量子点（BPQDs）复合材料。其中，BPQDs 尺寸均小于 10 nm，既可缩短 Li$^+$ 在各个方向上的扩散距离，又可有效地减小电极在充放电过程中的体积变化；Ti$_3$C$_2$T$_x$ 为 BPQDs 提供了高导电性和易修饰表面的基质。BPQDs/Ti$_3$C$_2$ 复合材料的制备过程如下：在 N-甲基吡咯烷酮（NMP）中研磨黑磷块后进行超声处理，即可得到 BPQDs。在超声和长时间搅拌的作用下，通过化学键的相互作用将 BPQDs 组装到 Ti$_3$C$_2$T$_x$ 上。X 射线吸收精细结构谱（EXAFS）和 X 射线吸收近边结构（XANES）表征，确定这种键合方式为 P—O—Ti。

红磷（RP）因无毒、稳定性高和价格低廉，被认为是一种有前景的负极材料，但也同样需要解决体积膨胀和导电性等问题。为此，Zhang 等[44]采用简单的高能球磨法合成了 RP/Ti$_3$C$_2$T$_x$ 复合材料。这种高能球磨法的优势在于：操作简单，只需将 MXene 与 RP 通过高能球磨即可制成复合材料；高能球磨使 RP 纳米点均匀分散在 MXene 表面，并在此过程中生成 P—O—Ti 键。RP/Ti$_3$C$_2$T$_x$ 复合材料电极在不同电流密度下循环后恢复到 50 mA·g^{-1} 时，电池容量回升到 505 mA·h·g^{-1}，表现出良好的倍率性能；电池经长循环过程后容量几乎未出现衰减。

4.2.5 过渡金属碳/氮化物基导电复合材料的应用

4.2.5.1 超级电容器

MXene 基复合材料在应用于高性能超级电容器方面具有巨大的潜力。首先，MXene 可以插入被极性有机分子和金属离子，大量的单价/多价阳离子（如 Li$^+$、Na$^+$、K$^+$、Mg^{2+} 和 NH^{4+}）可以插入化学或电化学插入 MXene 中，从而表现出高容量。其次，高导电 MXene 可将电子快速转移到其他活性材料中，从而提高复合材料的电化学性能。原位 X 射线吸收光谱（XAS）分析结果表明，Ti$_3$C$_2$T$_x$ 与氧化物偶联时表现出赝电容行为。表面功能基团（—OH、—F、—O）也可影响离子的吸附并有助于体积容量。

对于超级电容器应用，许多方法（如层间调整、掺杂改性、表面改性及与其他特殊材料的结合）均可提高 MXene 基复合材料的电化学性能。这些方法可显著改善 MXene 的性能，极大提高超级电容器的电容和能量密度。此外，MXene 基电极材料可极大提高超级电容器的重量比体积电容，使超级电容器在高功率运输能源系统方面具有潜在的发展前景。Lu 等[45]用水热法制备得到 PANI、TiO_2 和 Ti_3C_2 的三元复合材料，表示为 PANI/TiO_2/Ti_3C_2，当扫描速率为 10 mV·s^{-1} 时，其比电容可以达到 188.3 F·g^{-1}。三元复合材料 PANI/TiO_2/Ti_3C_2 之所以具有良好的电化学性能，其原因是：第一，层状的 Ti_3C_2 提供了电子传导通道。同时，Ti_3C_2 良好的导电性和较大的比表面积有利于电极上的导电电子移动和电解液中导电离子的吸附；第二，PANI 纳米片的引入能够增加电极材料的比表面积和导电性，并且减弱了电极上导电电子传输和电解液中离子扩散的阻力。

4.2.5.2 锂离子电池

在可再充电锂离子电池中，高速率充电/放电过程会降低锂离子电池的电化学性能。因此，开发新颖的材料或技术以增强可充电锂电池的电化学性能至关重要。MXene 具有优良的化学和结构多样性。因此，在高功率锂离子电池应用中具有较强的竞争力。理论计算预测 MXene 是许多储能应用中最有希望的候选者。人们发现，低分子式 MXene，如 V_2C、Ti_2C、Sc_2C 和 Nb_2C，由于其理论重量高，是最有前途的候选物。由于 M 和 X 之间键合牢固，可以认为金属离子仅在 MXene 片层之间扩散。由于 Ti_3C_2 具有一层惰性 TiC 层，因此，Ti_2C 的重量电容比 Ti_3C_2 高。实验证明 Ti_2CT_x 吸收 Li^+ 的比容量比用相同方法获得的 $Ti_3C_2T_x$ 更高。

MXene 基复合材料表现出快速稳定的锂存储。MXene 纳米片具有高电导率，不仅在界面处可实现可逆的离子和电子传输，而且还阻止了活性纳米结构在嵌入/脱嵌过程中的聚集。MXene 基复合材料的锂储存性能取决于许多因素，如官能团接枝、表面修饰和组分构成等。此外，将 MXene 基复合材料进行纳米可极大促进其在锂离子电池中的应用。目前，仅合成少数金属/MXene 复合材料。调节 MXene 的组分诸如金属种类和金属/碳的比例等可极大影响锂的存储性能。其他方面如层间距离和表面终止等也可改善锂离子电池的性能。通过将 MXene 与具有高容量的活性材料如金属氧化物和硅等复合，也可实现优势互补，提高 MXene 锂离子电池性能。Huang 等[46]通过控制反应时间调节 $Na_{0.23}TiO_2$ 纳米带和 Ti_3C_2 纳米片的含量，得到 $Na_{0.23}TiO_2$/Ti_3C_2 复合材料。该复合材料用于锂离子电池（LIB）时，在 0.2 A·g^{-1} 的电流密度下进行 400 次循环后可逆容量为 278 mA·h·g^{-1}。同时，循环期间的库仑效率在 98%～100%，说明 $Na_{0.23}TiO_2$/Ti_3C_2 复合材料具有显著的倍率性能和长期循环稳定性。

4.2.5.3 钠离子电池

钠离子电池（SIB）的钠含量高且成本低，可用于大规模储能。但是，钠离子的尺寸较大，因此，需要改善固态材料中钠离子扩散的动力学。一种有效的解决方案是开发具有高倍率性能的纳米级电极材料。通过减少钠离子的插入/提取途径，大大减少扩散时间。另外，根据固态电极材料中电荷的中和作用，通过增加电导率也可相对地影响离子电导率。MXene 基纳米复合材料是高性能钠离子电池的极佳电极材料。$M_{n+1}X_nT_x$ 的二维层之间可以容纳各种尺寸的离子，使 MXene 适用于钠离子电池。此外，由于表面化学的可调节性和化学 / 结构的可变性，不同 MXene 可提供宽范围的工作电位，这使其既可以用作阴极也可以用作阳极。

关于钠离子在 Ti_3C_2X（X = F、OH 和 O 基团）材料在原子水平上的嵌入机制。理论研究结果表明，Na 离子和 Al 离子在表面官能化 MXene 中的扩散阻挡层较低；此外，Na 离子很容易在 Ti_3C_2X 中扩散；Na 离子可通过两相转变和固溶反应，可逆地电化学插入 / 萃取到 Ti_3C_2X 晶格中。因此，Ti_3C_2X 作为钠离子电池的负极材料，表现出良好的高倍率性能和长期稳定性。Zhao 等[47]将二维 $Ti_3C_2T_x$ 薄片自组装到聚合物表面和空心球上，并通过牺牲模板方法制造三维大孔结构，成功制备了含有其他成分的三维大孔 MXenes 薄膜，如 V_2CT_x 和 Mo_2CT_x。这些三维 MXenes 薄膜直接用作 SIB 负极时，不需要现有的收集器或黏合剂。在 0.25 C 的低充电速率下，三维 $Ti_3C_2T_x$、V_2CT_x 和 Mo_2CT_x 薄膜电极的可逆容量分别为 330 $mA \cdot h \cdot g^{-1}$、340 $mA \cdot h \cdot g^{-1}$ 和 370 $mA \cdot h \cdot g^{-1}$，具有出色的倍率性能和长循环稳定性。在 2.5 C 的电流密度下，经 1000 次循环后，三维 $Ti_3C_2T_x$、V_2CT_x 和 Mo_2CT_x 薄膜的可逆容量分别为 295 $mA \cdot h \cdot g^{-1}$、310 $mA \cdot h \cdot g^{-1}$ 和 290 $mA \cdot h \cdot g^{-1}$。

4.2.5.4 锂硫电池（LSBs）

与锂离子电池相比，锂硫电池（LSBs）的理论比容量和能量密度更高。尽管与其他阴极材料相比，尽管锂硫电池的平均电压平稳期处于较低的值（2.2 V vs.Li^+/Li），但硫电极可提供 1672 $mA \cdot h \cdot g^{-1}$ 的高理论容量和较高的能量。根据 Li_2S 产物的形式，其能量密度为 2567 $W \cdot h \cdot kg^{-1}$，比锂离子电池的常规阴极高 5 ~ 10 倍。锂硫电池还具有成本低、硫丰富、工作温度范围宽和循环寿命长等优点。MXene 材料具有优异的 Li_2S_x 吸附特性，其中，S 原子簇的电荷转移数决定了 MXene 与 Li_2S_x 之间的结合强度。多硫化物（Li_2S_4、Li_2S_6、Li_2S_8）可以被裸露的羟基端基和 MXene 截留。相反，其他硫化物（Li_2S 和 Li_2S_2）也可以被 O 基和裸露的 MXene 所限制，从而提高了硫活性物质的利用率。这些为设计各种 S/MXene 复合材料用于锂硫电池提供了灵感。

与用于硫阴极的常规导电主体（如碳）相比，MXene 具有更强的极化能力，因此，MXene 基质可以在锂硫电池循环期间有效地捕获多硫化物。MXene 的功能化可以进一步提高对多硫化锂的吸附能力，从而解决锂硫电池中的穿梭效应。此外，设计具有多孔结构的分层 MXene 可增加阴极中硫的质量负载，从而大大提高整体容量。

4.2.5.5 电催化领域

用于析氢反应（HER）、析氧反应（OER）和氧还原反应（ORR）的电催化剂在有前途的清洁能源技术中显得越来越重要。然而，除贵金属催化剂外，很少有催化剂能满足所有要求。因此，为了可持续发展，通常寻找丰富且低成本的催化剂替代贵金属催化剂。而 MXene 由于其独特的性能，可以为反应提供充足的活性位点，可作为催化载体用于电催化剂方面。Zhang 等[48]利用二维 MXene 材料的直接还原作用，采用一步法制备新型金属纳米颗粒 / MXene 复合材料。他们将 $AgNO_3$ 加入含有 PVP 的 alk-MXene 溶液中，利用 MXene 的还原作用制备具有海胆状结构的 $Ag_{0.9}Ti_{0.1}$/MXene 纳米线复合材料。独特的双金属纳米线有利于四电子转移过程，通过提供大量的氧吸附位点和缩短吸附氧的扩散路径，表现出高电流密度和良好的稳定性，在 ORR 中显示出优异的电化学活性。$Ag_{0.9}Ti_{0.1}$/alk-MXene 纳米线复合材料具有成本低、稳定性高且合成路线简单的优点，可作为碱性燃料中的非 Pt 阴极催化剂。

4.3 金属—有机框架材料基导电复合材料

4.3.1 金属—有机框架材料的结构及特点

金属—有机框架材料（Metal-Organic Frameworks，MOFs），又称金属—有机配位聚合物，是金属离子与有机配体通过配位作用组装的一种无机—有机杂化功能材料，其中金属离子作为骨架结构的节点，有机配体成为连接这些节点的桥连基团。MOFs 之间的键合作用不仅仅指配位键作用，还包括氢键作用、范德华力和芳香环之间的作用等，这些作用力使 MOFs 结构和功能更加多元化。

可用来合成 MOFs 材料的有机配体和金属中心离子的种类有很多，可以根据材料的功能基团、孔形等拓扑结构特征来加以选择。MOFs 材料的金属中心一般是过渡金属离子，如 Cu^{2+}、Zn^{2+}、Cr^{3+}、Ni^{2+} 和 Co^{2+} 等。最常用的有机配体为含有 N、O 等孤对电子的刚性配体。据目前报道，用来合成 MOFs 的配体选择主要有两大类：①单一的多齿羧酸类或者含氮杂环类有机配体。多齿羧酸类有机配体极易将金属离子交联起来形成三维配位聚合物。Yaghi 最开始合成的 MOF-n 系列，大多是以芳香羧酸为有机配体，如 MOF-5、MOF-177 等。采用含羧基官能团的有机配体易于形成孔径大、稳定性高的金属骨架材料。通常使用的含氮杂环配体包括呋喃、噻吩、吡啶、咪唑、联吡啶、哌嗪等。②使用两种或两种以上的有机配体。例如，将含氮杂环配体与羧酸配体混合使用，或者是将两种羧酸配体混合使用，这种 MOFs 材料可以克服含氮杂环类配体结构不稳定的缺点。

金属离子与不同的有机配体可以形成不同的次级结构单元，如四面体形、八面体形等，这些不同的次级结构单元通过不同的桥连基团可以形成不同结构的 MOFs 材料，具有以下几个典型的结构特点。

①多孔性和孔形的多样性。大多金属—有机骨架材料均具有永久性的孔隙，有的材料还具有多种孔结构，如介孔微孔相互贯穿。

②比表面积大。对于一般的多孔材料，如无序的碳材料，可以达到最大的比表面积是 $2030\ m^2 \cdot g^{-1}$；硅酸盐沸石的比表面积大约为 $1000\ m^2 \cdot g^{-1}$；而 Yaghi 等合成的具有超大空隙率的晶体 MOF-177 的比表面积可高达 $4500\ m^2 \cdot g^{-1}$。

③存在不饱和的金属位和质子酸性位。在 MOFs 材料的合成过程中，金属离子可与有机配体发生配位反应，但大多数时候有机配体不能完全满足金属离子的配位数，由于金属离子不饱和配位数的存在，金属离子可以与溶剂小分子结合，经过一定程度的活化之后，这些溶剂小分子被移除，此时 MOFs 材料中金属离子的不饱和配位键就会空余出来。由于金属离子是 MOFs 骨架结构的节点部分，这些金属离子就可以作为催化活性位点用于催化反应

中。此外，有些有机配体具有质子酸性位，也具有一定的催化活性。

④组成结构多样。目前已经报道的 MOFs 材料有 5000 多种，且形貌结构各不相同，如立方体形、正八面体形、球形等。选择的金属离子种类和有机配体种类不同，合成出的 MOFs 材料的结构就可能不一样，选用同样的反应物采用不同的合成方法制得的 MOFs 材料结构可能也不同，同样的金属离子与不同的有机配体的配位方式不同，也会形成不同形貌的 MOFs 材料。总而言之，影响 MOFs 结构的因素很多，以上均可使 MOFs 材料在孔结构、骨架结构、空间维数上差异较大。

4.3.2 金属—有机框架材料的分类

按照 MOFs 材料结构的不同，可大体分为以下几类：IRMOF 系列，HUST 系列、ZIF 系列、MIL 系列、PCN 系列、UiO 系列。

（1）IRMOF 系列

IRMOF（Isoreticular Metal-Organic Frameworks）是由 Yaghi 等报道的最有代表性的 MOFs 材料之一。其中，IRMOF-1（MOF-5）的分子式为 $ZnO_4(BDC)_3(DMF)_8C_6H_5Cl$，是由 $Zn_4O(CO_2)_6$ 簇与对苯二甲酸配位形成的具有三维正方形孔道的孔洞材料，其 Langmuir 比表面积高达 2900 $m^2 \cdot g^{-1}$，孔径达到 15.1 Å。通过采用不同的二羧酸配体，MOF-5 孔隙率在 55.8% ~ 99.1% 变化。由于 IRMOF 系列材料的孔尺寸可调、孔隙率较高，可用于气体储存、吸附分离等领域中。但是，由于结构中 Zn—O 键较弱，IRMOF 材料对水不稳定，限制了其在催化等领域中的应用。

金属框架材料的有机配体具有丰富的可调节性。Yaghi 研究小组[49] 在 MOF-5 的基础上，仍以 $[Zn_4O(CO_2)_6]$ 团簇作为框架的金属节点，通过改变羧酸配体的功能基团及长度，成功构筑了一系列与 MOF-5 具有类似拓扑结构的 16 种 IRMOF-n（n=1 ~ 16）。选择的羧酸配体长度不同，得到的孔道大小也不同，可获得孔径在 3.8 ~ 28.8Å 范围内变化的不同多孔材料，实现了 MOFs 材料从微孔到介孔的重大突破。此外，由于 IRMOF-n 系列材料的有机配体具备不同的功能团，因而它们的化学性质及应用也有所区别（图 4.7、图 4.8）。

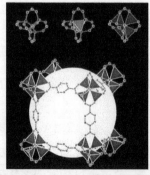

注：8 个簇（只有 7 个可见）构成一个单位晶胞，与有机配体包围在 MOF-5 框架中形成一个大空腔[50]。

图 4.7 MOF-5 结构示意图

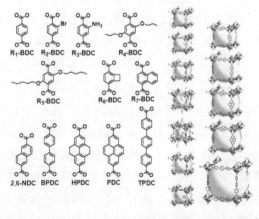

图 4.8 IRMOF-n 系列材料的配体和结构示意图[49]

（2）ZIF 系列

ZIF（Zeolite Imidazole Frameworks）是 2006 年由 Yaghi 小组首次报道的类沸石咪唑酯框架材料。沸石分子筛结构是由四面体 Si（Al）O_4 单元与 O 原子共价桥联而形成的框架结构，有许多孔径均匀的孔道和排列整齐的孔穴，具有吸附能力高、选择性强、耐高温等优点。ZIFs 是 由 Zn^{2+}[Zn（Ⅱ）（ZIF-1 到 ZIF-4，ZIF-6 到 ZIF-8，ZIF-10 到 ZIF-11）] 或 Co_2-[Co（Ⅱ）（ZIF-9 和 ZIF-12）] 与咪唑配体反应，合成出的 12 种类分子筛咪唑骨架材料。ZIF 结构与硅铝分子筛类似，用过渡金属取代分子筛中的 Si、Al 四面体，并将氧原子替换为咪唑有机配体即可得到 ZIF 结构。如图 4.9 所示，咪唑可以失去一个质子形成 IM，即图 4.9a；在 Co（IM）$_2$ 和 Zn（IM）$_2$ 中，Co 或者 Zn 与咪唑中的 N 原子键连形成四面体，IM 桥的 M-IM-M 角接近 145°，与图 4.9b 常见沸石中的 Si-O-Si 角一致。其中，ZIF-8 和 ZIF-11 两种材料具有永久性的孔道，Langmuir 比表面积高达 1810 $m^2 \cdot g^{-1}$，还具有高的热稳定性（最高 550 ℃），以及强的耐热碱水和耐有机溶剂腐蚀性。同时，ZIFs 也被广泛用于负载金属纳米颗粒等，应用于催化反应。2007—2008 年 Yaghi 研究小组又陆续报导了 ZIF-20 到 ZIF-23、ZIF-68、ZIF-69、ZIF-70、ZIF-95 和 ZIF-100 等结构，使 ZIF 家族得到较大拓展。

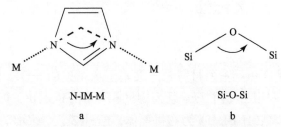

图 4.9　金属 IMs（a）与沸石（b）的桥联角

（3）HKUST 系列

1999 年，香港科技大学的 Williams 课题组合成了一种具有轮浆式结构的三维 MOFs 框架材料，由 Cu_2（CO_2）$_4$ 簇与均苯三甲酸配体（TMA）配位形成，并以香港科技大学英文名称首字母为其命名，即 HKUST-1。HKUST-1 的化学组成为 [Cu_3（TMA）$_2$（H_2O）$_3$]$_n$，由 2 个铜原子与 4 个氧原子及一个水分子进行配位形成 [$Cu_2C_4O_8$] 笼。与沸石不同的是，HKUST-1 可以被化学功能化。例如，用吡啶取代水分子，并且该框架材料在 240 ℃依然保持稳定。2005 年，Bordiga 团队[51]发现晶体中的水分子可以脱除，脱水过程保留了材料的结晶性，并且由于 [$Cu_2C_4O_8$] 笼的收缩造成晶胞体积的减小。脱水后暴露出框架中不饱和的 Cu（Ⅱ）位点，可与其他外来分子相互作用。

（4）MIL 系列

2002 年，法国 Férey 课题组[52]通过水热法首次合成三维铬（Ⅲ）二羧酸盐的 MOFs 材料，命名为 MIL-53（Matérial Institut Lavoisier），分子式为 $Cr^{Ⅲ}$（OH），是一类稳定性较高的材料。这种柔性材料具有显著的呼吸效应：在进行极性分子的吸附时，可以自主调节孔大小，即在脱除客体分子后呈现大孔结构，随着吸附的进行转变为小孔结构。高温活化脱除溶剂分子后，形成配位不饱和的金属位点，可作为 Lewis 酸位点用于催化反应；此外，还可以通过配位后修饰引入功能性分子，进一步拓宽其催化范围。这类材料的典型代表是

MIL-101（Cr、Al、Fe）材料，其中 MIL-101（Cr）是由三维铬簇与对苯二甲酸连接而成的三维结构材料。MIL-101（Cr）具有 29 Å 和 34 Å 两种不同大小的介孔笼，具有 12 Å 的五边形窗口，大笼同时具有 14.5 × 16Å 的六边形窗口。2004—2005 年，Férey 课题组又相继报道了两个具有超大孔的类分子筛型 MOFs 材料，即 MIL-100 和 MIL-101，成功采用单晶 X 射线衍射手段解析具有庞大单胞体积的单晶，并借助计算机模拟辅助设计合成了目标结构，从此 MOFs 材料的发展又上了一个新的台阶。

（5）PCN 系列

PCN（Porous Coordination Network）是一种多孔金属有机骨架材料。2006 年，周宏才课题组[53] 受到血红蛋白及维生素 B_{12} 结构的启发，合成一种具有扭曲金属键的 MOFs 材料——$H_2[Co_4O（TATB）_{8/3}]$，命名为 PCN-9。PCN-9 采用一个平面四方形的 Co 4（μ_4-O）次级结构单元（SBU），μ_4-oxo 位于 4 个 Co 原子组成的平面中心。SBU 中的 4 个 Co 原子均以四方锥几何结构进行五键配位。PCN-9 中的平面四方形 μ_4-oxo 桥联结构，在 MOF 材料中是独一无二的。每个 Co_4（μ_4-O）单位连接 8 个三角平面的 TATB 配体，每个 TATB 配体连接 3 个 Co_4（μ_4-O）单位，形成一个通过角共享八面体笼的三维网络。此后，该团队又陆续合成了多种 PCN 材料，含有多个立方八面体孔笼，在空间上形成孔道—孔笼拓扑结构，在气体储存方面表现优异。

（6）Uio 系列

Uio（University of Oslo）系列材料是一类基于金属锆的 MOFs 材料。2008 年，挪威奥斯陆大学 Lillerud 课题组合成了 Uio 系列中的第一例 Zr-MOF，即 UiO-66，它是以 Zr 为金属中心、对苯二甲酸（H_2BDC）为有机配体，通过 Zr_6O_4（OH）$_4$ 八面体与 12 个对苯二甲酸配位形成的一种刚性金属有机骨架材料。Uio-66 的八面体中心笼为 11Å，并通过 ~ 6 Å 的三角形窗口与 8 个四面体孔笼（~ 8 Å）相连。在八面体的 Zr_6 簇中，6 个顶点被 Zr^{4+} 占据，8 个三角形面被 4 个 μ_3-OH 和四个 μ_3-O 覆盖，具有八面体中心孔笼和 8 个四面体角笼的三维微孔结构。由于 Uio 热稳定性好（500 ℃）和出色的化学稳定性，在水溶液和多种有机溶剂中能够保持结构稳定，耐强酸和一定程度的耐碱性，因此，在许多领域都有着广泛的应用。通过改变有机配体的大小，可合成其他同构的 Zr 基 MOF，如 UiO-67（Zr）和 UiO-68（Zr）等。

4.3.3 金属—有机框架材料的性质

结构决定性质，由于构筑 MOFs 的有机配体及可选择的金属类型的多样性，使 MOFs 材料结构丰富，理化性质优异。大多数 MOFs 材料内含均一的孔及网状通道，而孔道中通常存在的客体分子会影响了其孔笼的利用效率。因此，通过适当的除客体分子的方法如抽真空等，可以实现孔道的充分利用。除此之外，配体的官能团修饰，如引入氨基、羧基、羟基等，可以增强材料 MOFs 某些方面的性质。选择合适的金属离子，如在 MOFs 结构中引入稀土元素，可以得到具有不同光学性质的 MOFs 化合物，极大地丰富了金属有机框架化合物的应用领域。

4.3.3.1 电学性质

MOFs 属于多孔配位聚合物，电荷运输过程与聚合物相比，既有相似之处也有细微的差别。与聚合物不同，MOFs 是由金属离子/团簇和共轭有机分子构成的配位聚合物。其中，有机配体通常是具有大范围的 π 键的共轭分子。由于 π 键的离域性，电荷可以在有机配体上自由移动。所以配位聚合物的导电性在很大程度上取决于拓扑节点处金属离子 d 电子轨道与有机链 π 电子轨道的交叠。

在本征的 MOFs 材料中，这一交叠程度较小，电子沿 MOFs 链输运需要越过一个势垒以实现传导。同时，这一过程受温度的影响。其电荷迁移率随温度的关系符合 Arrhenius 式（4.1）：

$$\mu = \mu_\infty \exp\left(\Delta / k_B T\right) \tag{4.1}$$

式中，Δ 是活化能，k_B 为玻尔兹曼常数，T 为温度。

通过调控 MOFs 材料的电阻状态，可实现其在电子器件、传感器等领域的应用。与传统有机材料相比，MOFs 材料用于电子器件具有一定的优势。首先，MOFs 材料是由金属离子与有机配体通过配位键自组装而成，其三维有序的网络结构使其化学键更加稳定、不易断裂。因此，MOFs 材料具有良好的热和化学稳定性。另外，拥有高度有序框架结构的 MOFs 材料可排除因无序而造成的载流子浓度及迁移率的减小。其次，金属离子、有机配体及拓扑结构的多样性促使其本征的电学性质、光学性质及磁性易于调控，从而实现 MOFs 材料在铁电、铁磁、光电子器件、离子导体、锂电池等领域的应用。最后，由于框架中的超大孔隙率，可引入功能性的客体分子以实现 MOFs 基电子器件的多功能化。

目前，调控 MOFs 材料电阻状态的方法主要有掺杂（化学诱导）及外场（光、电）诱导等方法。

（1）掺杂（化学诱导）

MOFs 材料电导的贡献主要来源于材料中载流子-孤子/极化子的输运。而掺杂（化学诱导）的目的是增加载流子的浓度及降低电荷跳跃的激活能。2010 年 Yoji Kobayashi 等[54]首次通过 I_2 掺杂成功调控了绝缘 MOFs 材料 Cu[Ni（pdt）$_2$]（pdt$_2$-=pryazine-2，3-dithio-late）的电导率，从本征的 1×10^{-8} S·cm^{-1} 到掺杂后的 1×10^{-4} S·cm^{-1}，调控比达 4 个量级。另外，由于 MOFs 材料孔道尺寸较大，为 2 ~ 10 nm。因此，还可掺杂其他特殊的小分子，如 TCNQ（7，7，8，8-tetracyanoquinododimethane）。最近，A. Alec Talin 等[55]向经典 MOF 材料 HKUST-1［Cu$_3$（BTC）$_2$，其中 BTC=benzene-1，3，5-tricarboxylic acid］的孔道中引入客体分子 TCNQ 后，成功将其电导率提高了 6 个量级。并且通过变温实验发现，随着温度的增加其电导率也相应增大，其电阻随温度的变化关系经 Arrhenius 公式拟合得出 E_a=41 ± 1 meV。

通过掺杂方式改变 MOFs 材料电阻有两个途径：①使金属离子发生氧化还原反应，导致材料激活能的减小及载流子浓度增加；②通过客体分子与框架相互作用形成电子给体—受体体系，这不仅减小了电子输运过程中的激活能，还在孔道中形成易于电子输运的链结构，改变了载流子输运的路径。

（2）光诱导

MOFs 材料中的有机配体是具有大范围 π 共轭体系的芳香分子。通过光诱导的方式实现 MOFs 材料电阻的调控，其机制主要是由于光生载流子的增多，导致整个材料中载流子浓度的增加；同时光照还调控了电荷运输过程的激活能，故可调控 MOFs 材料的电阻。

4.3.3.2 光学性质

镧系元素和有机配体之间的电荷跃迁，能够产生具有高的荧光量子产率、较长的寿命、高的斯托克斯位移及特征的尖锐线性的荧光发射。此外，镧系离子的荧光强度受配位环境的影响较大，再加上 MOFs 化合物本身所具有的永久的孔隙度、纳米尺寸可调性，因此将镧系金属自身的荧光特性与 MOFs 的优点结合，为设计理想功能、某些特定应用价值的新颖荧光材料提供了思路。镧系金属有机框架化合物（Ln-MOFs）在光学、平板显示器、传感及光学器件等领域具有重要应用价值。

4.3.3.3 多相催化性

金属有机框架材料在催化领域具备以下优点：非均相催化容易分离、催化剂可回收和高稳定性，均相催化高选择性、可控调节、高效和反应条件温和。而且，金属有机框架材料的结构可设计强，如活化位点包括金属中心和有机配体等，以及纳米级的功能化合成都均使其成为理想的催化材料。

早期人们将金属有机框架材料与分子筛催化剂进行类比。分子筛是一类商业化催化剂，作为纯无机材料，分子筛异常坚固，因此，经常用于催化一些条件苛刻的反应。目前，已知热稳定性最好的 MOFs 可承受 500 ℃的温度，虽然无法与分子筛相比，但是 MOFs 同样具备催化剂的性质，如巨大的内表面积和可调节的孔道尺寸等。此外，MOFs 的有机组成部分可为其带来非常丰富的化学变化。因此，MOFs 在精细化学、光催化、手性合成及多位点串联催化领域发展前景非常广阔。

4.3.3.4 气体吸附性

金属有机框架材料的多孔性特点，决定了其具有气体吸附的性质。二氧化碳气体被公认是气候变化及全球变暖的罪魁祸首。因此，二氧化碳气体的捕获与贮存就成为我们迫切要解决的问题。而当前，普遍利用的是氨的化学吸附原理，但由于其价格高昂、易腐蚀设备、再生时易分解，使得这种方法的应用受到了限制。基于多孔材料的物理吸附法，如碳基材料、多孔有机聚合物、无机分子筛材料等，克服了化学吸附法的缺点。其中，MOFs 材料更是具有特殊的结构特点，如超高的孔隙率及比表面积、低的晶体密度，可成为二氧化碳气体吸附及分离的优良吸附剂。

氢气是理想的能源载体和清洁燃料。因此，如何将氢气像普通化石燃料一样可通过便捷、廉价和安全的方法进行存储和使用是目前面临的最具挑战性的问题。金属有机框架材料的特性决定了其可作为理想的储氢材料。首先，MOFs 具有大的比表面积；其次，

MOFs 具有可控设计和修饰的孔洞结构；最后，金属中心的合理修饰与活化使其具有储氢的金属位点。

4.3.4　金属—有机框架材料的制备方法

MOFs 的制备方法和反应过程对其结构（如孔隙和孔道等）均可产生极大的影响。MOFs 材料常见的合成方法主要有两种：溶剂挥发法和常温常压法。其原理主要是利用溶剂挥发或降温过程使得 MOFs 晶体在溶液饱和状态下不断析出，通过控制挥发或降温速率可利于制备高质量的 MOFs 材料。然而，这些方法反应时间较长、反应物要求高且 MOFs 中杂质含量较高。随着合成技术的发展、反应仪器设备的进步和方法的优化，已出现更多、更有效、更高产的合成 MOFs 的方法。

4.3.4.1　由下至上法

（1）水热 / 溶剂热合成法

水热法主要是以水作为反应媒介，将反应原料配制为混合液，并封装于水热反应釜中，加热至一定温度（一般范围为 100 ~ 220 ℃），水热釜使得该合成体系维持在一定的自生压力范围内。Millange 等[52]利用水作为溶剂在 220 ℃条件下首次合成了由硝酸铬和对苯二甲酸（BDC）组成的柔性 MIL-53（Cr）。

溶剂热制备 MOFs 的反应媒介不是水溶液，而是利用反应物和乙醇、二甲基甲酰胺（DMF）、有机胺、甲醇等反应媒介进行混合，放入密封的容器中加热，温度为 100 ~ 200 ℃，在自生压力下进行反应。该法反应过程所需时间较短，反应前体还能随着温度的升高而逐渐溶解，有利于反应的进行。利用有机溶剂作为反应媒介，可提升制备路线及产物的选择性与多样性，因为有机溶剂具有的官能团、极性、沸点、介电常数和黏度等参数不同。故该技术所需设备较为简易、消耗能源较低、晶体材料合成质量较高，已成为近年来金属—有机骨架材料构筑与制备的主要手段。

1999 年 Chui 等[56]首次采用铜离子与均苯三甲酸在溶剂热条件下，合成了多孔型 HKUST-1 材料，孔隙大小为 1 nm、孔隙度为 40%。在室温条件下，铜离子与均苯三甲酸在醇类溶液中可以形成一维链型聚合物 $[Cu（TMA-H）（H_2O）_3]_n$，随着反应温度的升高，该聚合物的末端消失，从而促进更高维度（三维）聚合物的形成。利用类似的合成方法已合成了许多性能优异的 MOFs 材料，如 MIL-53、MIL-100、MIL-101、MOF-74、UiO-66 及 PCN 系列材料等。

（2）微波 / 超声辅助合成法

与传统的水热或溶剂热中的加热方式不同，微波辅助合成则是利用微波发生器产生交变电场，物质在该电场作用下发生高速碰撞、转动和摆动产生热效应，使得反应物温度快速升高。微波辅助合成法具有反应时间较短、结晶成核速度快、反应条件容易控制等优点。Sabouni 等[57]采用传统加热与微波加热两种方式分别制备 CPM-5，并进行对比。结果表明，采用微波加热时，反应时间由原来的 5 天降低至 10 min，且样品的比表面积由原来的

$686 \text{ m}^2 \cdot \text{g}^{-1}$ 提高至 $2187 \text{ m}^2 \cdot \text{g}^{-1}$。

超声辅助制备法主要是利用超声波使得反应溶液产生气泡,同时该气泡不断生长和破裂,进而形成声波空穴,其局部温度可达 5000 K,压力可达 1000 atm。将该技术引入 MOFs 的合成过程中,有利于提高反应物的活性、降低晶化时间,使其成核均匀且易形成尺寸较小的晶体。Son 等[58]采用超声法首次合成了大小为 5 ~ 25 μm 的高质量 MOF-5 晶体,与传统加热法相比,该法将反应时间由原来的 24 h 缩短至 30 min。

(3)电化学合成法

为了去除 MOF 在大规模制备 MOFs 过程中产生的阴离子,Mueller[59]提出采用电化学方法合成 MOF 材料。该法的主要原理是以金属板为电极阳极,放入装有有机配体和溶剂的电解槽中,根据需求加入导电能力强的电解质,在直流电压作用下,反应一定时间即可得到 MOF 样品。Stassen 等利用锌薄片作为唯一的金属源,将 UiO-66(Zr)薄膜同时沉降于阴极和阳极。由于氧化物桥联层的形成,UiO-66(Zr)可较好地粘连于阳极锆载体,而阴极则具有载体宽且灵活的优势。与其他方法相比,电化学合成法具有以下独特优势:①反应通常在室温下进行,无须加热且节约能耗;②反应速率快且基本能 100% 利用有机配体;③无须金属盐,故循环使用溶剂时无须去除 NO_3^-、Cl^- 等阴离子,同时也无残余阴离子;④可实现连续生产。

(4)离子液体合成法

离子液体(Ionic Liquids,ILs)是一种溶解性非常好的绿色溶剂,具有低蒸汽压、高极性、热稳定性优异的特点。在 MOF 制备过程中,ILs 不仅可以作为电荷平衡剂、模板剂或反应媒介,还为晶体晶化提供了良好的离子环境。因而,采用离子液体法合成法开发新型的 MOF 晶体材料,越来越多地受到关注。Zhao 等[60]在离子液体/二氧化碳/表面活性剂的微乳系统中合成高度有序的 MOF-5 纳米球,该纳米球不仅具有 MOF 的微孔结构还拥有表面活性剂产生的介孔结构。然而,该法还存在复杂配体使用较少、配位的规律尚未清楚、离子液体的使用成本较高等缺点。

(5)动力学调制法

Bosch 等提出了动力学调制晶体生长(Kinetically Tuned Dimensional Augmentation,KTDA)这一概念。KTDA 法是通过改变溶液 pH 值或温度等反应条件来调节结晶过程的方法。通过 KTDA 可以精确地控制 MOFs 的孔洞尺寸、形状及稳定性,从而制得新颖可控的 MOFs 料。KTDA 法制备的 MOFs 材料具有良好的孔隙率和稳定性。Hu 等[61]研究了醋酸、甲酸和三氟乙酸在 Uio-66 型 MOFs 合成中的调制作用。例如,三氟乙酸 pKa 值较低可增加 UiO-66 型 Zr-MOFs 的 Lewis 酸度、孔洞尺寸、表面积和介孔缺陷的比例,而高温和高 pKa 值的调节剂会使 Uio-66 的缺陷减少。

(6)晶种诱导合成法

在反应体系中引入目标产物的晶种,可有效改善 MOFs 结晶相的纯度,是一种直接制备高纯度相 MOFs 材料的方法。其合成步骤与常规方法的差别如图 4.10 所示。Xu 等[62]发现基于 tetrakis(4-carboxyphenyl)porphyrin 的 Zr-MOF 中有 MOF 对的存在,产物不是单一相。其中,典型的 MOF 对有 PCN-222(Ni)和 PCN-224(Ni)、PCN-222 和 PCN-225、PCN-222(Zn)和 PCN-225(Zn)。由于 Zr-MOF 对中两种不同 MOF 的密度相近,很难通过密度差异进行分离，而晶种诱导合成法可以制得单一相的 Zr-MOF。

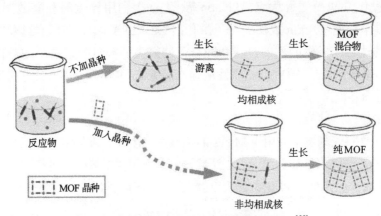

图 4.10　传统结晶方法与晶种诱导法图示[62]

（7）模板合成法

采用表面修饰的聚苯乙烯球作为硬模板或者微乳液作为软模板，可制备微孔 MOFs 材料。微孔 MOFs 材料可用于吸附和分离小分子，而大分子无法进入 MOFs 孔道，因此，微孔 MOFs 材料的应用受到限制。Huang 等[63]采用模板法制得含有微孔、介孔和大孔的结构稳定的多级孔 MOFs（Hierarchical-pore MOFs，H-MOFs）。他们采用相对不稳定的金属有机组件（Metal-organic Assemblies，MOAs）为模板、稳定的 MOFs 为母体合成目标 H-MOFs。譬如，以 MOF-5 为模板，通过两步反应制得 H-Uio-66（Zr）：将预制的 MOF-5 纳米颗粒、ZrCl4 及对苯二甲酸混合溶解在 N，N– 二甲基甲酰胺中，然后通过溶剂热反应得到模板 MOF-5/H-Uio-66（Zr），再利用酸性水溶液除去 MOF-5 模板，得到了目标产物 H-Uio-66（Zr），这种 H-Uio-66（Zr）材料中同时具有微孔和介孔。对映阴离子模板合成法（Enantiopure Anionsas Templates，EAT）是一种用于合成手性沸石的新方法，在吸附和分离方面，手性沸石具有独特的对映选择性，而传统的沸石是非手性的。Xu 等[64]首次证明了利用对映阴离子合成手性沸石型金属有机框架材料是可行的。

（8）溶剂辅助金属交换法

Cr-MOF 具有介孔孔洞和高比表面积，且稳定性较好，但是 Cr-O 键的极端惰性使 Cr-MOF 材料不易结晶，合成条件苛刻。Wang 等[65]采用溶剂辅助金属交换法制得 Cr-MOFs，并合成了 Cr-SXU-1。同时，在研究 Fe-SXU-1 向 Cr-SXU-1 转化的过程中发现，含有酮羰基的溶剂与金属离子的配位效应在 Fe/CrMOFs 框架转换中起着重要作用，而且发现丙酮具有反应温度低、所用 Cr^{3+} 盐溶液浓度低等优点，是目前最为理想的溶剂。

4.3.4.2　由上至下法

由上至下法应用于 MOFs 晶体的制备，制备过程相对简单，使得 MOFs 器件的工业化生产成为可能。

（1）机械化学法

机械化学法可有效地合成高分散性化合物，是一种无溶剂（反应媒介）制备 MOFs 的新技术。与常规的水/溶剂热相比，这种固一固反应具有无溶剂（或微量溶剂）、制备量大、能耗低和操作方法简便等优点。Pichon等[66]首次利用异烟酸和醋酸铜通过球磨机，在无溶剂的条件下球磨 10 min 成功制备了微孔型 Cu（INA）₂。在球磨过程中，粉状前驱体与球磨机中的球之间发生剧烈的碰撞和冲击，使得大颗粒破碎成更小的颗粒，进而使反应前驱体的接触面积增加，颗粒表面活性增强，表面自由能降低，从而有利于前驱体之间化学反应的进行。

（2）光刻法

Tsuruoka等[67]将光刻技术应用于 MOFs 的位点选择生长。笔者在水解后的聚酰亚胺基板上旋涂一层 PMMA 薄膜，待其干燥后，按照预设的图样用真空紫外光进行光刻。首先将其浸入氯仿溶液中除去未经光刻的 PMMA，然后放入金属盐溶液中进行离子交换反应，来掺杂目标 MOFs 的金属中心离子。最后，将掺杂金属离子的聚酰亚胺膜浸入有机配体溶液，继而通过微波辐射在聚酰亚胺膜表面生成具有预期图样的 MOFs 晶体。

（3）红外激光直写法

Hirai等[68]将红外激光器用于特定图样 MOFs 的制备。他们把 FeCl₃·6H₂O 和 H₂bdc（bdc=1, 4-苯二甲酸二甲酯）溶解在 N，N-二甲基甲酰胺中，然后将此混合溶液浇铸在玻璃基板上，再根据预设图样用激光扫描照射，得到目标 MIL-53 晶体。该课题组还用这种方法制备了各种各样的 MOFs，包括 MOF-5、HKUST-1、ZIF-8、UIO-66 和 Zn-JAST-1。

4.3.5 金属一有机框架材料基导电复合材料的制备方法

MOFs 的多功能性不仅与其多孔性有关，也可能是由金属组分（如磁性和催化性等）、有机配体（如发光、非线性光学和手性等）或者两者结合所引发。然而，在实际应用中，MOFs 显示出一些缺点如较差的化学稳定性等。将 MOFs 与其他功能性材料结合，可起到取长补短的作用。MOFs 基导电复合材料是一类由一种 MOFs 与一种或多种与 MOFs 构成组分明显不同的材料组成的复合材料。MOFs 基复合材料具有不同于各个单独组分的性能。MOFs 复合材料可以有效结合 MOFs 的优势（如结构可调性、灵活性、高孔隙率、有序的孔结构等）和其他功能材料的优势（如独特的光学性质、电化学性质、磁性、催化性质等）。可以在现存的多孔晶体数据库中选择合适的 MOFs，或者使用模拟工具进行高效的筛选。目前，已成功制备 MOFs 与一些活性物质的复合材料，包括金属纳米粒子/纳米棒（NPs/NRs）、氧化物、量子点（QDs）、多金属氧酸盐（POMs）、聚合物、石墨烯、碳纳米管（CNTs）、生物分子等，可获得单一组分所不能达到的性能。

（1）金属纳米颗粒/金属有机框架导电复合材料

游离的金属纳米颗粒由于具有较高的表面能而容易发生团聚。长期的存储、加工、使用过程使金属纳米颗粒所具有的独特性质逐渐消失。因此，将金属纳米簇/纳米颗粒封装在有限的空间。例如，介孔或微孔固体，包括金属氧化物、沸石、介孔二氧化硅、活性炭等，是阻止金属纳米颗粒发生团聚的有效方法。多孔 MOFs 具有热稳定性、永久性的纳米级空腔和开放的孔道。与沸石相似，MOFs 可以作为金属纳米粒子的支撑结构，因其具有可调控的孔尺寸可以将金属纳米粒子封装在孔洞内，起到限域的作用，因此能够有效地避免金属纳米粒子团聚。Li课题组[69]提出一种基于AuNPs修饰的Cu-MOFs电化学传感平台，用于亚硝酸根的检测。Cu-MOFs的大比表面积和高孔隙率提高了亚硝酸盐的吸附容量，同时防止了AuNPs在电沉积过程中的聚集，从而更好地利用了AuNPs的高导电性和优良的电催化活性。由Cu-MOFs/Au复合材料构建的电化学传感器对亚硝酸根的检测显示出高灵敏度、高选择性和高稳定性，对亚硝酸传感的线性范围分别为$0.1 \sim 4000\ \mu M$和$4000 \sim 10\,000\ \mu M$，最低检出限为82 nM。此外，该传感器还可用于实际样品中亚硝酸根浓度的分析。此项工作将拓宽MOFs材料在更多新颖电化学传感平台方面的应用（图4.11）。

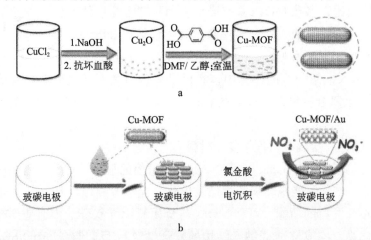

图4.11　AuNPs修饰Cu–MOFs构建检测亚硝酸根的电化学传感器[69]

（2）碳/金属有机框架复合材料

石墨烯和碳纳米管均具有优异的电导率、极好的机械性能、电化学性能和热力学性能等特点，使其在MOFs复合物中起到了极好的纳米结构填充物的作用。这一新型的MOFs复合物，结合了纳米碳与功能性无机材料各自独立的性质，不仅进一步提高了单相MOFs的稳定性和导电性，而且产生了一些新的功能，如形成新的孔隙和模板效应等。Srimuk等[70]制得10%质量分数的还原型氧化石墨烯（rGO）和HKUST-1的复合材料。rGO的引入不仅提高了单纯HKUST-1的导电性，还使HKUST-1原来的微孔结构转变为介孔结构，平均孔径为8.2 nm，有利于吸附和释放电解质离子。在$0.5M Na_2SO_4$电解质溶液中，10%质量分数rGO/HKUST-1复合材料修饰的柔性碳纤维纸电极在$1\ A \cdot g^{-1}$时显示出高的比容量$385\ F \cdot g^{-1}$，远超过单纯HKUST-1的比容量。

（3）有机聚合物/金属有机框架复合材料

有机聚合物具有许多独特的属性，包括易制备、质量轻、韧性好、具有良好的热力学和化学稳定性，能够与其他功能性材料组合形成复合材料。特别是，纳米级聚合物，不同于大尺寸聚合物，它可展现出极好的性能。目前，已有控制聚合物在多孔性MOFs内部合成的新方法。有机聚合物/MOFs复合材料是由各种各样的MOFs和有机聚合物组合合成的一类具有综合性能的复合材料。Wang等[71]首先采用传统方法在碳布上合成了ZIF-67，然后在MOF孔内进行苯胺的电化学聚合，最终合成PANI-ZIF-67复合材料。由于在MOFs的孔隙中存在导电聚合物 PANI，大大降低了材料的体积电阻，同时保持了 MOFs 的高电容和高性能。

（4）多金属氧酸盐 / 金属有机框架复合材料

多金属氧酸盐（POMs）是过渡金属与氧阴离子形成的不连续金属氧化物团簇，在构成、尺寸和形状上具有广泛的结构多样性和优异的性质。尤其是 POMs 独特的电化学氧化还原活性，可参与快速可逆的多电子转移反应，使其成为一种良好的电催化材料。然而，有人发现由于经典多酸易溶于水和一些有机溶剂，导致其作为催化剂材料修饰电极易脱落不稳定、催化剂寿命短。多金属氧酸盐的缺点是具有较低的比表面积和较差的化学稳定性。将多酸固定在多孔固体材料中是能够提高多酸在催化反应中稳定性的新方法。与传统的固体支撑物相比，多孔 MOFs 具有高比表面积和多孔性的优势。多金属氧酸盐分散在 MOFs 孔洞中，防止其凝聚失效，可提高其催化性能。2009 年，Liu 等[72] 以 HKUST-1 金属有机框架为模型，将一系列 Keggin 型多酸（$[H_nXM_{12}O_{40}]$，X=Si，Ge，P，As；M=W，Mo；n=3，4）引入框架的八面体笼中，实现了多酸与金属有机框架的有效结合，同时抑制多酸的聚集。该复合材料是一种潜在的非均相催化剂，对于酯类的水解反应具有高效的选择性催化。

（5）金属氧化物 / 金属有机框架复合材料

金属氧化物纳米材料（metal-oxide-NP）具有可控的形状、尺寸、结晶度和性质，被广泛用于电子工业、电化学能源转换与存储及催化、光学等领域。为了进一步改善金属氧化物材料的性能并开发新的功能，可将 MOFs 与金属氧化物复合，特别是具有磁性和半导体性质的金属氧化物，构成核—壳纳米结构的复合材料。目前制备 metal-oxide-NP/MOFs 纳米复合材料的方法有两种：第 1 种方法是在 MOFs 空腔中形成金属氧化物，如通过煅烧或分解预先加入的前驱体；第 2 种方法是将预合成的金属氧化物纳米粒子封装到 MOFs 骨架中。在后一种方法中，金属氧化物纳米粒子通常进行适当的表面官能团修饰（如氨基、羧基等），可改善金属氧化物纳米粒子与 MOFs 间的吸引力，促进晶体的可控生长。可用一种材料金属氧化物进行预处理，增强其与 MOFs 间的兼容性，能够促进 MOFs 在金属氧化物纳米粒子周围生长。或者，金属氧化物纳米粒子作为模板并为 MOFs 的形成提供金属源，即自模板合成方法。自模板合成方法是一种很好的选择，能够获得界限清晰的核—壳纳米结构。除了制备这种核—壳结构的 metal-oxide-NP/MOFs 材料，MOFs 也被用作模板合成具有特殊形貌的金属氧化物。

（6）MOF/MOF 核—壳异质结构复合材料

MOFs/MOFs 核—壳异质结构复合材料，不仅能修饰多孔性质，而且可在不改变 MOFs 晶体特征的前提下为 MOFs 添加新的功能。构建多功能的核—壳异质结构的方法有两种：第 1 种方法，作为壳的 MOFs 通过异质外延生长法，在另一个种子 MOFs 晶体的外表面生长，形成复合晶体。具有不同金属中心或配体的两种配位组分被分隔在晶体的不同区域。这种方法成功与否取决于下面的 MOFs 基底与堆积在上面的 MOFs 是否具有相匹配的晶格点阵。第 2 种方法，后合成修饰方法，包括有机配体中未配位的基团继续进行选择性的反应，或者替换骨架中的金属离子或配体，使 MOFs 中金属中心或有机配体的修饰被迫在 MOFs 的外表面或核内部进行。

4.3.6　金属—有机框架材料基导电复合材料的应用

4.3.6.1　锂离子电池

MOFs 具有孔隙率大、比表面积大、孔结构规则可调、有机连接剂和金属节点多样性等结构方面的优点，其成本较低且具有一定的氧化还原活性。因此，MOFs 是锂离了电池电极材料的良好选择。然而，在实际应用中，MOFs 材料导电性差且稳定性差，导致电池循环性能差，从而限制了其在电池方面的应用。然而，MOFs 材料由于其结构特点，可包含一种或多种功能组分制备 MOFs 基复合材料，可大大改善 MOFs 材料的电化学性能。Feng 研究团队[73]通过层层自组装法，成功制得了核—壳结构的 Fe_3O_4/MOFs 复合材料，其中多孔金属有机骨架（MOF-HKUST-1）为外壳结构。Fe_3O_4/MOFs 复合材料作为锂离子电池负极材料具有优异的电化学性能。在电流密度为 $100\ mA \cdot g^{-1}$，100 次充放电循环后，Fe_3O_4/MOFs 的可逆容量可保持在 $1002\ mA \cdot h \cdot g^{-1}$，远高于 Fe_3O_4 的 $696\ mA \cdot h \cdot g^{-1}$。此外，负载电流密度为 $2\ A \cdot g^{-1}$ 时，Fe_3O_4/MOFs 仍具有 $429\ mA \cdot h \cdot g^{-1}$ 的可逆容量。

4.3.6.2　燃料电池

燃料电池中阴极 ORR 影响着其整体性能。MOFs 作为一种新型的有机–无机杂化材料，由于其结构灵活、孔隙可控等优点，已被证明是一种很有前途的催化材料。尽管以 Cu、Fe 和 Co 等过渡金属为中心的 MOFs 具有一定的 ORR 催化活性，但其导电性差、稳定性差。若将 MOFs 与其他功能材料复合，是一种有效提高 ORR 活性的策略。Suh 课题组[74]在 3D Cu-MOFs 上成功生长 CuS 纳米粒子（CuS NPs）。随着 CuS NPs 含量的增加，复合材料的导电性呈指数增长，而孔隙率降低。此外，CuS NPs/Cu-MOFs 在碱性溶液中表现出更高的 ORR 电催化活性，起始电位为 0.91 V（vs. RHE），在 0.55 V（vs. RHE）动力学电流密度为 $11.3\ mA \cdot cm^{-2}$。这项工作证实了材料的孔隙率和导电性对电催化性能的重要性。MOFs 中均匀可调的孔隙既可以充当限制金属纳米颗粒的反应空间，又可以限制其他较大分子如甲醇的浸入，从而为设计针对 ORR 的高效选择性电催化剂提供了一个良好的模型。

4.3.6.3　超级电容器

传统的超级电容器是电化学双层电容器（EDLC），它通过电极表面吸附离子形成离子双层来存储能量。材料表面积、孔径分布、孔体积等性质均影响 EDLC 的电容性能。由于金属和有机部分的同时存在，MOFs 具有高比表面积和良好的孔径分布，既有氧化还原活性组分，又有形成双层的表面，是 EDLC 有潜力的电容器材料。已有多种 MOFs 材料用于电容器，包括 MOF-5、MOF-74、HKUST-1、ZIF-8、UiO-66 等。但是，单独使用纯 MOFs 作为超级电容器电极材料时，通常存在两个关键问题，即导电性差和化学稳定性差，因此，通过选择合适的功能材料构建 MOFs 基复合材料可以改善这两个方面的性能。Zhang 等[75]合成了碳纳米管（CNTs）和锰基金属有机框架（Mn-MOF）杂化材料，并将其作为超级电容器电极材料。在 Mn-MOF 中加入碳纳米管使得电导率和比电容增加，从纯 Mn-MOF 的 43.2 F·g^{-1} 增加至 CNTs/Mn-MOF 的 203.1 F·g^{-1}。此外，基于 CNTs/Mn-MOF 的对称超级电容器在 3000 次循环后仍具有良好的功率密度和良好的稳定性，初始电容保留率为 88%。

4.3.6.4 电化学传感器

MOFs 具有大的比表面积、有序多孔的结构和暴露的活性位点等。因此，具有良好的电化学性能。大的比表面积为分析物的预富集提供了有利的条件；有序的多孔结构和孔径大小可调节可为其负载其他功能性客体提供有利条件，而且有利于分析物通过电解质/电极界面进行迁移；暴露的活性位点有利于提高电催化活性。因此，近年来对 MOFs 及基复合材料在电化学传感方面的研究明显增多。Wang 等[76]采用溶剂热法制备 Fe_3O_4/rGO 后再结合 ZIF-8，制备了 Fe_3O_4/rGO/ZIF-8 复合材料，用于电化学传感检测多巴胺。该传感器即使在 AA 和 UA 存在的情况下也可灵敏地检测到多巴胺，说明该传感器具有很好的抗干扰性能，并且将其应用于血清和尿液中测定多巴胺，回收率分别为 103.0% 和 98.2%。

4.3.6.5 催化领域

MOFs 在催化方面的固有特性和显著优势：MOFs 具有高密度和均匀分散的活性位点；多孔的结构，使所有活性位点易于与底物接触；开放的通道，极大地促进了基质和产物的转移和扩散。因此，MOFs 有效结合了均相和非均相催化剂的优点，具有较高的反应效率和可循环利用性。此外，MOFs 具有高度均匀的孔隙形状和尺寸，此对于尺寸选择性催化是至关重要的，即小尺寸的反应物可以有效地参与反应，而大于孔隙尺寸的分子则不参与反应。MOFs 的孔径是连续可调的，在沸石（微孔）和二氧化硅（介孔）之间起到桥梁的作用。因此，MOFs 适用于许多重要的催化反应，如 Lewis 酸催化、氧化催化、仿生催化、电催化、加氢催化、光催化等。Zhao 等[77]制备两种稳定的 3D 多酸基金属有机框架 $[CuI_{12}(trz)_8(H_2O)_2][\alpha\text{-}SiW_{12}O_{40}]\cdot_2H_2O$（1）和 $[CuI_{12}(trz)_8Cl][\alpha\text{-}PW_{12}O_{40}]$（2）用作可见光诱导光催化剂。在 MOFs 中引入 POMs 不仅增加了可见光的吸收，而且更有效地分离了光生电子/空穴对。POMOFs 作为一种非均相催化，在可见光下表现出明显的光催化活性，并且在催化过程中表现出良好的稳定性。尤其是化合物（1）是目前报道的具有高的光降解活性和光稳定性的 POMOFs 之一，同时具有较高的光催化析氢活性。

4.4 石墨相氮化碳基导电复合材料

1834 年，Berzelius 首次合成了由碳和氮元素组成的高分子聚合衍生物，随后被 Liebig 等将其命名为 "melon"。1940 年，Redemaim 等研究发现 "melon" 并不是由单一的结构单元组成，而是由聚合程度不同的聚合物构成的混合物。1996 年，Teter 等根据理论计算，提出了氮化碳可能存在 5 种结构，分别为：$\alpha\text{-}C_3N_4$、$\beta\text{-}C_3N_4$、立方相（$c\text{-}C_3N_4$）、准立方相（$p\text{-}C_3N_4$）和类石墨相（$g\text{-}C_3N_4$），其中，$g\text{-}C_3N_4$ 是唯一的软质相，且其具有最稳定的结构。

4.4.1　石墨相氮化碳（g–C₃N₄）的结构

g-C₃N₄具有两种可能的结构：一是三嗪（s-Triazine）（图 4.12a），在常温常压下基于三嗪的 5 种 C₃N₄结构中，唯一的稳态结构单元是 g-C₃N₄；二是 3-s- 三嗪（Tri-s-Triazine）（图4.12b），人们采用密度泛函理论（DFT）计算了基于 Tri-s-Triazine 结构单元的 g-C₃N₄的结合能较小，且其结构很稳定，只有 30 kJ·mol⁻¹。目前，普遍认为 3-s- 三嗪（Tri-s-Triazine）是 g-C₃N₄的基本结构单元。

g-C₃N₄是具有类似于石墨的二维层状结构，其层间距约为 0.326 nm，组成 g-C₃N₄的C 原子和 N 原子均以 sp² 杂化的形式通过 σ 键形成类似苯环的六边形芳香结构，g-C₃N₄的 C 原和 N 原子在 Pz 轨道都存在孤对电子，这些 Pz 轨道的电子可以相互作用形成类似苯环的大 π 键，进而形成高度离域的共轭体系。根据理论计算，g-C₃N₄的最低空轨道（LUMO）是由 C 原子 Pz 轨道组成，其 LUMO 能级（导带）约为 –1.30 eV；而最高占据轨道（HOMO）则是由 N 原子的 Pz 轨道组成，HOMO 能级（价带）约为 1.40 eV，且g-C₃N₄禁带宽度约为 2.70 eV。因此，g-C₃N₄可以吸收波长小于 475 nm 的光，具有一定的可见光光催化活性。

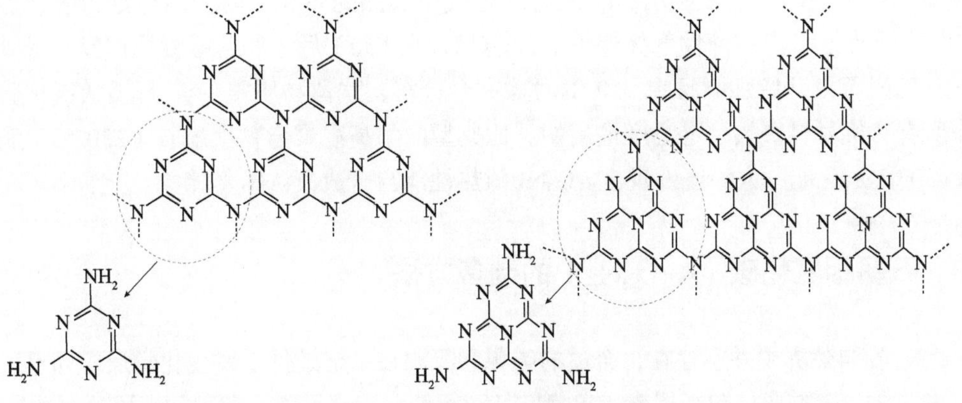

图 4.12　石墨相氮化碳的两种分子结构

4.4.2　石墨相氮化碳（g–C₃N₄）的性质

Liu 和 Cohen 通过理论计算表明，g-C₃N₄除了因体模量高而表现出超高的硬度之外，还具有高绝缘、高导热、巨能隙等特点；而且，由于 g-C₃N₄结构对称性差，其具有较大的非线性光学系数，因此，g-C₃N₄除了应用于抗摩擦、机械等领域，还可应用于光学和光电材料领域。下面着重介绍 g-C₃N₄的光电特性、化学稳定性和热稳定性。

（1）光电特性

众所周知，半导体材料的光电特性受能带位置影响，其带隙能和电子空穴对电极电势的大小决定了吸收光的波长范围及氧化还原能力的大小，进而影响光氧化性和光还原性。根据 g-C₃N₄在光电化学实验中光电流瞬态图谱，可以计算其表面复合动力学常数，了解其光电特性，评价其载流子的表面复合情况。从 g-C₃N₄ 的带隙结构可以看出：H^+/H_2 电对电势高于 g-C₃N₄ 的导带底端电势，而 O_2/H_2O 电对电势低于价带电势，因而 g-C₃N₄ 可应用于光解水制氢，同时也可用于光解水制氧。另外，不同结构的 g-C₃N₄ 的带隙存在着一些明显的区别，掺杂对 g-C₃N₄ 的带隙也有着显著的影响。因此，可通过改变 g-C₃N₄ 的制备方法和制备过程参数来改变其禁带宽度，也可通过对 g-C₃N₄ 进行掺杂来改变其禁带宽度，从而提高光催化活性。

g-C₃N₄ 材料的 UV-Vis 吸收光谱、PL 荧光光谱图表明，石墨状氮化碳具有典型的半导体吸收特征，光谱带宽约在 420 nm，这与其固体粉的颜色特性一致，禁带宽度为 2.7 eV，吸收光谱可以延伸至可见光区。荧光光谱也显示，g-C₃N₄ 发光与缩聚程度及层间的堆积密切有关，未缩聚 g-C₃N₄ 的最大 PL 峰在 λ_{max}=366 nm 处，而经过缩聚反应得到的 g-C₃N₄（550℃下缩聚 4 h）的 PL 峰值明显向长波方向移动（λ_{max}=472 nm），正好与缩聚程度越高、光谱带宽越低的规律一致。但与在 600 ℃条件经过缩聚反应得到的 g-C₃N₄ 相比较而言，其光谱明显发生红移，这可能是由于高度缩聚改变了其层间的电子耦合和堆积方式。此外，吸收波长与缩聚温度有关，缩聚温度升高，吸收边移向长波，光谱带宽降低。

（2）化学稳定性和热稳定性

热重分析（TGA）结果显示，g-C₃N₄ 在空气中加热到 600 ℃时依然稳定，继续加热到 630 ℃时才开始分解。在惰性气体保护下，g-C₃N₄ 在 450℃后才非常缓慢地挥发，继续升温直至 650 ℃时挥发开始加剧且在 750 ℃时才完全分解，残留物质很少。石墨状氮化碳是迄今为止所有有机材料中热稳定温度最高的，比典型的耐高温聚合物聚酰胺（250 ℃）和聚酰亚胺（450 ℃）还高。人们还发现，g-C₃N₄ 耐热性能与合成方法密切相关。

4.4.3 石墨相氮化碳（g-C₃N₄）的制备方法

g-C₃N₄ 在自然界中并不存在，合适的碳源和氮源在一定条件下发生化学反应即可大规模制备。常见的碳氮前驱体包括尿素、单氰胺、双氰胺、三聚氰胺、硫脲和三聚硫氰酸等。由于 g-C₃N₄ 具有良好的光电性能、热稳定性和化学稳定性强等优点，人们在 g-C₃N₄ 的制备领域做了大量工作，常见的制备方法包括热聚合法、固相法、电化学沉积法和溶剂热法。

（1）热聚合法

热聚合法是一种在常温常压下使前驱体发生聚合生成 g-C₃N₄ 的方法。热聚合法制备的 g-C₃N₄ 通常有两种类型：一种是富含 C 元素的 g-C₃N₄，这种类型的氮化碳 C 元素与 N 元素的摩尔比值（C/N）在 1 ~ 5，主要以四氮化碳（CCl_4）和乙二胺为原料，先通过低温聚合再通过高温缩聚而成。这类氮化碳的结晶度都比较差，在 XRD 图谱上通常只会在 2θ =26°的位置出现一个归属于（002）晶面的衍射峰；另外一种是富含 N 元素的 g-C₃N₄，这种类型的氮化碳 C 元素与 N 元素的摩尔比值（C/N）在 0.6 ~ 1.0，主要将含有三嗪环结构的化合物（如三聚硫氰酸、三聚氰胺等）或者是可以通过聚合作用生产三嗪环结构的化合物（如尿素、氰胺、双氰胺等）经过高温煅烧而成。这一种氮化碳的结晶度比前一种好，在 XRD 图谱上通常会出现两个峰，这两个峰的位置分别在 13.0° 和 27.4°，并分别对应于 g-C₃N₄ 的

（100）和（002）晶面。

在形貌调控方面，热聚合法可以通过加入一些模板或者共聚物调节 g-C$_3$N$_4$ 的形貌。例如，以有序介孔硅为模板，以氰胺为前驱体可以合成纳米颗粒状 g-C$_3$N$_4$，纳米颗粒的直径在 50 ~ 70 nm。利用软模板 P123 或硬模板硅纳米颗粒作为模板剂，以三聚氰胺、氰胺或二氰胺为前驱休经过高温煅烧可制备多孔状 g-C$_3$N$_4$，多孔 g-C$_3$N$_4$ 的比表面积在 86 ~ 439 m^2·g^{-1}。可以在氰胺或双氰胺的水溶液中加入二氧化硅、氧化铝、蒙脱土等各种模板剂通过反向复制的方法制备各种特殊形貌的 g-C$_3$N$_4$。以三聚氰胺为原料，通过先高能球磨然后再煅烧的方法可制备出花状氮化碳。有人发现，以三聚氰胺和三聚氰酸为原料在不同溶剂的诱导下发生共聚反应，可得到纳米空心球、纳米管等多种特殊形貌的 g-C$_3$N$_4$。表 4.3 列出了不同前驱体热聚合法制备 g-C$_3$N$_4$ 的性质差异。虽然多种含氮有机物均可通过热聚合法制备 g-C$_3$N$_4$，但是由于前驱体自身性质，尤其是聚合度和热分解性能的差别，不同前驱体制备的 g-C$_3$N$_4$ 在形貌、比表面积、掺杂情况和光催化应用中表现出不同的性质。

表 4.3 不同前驱体通过热聚合法制备的 g–C$_3$N$_4$ 的性质差异

前驱体	分子结构式	C/N 比	比表面积（m^2·g^{-1}）	掺杂与否
Cyanamide	H$_2$N━━━N	0.68	4.0	None
Urea	O / H$_2$N、NH$_2$	0.66	83.5	Oxygen
Thiourea	S / H$_2$N、NH$_2$	0.70	18.0	None
		0.65	4.4	Sulfur
Dicyanamide	NH / CN / H$_2$N、H	0.65	6.7	None
melamine	NH$_2$ / N、N / H$_2$N、N、NH$_2$	0.67	9.0	None
Thiocyanuricacid	SH / N、N / HS、N、SH	0.69	52.0	Sulfur

（2）固相法

固相法一般选择含有三嗪或七嗪结构的有机化合物作为前驱体，随后在适当温度、压力下进行固相反应，即可以得到 g-C$_3$N$_4$。譬如，Kouvetakis 等[78] 通过热分解三聚氰胺树脂得到一种无定型的 C$_3$N$_4$ 薄膜。经分析发现，这种氮化碳类似于石墨烯状片层堆积起来，每一片层均由 C 和 N 两种元素交替键合而成。同时，样品的结构中含有一种 C 和两种 N，所有的 C 均 sp2 杂化，且与 3 个 N 相连；两种 N 中，一种与 3 个 C 相连，另一种与两个 C 相连。根据这些结构特征，笔者认为此产物是一种无定型的石墨相氮化碳。固相反应不仅可合成 g-C$_3$N$_4$，而且可以调节 g-C$_3$N$_4$ 的形貌。Khabashesku 等[79]以三聚氰氯为前驱体、以 LiN$_3$ 为 N 源，通过优化温度压力等反应条件制得一种空心球状的无定型 g-C$_3$N$_4$。

（3）溶剂热法

对于 g-C$_3$N$_4$ 的合成，人们早期主要采用溶剂热法合成 α 相或 β 相等超硬氮化碳。Andreyev 等[80]利用六氯苯作为溶剂和碳源，用 NaN$_3$ 作为氮源，温度为 400 ~ 500 ℃，压力为 7.7 GPa，反应时间为 50 ~ 70 h 下，成功制得 C 原子与 N 原子摩尔比为 0.8 的 g-C$_3$N$_4$。但是，粉末 X 射线衍射（XRD）及透射电子显微镜（TEM）的分析结果显示，笔者制备的 g-C$_3$N$_4$ 只包含很少量的结晶颗粒，主要以无定型态为主。由于溶剂热法的反应条件可调，人们可通过调节反应条件如温度、压力、反应时间及前驱体的比例等，调控反应物分子的组装过程，从而制备出各种形貌的 g-C$_3$N$_4$。

（4）电化学沉积法

电化学沉积法应用于制备薄膜状 g-C$_3$N$_4$，该法可以降低 g-C$_3$N$_4$ 生成体系的反应温度，还可降低 C 原子和 N 原子成键的反应势垒。电化学沉积法可与模板法相结合调节氮化碳的形貌。例如，曹传宝课题组[81]首先在 ITO 电极上沉积一层半径为 320 nm 的二氧化硅纳米球，然后以丙酮为溶剂、以双氰胺为原料成功制得由纳米颗粒组成的氮化碳空心球。

4.4.4 g–C$_3$N$_4$ 基导电复合材料

g-C$_3$N$_4$ 存在以下两个方面的不足之处：①量子效率低。由于 g-C$_3$N$_4$ 层与层之间的距离较大（0.67 nm），限制了光生电子在层与层之间的自由传递，因此，光生电子会优先在氮化碳的二维平面上自由移动。只有当自由电子从体相迁移至表面后才可有效地发生化学反应，因此，对于原始的 g-C$_3$N$_4$ 来说，只有很少部分的光生电子才可以传递到表面，所以石墨相氮化碳的量子产率低。②内阻比较大。g-C$_3$N$_4$ 主要由 C 原子和 N 原子组成，而这两种元素是在自然界中分布较广、无毒无害且对环境友好的光催化材料。但也正是由于其是由 C 原子和 N 原子相互交替组成，因此，石墨相氮化碳的导电性不好，体相中的光生电子迁移至表层需消耗巨大的能量，导致光生电子的还原势能降低，从而影响到石墨相氮化碳的催化效果。为克服上述缺陷，可通过以下两种途径对 g-C$_3$N$_4$ 进行改性：①通过掺杂等手段缩小 g-C$_3$N$_4$ 的带隙宽度，以提高其对可见光的响应范围；②将 g-C$_3$N$_4$ 与其他半导体光催化剂进行复合形成异质结复合光催化剂，提高其光生电子与空穴的分离效率。

（1）掺杂

掺杂是在半导体中引入缺陷能级、改变带隙能量及结晶度，制造电子或空穴陷阱，以提高光生电子—空穴对的分离效率来增强光催化反应活性。元素掺杂可分为非金属掺杂（如 P、S、B 等）和金属掺杂（如 Fe、Zn、Co 等）。

非金属掺杂是指 g-C$_3$N$_4$ 的 3-s- 三嗪环结构单元中的 C、N、H 被 S、O、B、F、P

等原子替换，掺杂取代的原子半径与原来晶体结构中的原子半径不同，原来晶体结构中原子的规则排布会被破坏，从而形成晶格缺陷引入杂质能级，这在一定程度上会捕捉光生电子并抑制光生电子和空穴的复合，进而提高光催化活性。也有不少研究指出，非金属掺杂 $g\text{-}C_3N_4$ 半导体可以拓宽体系的光吸收范围，减小半导体的带隙能，从而增强光催化活性。

$g\text{-}C_3N_4$ 的金属掺杂主要是将金属离子掺杂到 $g\text{-}C_3N_4$ 晶格空隙中或取代材料晶格中的 C、N、H 原子。这些金属离子能够有效捕获导带中的光生电子，从而降低光生电子和空穴的复合率，同时掺杂金属离子会引起 $g\text{-}C_3N_4$ 半导体的晶格缺陷，可以拓宽半导体材料对光的响应范围，提高光催化效果。Wang X. C. 等[82]以双氰胺和氯化铁（$FeCl_3$）为原料，在氮气的氛围中，通过 600 ℃热缩聚，成功地合成了 Fe 掺杂的 $g\text{-}C_3N_4$（$Fe\text{-}g\text{-}C_3N_4$）。通过对样品进行 XPS 测试，结果表明，$Fe\text{-}g\text{-}C_3N_4$ 中的 Fe 离子是以 +3 价态为主，掺杂 Fe 后 $g\text{-}C_3N_4$ 具有可见光活化过氧化氢（H_2O_2）降解矿化罗丹明 B（Rh B）的光催化活性。此外，他们选取不同的反应原料，通过高温热缩聚的方法制备出了一系列由过渡金属（Fe、Cu、Ni、Co 和 Mn 等）掺杂改性的 $g\text{-}C_3N_4$。紫外可见漫反射测试结果表明，金属掺杂的 $g\text{-}C_3N_4$（$M\text{-}g\text{-}C_3N_4$）的吸光性能均明显优于 $g\text{-}C_3N_4$。掺杂金属离子不仅能够改善 $g\text{-}C_3N_4$ 的吸光性能，而且能够显著抑制 $M\text{-}g\text{-}C_3N_4$ 上光生载流子的复合。

（2）半导体 / $g\text{-}C_3N_4$ 异质结复合材料

$g\text{-}C_3N_4$ 是聚合物半导体材料，其结晶度相对较差，而且具有较高的激子结合能，不利于光生载流子快速向催化剂表面迁移，因而其光生载流子的分离效率较低，造成了 $g\text{-}C_3N_4$ 的光催化活性相对较低。为了解决 $g\text{-}C_3N_4$ 的光生载流子分离效率较低的短板，一般将 $g\text{-}C_3N_4$ 与其他半导体材料进行复合，形成复合异质结光催化剂。因为异质结可以促进激子的解离，提高催化剂的光生载流子的分离效率，从而达到提高催化剂光催化活性的目的。

①宽带隙 / $g\text{-}C_3N_4$ 复合材料。单一的 $g\text{-}C_3N_4$ 光生载流子分离效率较低，可与宽带隙的半导体材料进行复合，提高 $g\text{-}C_3N_4$ 的光催化活性。目前，人们已经制备出了一系列宽带隙半导体材料与 $g\text{-}C_3N_4$ 复合的高效异质结复合光催化剂，其中主要包括：TiO_2/ $g\text{-}C_3N_4$、ZnO/ $g\text{-}C_3N_4$、SnO_2/ $g\text{-}C_3N_4$、N-doped $NaNbO_3$/ $g\text{-}C_3N_4$、$NaTaO_3$/ $g\text{-}C_3N_4$、N-doped $H_2Ta_2O_6$/ $g\text{-}C_3N_4$、$ZnWO_4$/ $g\text{-}C_3N_4$、MoO_3/ $g\text{-}C_3N_4$、CeO_2/ $g\text{-}C_3N_4$、$BiPO_4$/ $g\text{-}C_3N_4$、$BiOCl$/$g\text{-}C_3N_4$ 和 YVO_4/ $g\text{-}C_3N_4$ 等。与 TiO_2、ZnO 等宽带隙半导体材料复合后，不仅可以提高 $g\text{-}C_3N_4$ 光生载流子的分离效率，而且也可以扩宽复合光催化剂对光的响应范围。一般来说，$g\text{-}C_3N_4$ 的导带位置在较负的电势位置，在可见光照射下，可见光只能激发带隙较窄的 $g\text{-}C_3N_4$，其受激发后价带上的电子就会跃迁到导带，然后导带上的电子因为电势差的存在而转移到导带位置更正的宽带隙半导体催化剂的导带上，在空间上使 $g\text{-}C_3N_4$ 的光生电子和空穴得到分离，从而提高了复合光催化剂的光催化活性。$g\text{-}C_3N_4$ 与宽带隙半导体材料复合后，不仅可以提高 $g\text{-}C_3N_4$ 的光生载流子的分离效率，而且可以抑制某些宽带隙半导体材料的光腐蚀现象。

②窄带隙半导体 / $g\text{-}C_3N_4$ 复合材料。太阳光中高能量的紫外光只占总能量的 5%，而可

见光大约占 47%。为了更好地利用太阳光中的可见光，人们把 g-C$_3$N$_4$ 与可见光响应的窄带隙金属氧化物、硫化物、金属钒酸盐、金属卤化物和金属卤氧化物等半导体材料进行复合，制备出了一系列高光催化活性的复合异质结可见光催化剂。在太阳光的照射下，g-C$_3$N$_4$ 与窄带隙的半导体材料都受到激发，产生光生电子和空穴，由于两种材料复合形成了异质结，光生电子和空穴在内电场的作用下发生反向迁移，进而使光生电子和空穴得到有效分离，从而提高了复合光催化剂的光催化活性。

Fu J. 等[83] 报道了以硫脲和硝酸镉为原料，通过共沉淀反应在 g-C$_3$N$_4$ 的表面均匀负载 CdS 颗粒，制备出 CdS/g-C$_3$N$_4$ 异质结复合光催化剂。负载 CdS 后，CdS/g-C$_3$N$_4$ 在可见光下降解甲基橙（MO）的光催化活性显著提高；与 g-C$_3$N$_4$ 和 CdS 相比，其光催化活性分别提高了 20.5 倍和 3.1 倍；而在降解对氨基苯甲酸的光催化反应中，则分别提高了 41.6 倍和 2.7 倍。与单一的 CdS 相比，g-C$_3$N$_4$ 与 CdS 复合不仅可以提高 g-C$_3$N$_4$ 光催化活性，而且 g-C$_3$N$_4$ 可以抑制 CdS 的光腐蚀现象；在催化降解有机污染物的过程中表现出很高的稳定性，经过 5 次循环实验后 g-C$_3$N$_4$/CdS 的光催化活性仍保持在较高水平。这主要是因为 CdS/g-C$_3$N$_4$ 异质结光催化剂使光生空穴和电子得到有效的分离，使 CdS 产生的光生空穴转移到 g-C$_3$N$_4$，从而抑制了 CdS 的光腐蚀现象，提高了 g-C$_3$N$_4$ 的光催化活性。

（3）贵金属 / g-C$_3$N$_4$ 复合材料

贵金属沉积是一种提高光生电子和空穴分离效率的有效方法，通过光沉积、化学沉积等方法在 g-C$_3$N$_4$ 表面负载 Pt、Au、Ag 等导电性良好的贵金属元素。贵金属和半导体具有不同的费米能级，半导体的费米能级比贵金属的费米能级高。因此，当贵金属和半导体之间产生有效的表面接触后，光生电子会从费米能级高的半导体表面迁移到费米能级低的贵金属上，形成能有效捕获光生电子的肖特基势垒，从而抑制半导体光生电子和空穴的复合。同时，Pt、Au、Ag 等贵金属纳米粒子还具有表面等离子体共振效应（Surface Plasmon Resonance，SPR），g-C$_3$N$_4$ 表面强烈的等离子体共振可以在相邻的共振结构交界面处形成电磁场，加速光生载流子的分离转移速度，从而提高光催化效率。

（4）碳材料 / g-C$_3$N$_4$ 复合材料

氧化石墨烯（GO）、还原石墨烯（rGO）、多壁碳纳米管（MWCNT）、富勒烯（C$_{60}$）、活性炭及其衍生物等碳材料，它们的 C 原子是通过 sp^2 杂化的形式形成共价键，此类碳材料大多数具有离域的大 π 键，因而具有优良的导电性和稳定性。碳材料还具有较低的费米能级，可以有效捕获和传导光生电子，能有效提高光生载流子的分离效率，因此常被用于改性半导体光催化剂。Xu 等[84] 以氰胺为原料，通过高温热缩聚的方法制备出了 MWCNTs/g-C$_3$N$_4$ 复合光催化剂。复合 MWCNTs 后，与 g-C$_3$N$_4$ 相比，MWCNTs/g-C$_3$N$_4$ 对可见光的吸收显著增强。荧光测试结果表明，MWCNTs/g-C$_3$N$_4$ 能够有效抑制光生载流子的复合。同时，MWCNTs/g-C$_3$N$_4$ 的光催化分解水产氢的活性和光电性能得到显著提高。这主要是 MWCNTs 与 g-C$_3$N$_4$ 的协同作用，提高了光生载流子的分离效率，从而提高了其光催化活性。

（5）有机聚合物 / g-C$_3$N$_4$ 复合材料

有机聚合物聚苯胺（PANI）等与 g-C$_3$N$_4$ 具有相同离域 π 键，可以成为电子的给体和空穴的受体，因此具有优良的传输光生载流子的能力、优异的可见光吸收性能、较高的稳定性和廉价易得等优点，可广泛应用于改性制备复合光催化剂。近年来，人们将有机聚合物与 g-C₃N₄ 进行复合，制备出了一系列 g-C₃N₄ 与有机聚合物的异质结复合光催化剂。Ge L. 等[85]以苯胺为原料，通过有机聚合反应，制备出了 PANI/g-C₃N₄ 复合光催化剂。复合 PANI 后，PANI/g-C₃N₄ 对可见光的吸收能力得到显著提高。荧光测试表明，g-C₃N₄ 复合 PANI 后能显著抑制光生载流子的复合。PANI/g-C₃N₄ 的光电性能和光催化活性明显优于纯的 g-C₃N₄ 和 PANI。PANI/g-C₃N₄ 在可见光下催化降解亚甲基蓝（MB）的光催化活性比纯的 g-C₃N₄ 高出约 5.1 倍。

4.4.5　g-C₃N₄ 基导电复合材料的应用

g-C₃N₄ 因其独特的电子结构、较好的热稳定性和光化学稳定性、制备方法简单、成本低且环境友好等特点，被广泛应用于光电传感器、储能设备、催化领域等方面。

（1）光电传感器

g-C₃N₄ 材料具有合适的禁带宽度、良好的光学性质，在光电传感器方面具有良好的应用潜力。①与纳米 TiO₂ 形成复合材料。TiO₂ 是常用的纳米光电材料，其禁带宽度为 3.2 eV，对紫外光具有敏感性强的特点；g-C₃N₄ 的禁带宽度为 2.7 eV，属于可见光区的光电敏感材料，当二者复合时，可显著提高在可见光区的光敏性。②与 Ⅱ ~ Ⅵ 半导体量子点形成复合材料。Ⅱ ~ Ⅵ 半导体量子点是光电传感器中常见的光敏材料。通常，单一半导体量子点的光电转化效率较低，需将不同禁带宽度的材料复合得到光电复合材料。

（2）储能设备

全球能源短缺亟须高能量转换和存储设备，为了增强这些装置的实用性，迫切需要高效、稳定和成本低廉的电极材料。太阳能电池、电催化剂和超级电容器等领域属于 g-C₃N₄ 的新兴应用方向。Ma 等[86]通过原位氧化聚合制备 Ag 纳米颗粒修饰的聚苯胺（PANI）/ 石墨相氮化碳（g-C₃N₄）复合材料，并将其作为超级电容器的活性电极材料。在 1.0 M H₂SO₄ 电解质的三电极系统测试电极材料的超级电容行为，研究表明，在 1 A·g⁻¹ 的电流密度下循环 1000 次后，Ag/PANI/g-C₃N₄ 复合材料仍具有 797.8 F·g⁻¹ 的高比电容和 84.43% 的电容保持率。Wu 等[87]合成 g-C₃N₄/ZnO 纳米复合材料，并以此作为染料敏化太阳能电池（Dye-Sensitized Solar Cell，DSSCs）光阳极，研究了该复合材料在 DSSCs 中的光电转换效率。结果表明，g-C₃N₄ 起到保护 ZnO 的作用，防止 ZnO 在电解液中被腐蚀，同时 g-C₃N₄ 提高了光阳极对光的利用率，增加了对染料的吸附能力，从而提高了 DSSCs 的光电转换效率。

（3）催化领域

①化学反应催化剂。有机物的氧化反应在化学工业中占据着举足轻重的地位，其反应的进行严重依赖各种氧化剂的氧化性强弱。但性能优异的传统氧化剂（如高锰酸盐、重铬酸盐、浓硫酸、浓硝酸等）存在着环境污染大、费用高、重复利用率差及氧化程度难以控制等缺点，因此，寻求性能优异且氧化性能适中的新型氧化剂一直是众多化学工

作者的夙愿。

g-C$_3$N$_4$ 由于独特的化学组成和 π 共轭电子结构，具有较强的亲核能力、易形成氢键，以及 Brönsted 碱功能和 Lewis 碱功能，使其成为一种多功能的催化剂应用于传统的有机催化反应中。g-C$_3$N$_4$ 由于离域的 π 共轭电子结构，可以高效活化 H$_2$O$_2$ 或 O$_2$，使其应用于有机选择性氧化反应体系中。通过比较价带结构发现，在可见光的激发下，g-C$_3$N$_4$ 材料导带激发的电子可以还原氧气得到活泼的超氧自由基，从而引发氧化反应；而其价带形成的电子穴却不能使—OH 氧化产生羟基自由基，因而不会过度氧化，所以 g-C$_3$N$_4$ 催化的氧化反应属于部分氧化范畴，即为可控氧化。资料表明，g-C$_3$N$_4$ 光催化氧化反应的研究主要集中在烷烃氧化、烯烃氧化、醇类氧及杂原子氧化等几个方面。

此外，g-C$_3$N$_4$ 纳米材料由于具有优异的化学惰性（pH 值 =0 ~ 14）、较高的比表面积和种类丰富的纳米多级结构，在传统催化领域经常被用作绿色载体和储能材料。Gong 等[88]将 Pd 负载在 mpg-C$_3$N$_4$ 载体上，用于苯酚、喹啉和胺类化合物的选择性加氢，表现出很高的活性和活性选择性。

②光催化制氢。1972 年日本东京大学 A. Fujishima 和 K. Honda 教授首次提出，利用 TiO$_2$ 单晶电极可以在光照下催化分解水并制得氢气。这成果一经提出便受到各界广泛关注，开辟了半导体利用太阳能分解水制氢的先河。其原理为：光辐射在半导体上，当辐射的能量大于或相当于半导体的禁带宽度时，半导体内电子受激发从价带跃迁到导带，而空穴则留在价带，使电子和空穴发生分离，然后分别在半导体的不同位置将水还原成氢气或者将水氧化成氧气。半导体微粒要完全分解水必须满足以下基本条件：第一，半导体微粒禁带宽度必须大于水的分解电压理论值 1.23 eV；第二，光生载流子（电子和空穴）的电位必须分别满足将水还原成氢气和氧化成氧气的要求。具体来说，就是光催化剂价带的位置应比 O$_2$/H$_2$O 的电位更正，而导带的位置应比 H$_2$/H$_2$O 更负；第三，光提供的量子能量应该大于半导体微粒的禁带宽度。

新生代半导体光催化材料 g-C$_3$N$_4$ 能够满足多相光催化材料光解水的所有要求。第一，g-C$_3$N$_4$ 的带隙为 2.7 eV，远远大于水的分解电压理论值 1.23 eV；第二，g-C$_3$N$_4$ 材料制备过程所形成的缺陷刚好为催化提供适宜的微结构及活性位点；第三，g-C$_3$N$_4$ 光催化剂价带的位置比 O$_2$/H$_2$O 的电位更正，而导带的位置比 H$_2$/H$_2$O 更负；第四，g-C$_3$N$_4$ 有着非常好的热稳定性及化学稳定性；第五，g-C$_3$N$_4$ 材料制造工艺简单，价格低廉。g-C$_3$N$_4$ 的这些优点使得很多学者对其应用于光解水制氢充满憧憬。

③光催化 CO$_2$ 还原。将 CO$_2$ 变废为宝已成为人类亟待解决的问题。模仿自然界中的光合作用，利用光催化技术将 CO$_2$ 还原为可利用的能源物质 CH$_4$、CH$_3$OH、HCHO、HCOOH 等并同时消耗 CO$_2$ 是目前认为最有前景的方法之一。在一定能量的光照下，半导体光催化材料产生电子和空穴，电子具有还原能力，在 H$_2$O 存在下可将 CO$_2$ 还原为 CH$_4$、CH$_3$OH、HCHO、HCOOH 等。空穴具有氧化能力，可将 H$_2$O 转化为 O$_2$。用于还原 CO$_2$ 的光催化材料必须具有合适的价导带位置，价带位置要比 H$_2$O/O$_2$ 的氧化电位（0.82 eV）更正，才具有将水裂解的能力，为 CO$_2$ 还原提供 H$^+$，同时导带位置要比 CO$_2$/碳氢燃料的还原电势更负，才能完成将 CO$_2$ 还原为碳氢燃料的任务。

4.5 层状双金属氢氧化物（Layered Double Hydroxide，LDHs）基复合材料

4.5.1 LDHs 的结构

1842年前后，瑞典人在自然界中的叶片或纤维状物质中发现天然水滑石，并在1942年实现水滑石的合成。水滑石，又称为层状双金属氢氧化物（LDHs），也称为阴离子黏土。LDHs是经典的层状结构，层板内原子间是共价结合，层间为离子键、氢键等弱相互作用。其结构与水镁石类似，由纳米级层板和层间阴离子构成，化学组成为 $[M^{2+}_{1-x}M^{3+}_x(OH)_2]^{x+}(A^{n-})_{x/n}yH_2O$，其中，$M^{2+}$ 表示位于层板上的二价阳离子，可为 Mg^{2+}、Co^{2+}、Ni^{2+}、Fe^{2+}、Cu^{2+}、Zn^{2+} 等；M^{3+} 表示位于层板上的三价阳离子，可为 Al^{3+}、Cr^{3+}、Fe^{3+} 等；A^{n-} 为层间可交换的电荷补偿离子，y 为水分子数目，x 为三价金属离子与总金属离子物质的量比。与水镁石不同的是，在LDHs晶体结构中，位于层板上的 M^{2+} 离子可在一定范围内被半径相近的 M^{3+} 离子取代，使层板带有正电荷。层间 A^{n-} 阴离子与层板上正电荷平衡，使其整体结构呈电中性。层板与层间阴离子通过氢键、静电作用相连，使得LDHs层间阴离子具有可交换性。此外，在LDHs层间存在一些水分子，这些水分子可在不破坏层状结构的条件下去除（图4.13）。

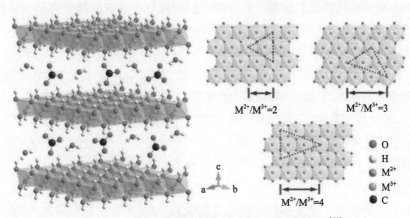

图 4.13 层状双金属氢氧化物典型的结构示意图 [89]

（1）层间阳离子的种类

由LDHs的结构通式可以看出，LDHs层板上金属离子具有可调变性，从理论上讲，半径在 0.050 ~ 0.074 nm 的金属离子通过有效地组合，可以构成结构相同、组成不同、性质不同的LDHs化合物。

（2）层间阴离子的种类

LDHs层间阴离子的可调变性是LDHs化合物的一种重要性质。构成LDHs的阴离子可以分为无机阴离子、有机阴离子、络合阴离子、杂多酸离子、层状阴离子。

无机阴离子：CO_3^{2-}、NO_3^-、OH^-、Cl^-、$S_2O_3^{2-}$、SO_4^{2-}、WO_4^{2-}、CrO_4^{2-}、PO_4^{3-} 等。

有机阴离子：多巴胺离子、对苯乙烯磺酸根、柠檬酸根、酒石酸根等。

络合阴离子：$Fe(CN)_6^{3-}$、$B_3O_3(OH)_4^-$ 等。

杂多酸离子：$V_{10}O_{26}^{6-}$、$Mo_7O_{24}^{6-}$ 等。

层状阴离子：$[MgAl(OH)_6]^-$ 等。

4.5.2 LDHs 的性质

LDHs 的晶体结构特征主要由层板的元素性质、层间阴离子的种类和数量、层间水的数量及层板的堆积形式所决定。LDHs 具有以下性质。

（1）碱性

LDHs 层板是由镁氧八面体和铝氧八面体组成，层间含有氢氧根离子，因此具有强碱性。LDHs 的碱性强弱与其所含的金属氢氧化物的碱性强弱有关。由于 LDHs 的比表面积较小（$5 \sim 20 \ m^2 \cdot g^{-1}$），表观碱性也较弱。而其煅烧产物复合金属氧化物（LDO）则表现出较强的碱性。复合金属氧化物一般具有较高的比表面积（$200 \sim 300 \ m^2 \cdot g^{-1}$）及 3 种强度不同的酸、碱中心，其结构中心充分暴露后表现出更强的碱性。

LDHs 在碱性条件下稳定，因此其制备的过程要求在碱性条件下进行，并且碱性不同，合成的 LDHs 性能也不同。当遇到酸时，LDHs 层板结构会被破坏。

（2）热稳定性

LDHs 加热到一定温度发生分解，热分解包括层间脱水、脱碳酸根离子、层板羟基脱水等步骤。在温度低于 200 ℃时，只是失去层间水分子，层板结构并不会被破坏；当温度上升到 250 ~ 450 ℃时，将会失去更多的水分，产生 CO_2；继续增加温度到 450 ~ 500 ℃时，CO_3^{2-} 消失，完全转变为 CO_2，生成双金属复合氧化物（LDO）；最后，当温度超过 600 ℃时，分解后形成的金属氧化物开始烧结，使表面积降低，孔体积减小，形成尖晶石和氧化物的混合物。在加热过程中，LDHs 的层状有序结构被破坏，表面积增加，孔容增加。在 LDHs 层板上存在强烈的共价键作用，而层间阴离子与层板之间是弱的静电引力，因而增强层板与层间阴离子之间的静电作用，便可以提高此类物质的热稳定性。

（3）记忆效应

将 LDHs 在一定温度下焙烧一段时间后得到的 LDO 加入含有某种阴离子的溶液介质中，可以使部分结构恢复到有序的层状结构。一般而言，焙烧温度在 500 ℃以内，结构的恢复是可能的，但当焙烧温度在 500 ℃或以上时，由于生成了尖晶石型的焙烧产物，使 LDHs 结构无法恢复。利用水滑石的记忆效应可以有效地合成含不同阴离子的功能性水滑石材料。

（4）粒子尺寸和分布的可调控性

合成 LDHs 的方法有多种，且每一种方法均可通过改变条件来控制 LDHs 晶体粒径的尺寸。影响 LDHs 粒径大小的因素有溶液的浓度、晶化温度、晶化时间、溶液 pH 值等。其中，合成温度是影响 LDHs 粒子尺寸最明显的因素。大多数情况下，晶化温度越高，LDHs 的晶粒尺寸越大，反之亦然。

4.5.3　LDHs 基复合材料的制备方法

LDHs 具有制备方法多样、层间离子可交换、结构记忆效应等特性，LDHs 基复合材料的制备方法主要有原位合成法、离子交换法、层层自组装法和焙烧复原法。

（1）原位合成法

原位合成法是在已选择的载体上，运用适当的物理或化学手段将目标功能材料组装到所选载体的表面。这种制备方法是较常用的方法之一。得到的复合材料的性能具有优于载体及功能材料性能的特点，使得材料整体的性能均得到显著的提升。Huang 等[90]以氧化石墨烯（GO）为基板，利用原位水热法在其表面生长 Co/Al-CO$_3$LDHs。结果发现，在水热反应过程中氧化石墨烯被还原成石墨烯，同时形成的 Co/AlLDHs 的纳米盘结构可以阻止石墨烯片层的对齐重构。LDHs/GO 复合结构中 LDHs 的尺寸大小和生长取向与 LDHs 成核的离子浓度有关。在较低的离子成核浓度下，LDHs 随机生长与基质的 ab 面垂直或平行；而在较高的离子成核浓度下，LDHs 以垂直于 GO 纳米片的 ab 平面的方式生长。石墨烯与 LDHs 之间的电子传递有助于改善 LDHs 的比热容，提高其性能。

（2）离子交换法

离子交换法是利用 LDHs 层间的阴离子可交换性及可插层的性质，在一定条件下，将目标阴离子通过交换的方法插入 LDHs 的层间，从而得到插层产物。文献结果发现，离子交换反应能否顺利进行，与插层阴离子的性质、反应体系的 pH 值、温度、主层板的组成结构、电荷密度等诸多因素有关。离子交换法是制备有机 – 无机复合材料的经典方法之一。近些年，可以通过离子交换的方法将阴离子表面活性剂、药物分子和生物大分子等引入 LDHs 层板间。由于主层板与层间阴离子存在一定的协同作用，所以交换后的层间客体阴离子会对 LDHs 材料的性质产生极大影响，从而改善材料性能。

（3）层层自组装法

层层自组装法是 20 世纪 90 年代快速发展起来的一种操作简易、制备成本低且应用广泛的多功能表面修饰方法。无机/有机纳米颗粒、有机小分子、生物大分子等都可以在适当的条件下与 LDHs 层板组装形成功能性复合材料，得到的复合材料可以广泛应用于发光材料、超疏水材料、生物传感器及催化等领域。

对于 LDHs 的层层自组装，首先要对 LDHs 进行层板剥离，得到 LDHs 纳米片。LDHs 的主层板内的金属离子之间存在极强的共价作用，而主层板与层间阴离子之间仅存在相对较弱的作用力（如静电作用力、范德华力等）维持结构，因此 LDHs 的层板很容易被这些弱的作用力撑开而发生剥离，而主层板的结构不受影响。Chong 等[91]通过离子剥离的方法得到了 CoAl-LDHs 纳米片，再通过逐层自组装方法在常见阴离子（A^{n-}）（如 NO$_3^-$、CO$_3^{2-}$、SO$_4^{2-}$ 和 PO$_4^{3-}$）的辅助下成功在 α-Fe$_2$O$_3$ 膜上进行修饰。结果表明，具有较高电荷数和四面体构型的阴离子更有利于 α-Fe$_2$O$_3$ 体相中的电—荷分离和 CoAl-LDHs 层板之间的电荷转移，所以 PO$_4^{3-}$-CoAl-LDHs/α-Fe$_2$O$_3$ 显示出最佳光电化学水氧化性能（图 4.14）。

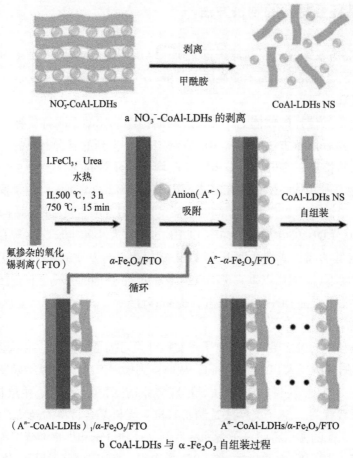

a NO₃⁻-CoAl-LDHs 的剥离

b CoAl-LDHs 与 α-Fe₂O₃ 自组装过程

图 4.14 α-Fe₂O₃/CoAl-LDHs 复合材料的制备过程 [91]

（4）焙烧复原法

焙烧复原法主要是运用了 LDHs 结构的记忆效应。在一定温度和时间下焙烧过后得到 LDHs 焙烧产物，即层状双金属氧化物（Layered Double Oxide，LDO），然后将 LDO 溶入含有目标阴离子的溶液中，该 LDO 会恢复到原有的有序层状结构 LDHs，且层板间组装有目标阴离子，从而制备出复合 LDHs 材料。LDHs 的煅烧时间、温度、插层阴离子的结构性质等都会对复合材料有影响。当一些体积较大或者组成较复杂的有机或者无机阴离子，难以通过原位合成或者离子交换的手段进入 LDHs 层间时，可以通过焙烧复原的方法使插层进入 LDHs 层间。但当焙烧温度大于 600 ℃时，由于生成具有尖晶石相的焙烧产物，会导致其结构无法恢复，同时作为前驱体的 LDHs 在焙烧过程中主层板往往会受到不同程度的破坏，因此在 LDO 重新还原成 LDHs 后，其某些结构并不能完全恢复，在材料晶相结构中有时会出现杂质相。

4.5.4 LDHs 基复合材料的应用

LDHs 具有主体层板金属阳离子组成可调、插层客体种类和数量可调等结构特点，充分利用其层状结构带来的特殊组合、调整能力，可制备多种功能的层状结构材料，该材料在催化、能源、生物传感器等领域已得到广泛应用。

（1）电化学领域

鉴于 LDHs 特殊的层状结构、组成可调和稳定性强的特点，近年来 LDHs 在电化学方面的应用已引起了人们的广泛研究兴趣。一方面，利用变价金属离子具有电子得失的性质，将 LDHs 用于电极材料或者电催化反应，如 Ni^{2+}、Co^{2+}、Mn^{3+} 等，Huang 等人利用 Ni^{2+} 的还原氧化性能在无酶的条件下电催化氧化葡萄糖，该实验方法可以不受酶保持活性所需的条件控制；另一方面，具有电活性物质的插层 LDHs 可作为电极材料，由于层板的保护及固定作用，插层后的电活性物质具有更好的稳定性和活性。

（2）催化方面

LDHs 化合物具有特殊的层状结构和较大的孔结构，应用于有机分子反应中具有活性高、选择性好、金属活性组分分散度高、再生性好等优点，从而可作为加氢、重整、裂解、缩聚及聚合等反应的多功能催化材料。具体体现在两个方面：一是直接利用 LDHs 作为催化剂，或以 LDHs 为前体将焙烧所得的混合氧化物作为催化剂或者催化剂载体，可用于催化聚合、羟醛缩合、甲烷或烃类重整、烷基化、高级醇和烃的合成等有机反应；二是以 LDHs 为前驱体，将同多或杂多化合物嵌入其层间，可望获得大孔径多功能层柱催化材料。这类材料一方面可用于择形催化、电化学催化和光催化反应；另一方面作为稳定均相催化剂和仿生催化剂，以延长催化剂寿命和易于回收循环使用。

LDHs 和以其为焙烧前驱体所得到的焙烧产物均存在碱性中心，可作为碱性催化剂用于烯烃氧化和醇醛缩聚反应。LDHs 具有易分离、易再生、腐蚀性小、环境污染低等优点，在许多反应中正在取代 NaOH、KOH 等传统液相碱性催化剂。

此外，焙烧或未焙烧的 LDHs 可作为催化剂载体，载体的性质和制备方法直接影响粒子的性状、大小和分布，进一步影响其负载的催化材料的催化活性和选择性。将 LDHs 与其他具有光催化活性的材料复合，得到的 LDHs 基复合光催化材料可以进一步提高催化性能。Mohamed 等 [92] 将 Zn-FeLDH 与聚吡咯纳米纤维（PPy NF）复合得到有机 – 无机 PPy NF/Zn-FeLDH 复合材料，该复合材料对有机染料降解效果优良，羟基自由基和光生空穴是主要的活性氧化自由基。通过掺杂的方式得到的无机 – 无机复合光电催化材料，如 Ni/Co/TiLDH、Zn/Al/TiLDH、Zn/Al/TiLDH、Mn/Co/TiLDH、Mg/Al/TiLDH 等材料，也表现出优异的光催化性能。

利用 LDHs 的离子交换性能，将多金属氧酸盐插层到 LDHs 层间，也可以得到高催化活性的复合光催化材料。Guo 等 [93] 通过离子交换的方法合成了多种多金属氧酸盐插层的 Zn/AlLDHs，多金属氧酸盐具有大的比表面积和层间孔道结构，可有效提高材料的光催化活性。以 LDHs 作为载体，将贵金属纳米颗粒固定在 LDHs 上，利用贵金属的等离子体效应可以提高光生载流子的迁移率。最近有报道称，含有 Co、Fe、Mn 和 Ni 等元素的 LDHs 具有高效率的电催化性能，因此，使得 LDHs 成为复合光电极材料开发时可选择的一类性质优异的助催化剂材料。Shao 等 [94] 通过电化学合成的方法得到了具有核壳结构的 ZnO/CoNi-LDH 纳米阵列。LDHs 优良的电化学活性，提高了光生电子—空穴的分离效率，复合材料的光电流密度和稳定性得到了很大的提高。

4.6 黑磷（Black Phosphorus，BP）基复合材料

4.6.1 BP 的结构

磷元素具有多种多样的单质形态，主要有白磷、红磷和黑磷这 3 种同素异形体。白磷的结构是零维的 P_4 分子结构，分子由 4 个磷原子构成，每个磷原子与邻近的 3 个磷原子通过 sp 轨道成键，形成四面体结构，白磷的反应性最强，是其他磷化物的前体物质；红磷是一种更加稳定的非晶态一维链状大分子的结构；黑磷则是其中稳定性最高的二维结构，可以参考白磷来理解黑磷的晶体结构。黑磷的高结构稳定性归因于其正交的晶体结构。块体黑磷由许多单层黑磷通过弱的范德华相互作用堆积形成，单层黑磷则由 sp^3 杂化的 P_4 单元共价连接构成，这种 sp^3 杂化使得单层黑磷形成起伏的六边形结构，其结构与褶皱的蜂窝结构类似，如图 4.15 所示。这种结构具有 96.300°（θ_1）和 102.095°（θ_2）两个不同的键角，角度接近完美四方结构 109.5° 的键角，因此，黑磷的结构稳定性大大提高。同样，黑磷结构中存在着两种不同的键长，一种是平面键长（2.224 Å），它连接着同一平面内最近的磷原子；另一种是不同平面间磷原子之间键长（2.244 Å），它连接着上下两层的磷原子。相邻两层黑磷之间磷原子的距离约为 5.3 Å，大于共价键的长度，表明这些层是通过范德华力而不是化学键相互作用堆叠在一起。

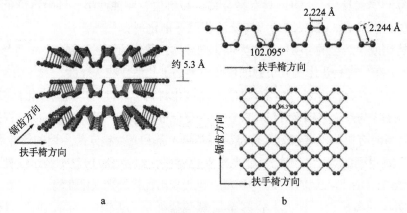

图 4.15　黑磷晶体结构示意图[95]

随着压力的变化，黑磷的晶体结构也会发生相应可逆的结构转变。由于黑磷正交结构中键的不同，层间距离远大于层内键合长度。当压力增加时，范德华键容易缩短，而共价键略有变化。此外，由于层内褶皱层之间的恢复力弱，这些层在压力作用下将经历剪切运动，使得不同层中的原子可能形成新的共价键。在压力增加过程中，晶格压缩与层间滑动同时发生，正交相向半金属菱方相转变，其中蜂窝结构沿 [001] 方向堆叠。如果再进一步压缩，磷原子之间化学键重建，黑磷最终演变成金属相简单立方结构。黑磷的晶体结构在 ≈ 5 GPa 下斜方相会转变为三方相，在 ≈10 GPa 下会转变为简单立方相，这两种转变都是可逆的。

4.6.2　BP 的性质

（1）半导体特性

P. W. Bridgman 最早制备了黑磷并对其进行研究，他发现黑磷可以被压缩，而且电阻率与压力和温度有关。他还揭示了斜方相的黑磷具有半导体特性，三方相的黑磷具有半金属性，简单立方相的黑磷具有金属性且在 6 K 下展现出超导性。1953 年，Robert W. Keyes 对黑磷进行电导率和 Hall 效应测试，发现黑磷具有 P 型半导体特性，禁带宽度很窄，只有 0.33 eV。由于常压下黑磷是斜方相，接下来的一些性质均针对此种结构的黑磷进行介绍。

（2）电导和载流子迁移率

1914 年，Bridgman 最早报道了黑磷电导方面的实验结果，相比于绝缘的白磷和红磷，黑磷是一种良好的导体，且在 30℃时黑磷的电阻范围在 0.48 ~ 0.77 Ω，75 ℃时黑磷的电阻下降 35%。1953 年，Keyes 和 Warschauer 对黑磷的电导率和霍尔系数又重新进行了研究，结果表明，未掺杂的黑磷显示出具有正霍尔系数的 P 型电导率，电导率更多地由空穴占主导地位。20 世纪 80 年代，Te 掺杂的 N 型半导体黑磷被成功地合成出来。常温下，黑磷的空穴迁移率为 350 $cm^2 \cdot V^{-1} \cdot s^{-1}$，而电子的迁移率为 220 $cm^2 \cdot V^{-1} \cdot s^{-1}$，它们可以用 $T^{-2/3}$ 关系表征，这说明它们在 195 ~ 350 ℃的测量范围内主要被晶格振动分散。从磁阻系数中提取的载流子迁移率在 77 K 和 294 K 下可以分别达到 $2.7 \times 10^4\ cm^2 \cdot V^{-1} \cdot s^{-1}$ 和 $1.5 \times 10^4\ cm^2 \cdot V^{-1} \cdot s^{-1}$。在低温 20 K 下，空穴的迁移率达到最大值 $6.5 \times 10^4\ cm^2 \cdot V^{-1} \cdot s^{-1}$，而电子的霍尔迁移率在 50 K 下达到最大值 $1.5 \times 10^4\ cm^2 \cdot V^{-1} \cdot s^{-1}$。早期的不少研究也记载了黑磷的各向异性的传输特性。垂直于黑磷层面方向的载流子迁移率最小，层面内沿着"之"字形方向的载流子迁移率最高。

（3）可调的电子结构和带隙

1953 年，Robert W. Keyes 通过电导率实验的方法测试了块体黑磷的带隙，为 0.33 eV。2016 年，Feng Wang 等通过吸收光谱的手段测试了不同厚度黑磷纳米片的带隙，发现单层、双层、三层及块体黑磷的光学带隙分别为 1.73 eV、1.15 eV、0.83 eV 和 0.35 eV，并且证明了它们均为直接带隙。另外，研究人员不断地通过理论模拟的方式来研究黑磷的能带结构。1981 年，Yukihiro Takao 等通过紧束缚近似理论首次计算了黑磷的电子结构，计算结果表明，块体黑磷的带隙为 0.33 eV。2014 年，Vy Tran 等通过第一性原理模拟的方法研究了不同层数黑磷的能带结构，计算结果表明，单层黑磷的带隙值为 2.0 eV，随层厚增加呈现幂指数规律减少，可减至 0.3 eV。这些理论计算所报道的带隙差别主要是由于所采用的计算方法不同造成的，而理论计算与实验测试结果的差异可能是由于样品厚度无法准确测量而导致的。但这些研究结果表明了相同的趋势，即随着黑磷厚度和层数的减少，带隙增加。造成此现象的原因是，黑磷的蜂窝状网络结构具有很明显的褶皱，因此，其电子状态极易受到外部扰动的影响。可以用基于态密度（DOS）计算的范德华相互作用解释，层数的增加导致布里渊区的能带分裂，带隙减小。

（4）化学不稳定性

尽管黑磷具有很高的载流子迁移率和可以调控的能带结构等显著特点，但是黑磷在空气条件下不稳定，磷原子上的孤对电子很容易遭受氧气的进攻，因此，黑磷容易被氧化水解变成磷的氧化物和磷酸等物质。这种变化会致使黑磷的结构被破坏、载流子迁移率降低、接触电阻增大等，从而使得器件性能受到影响。

4.6.3 BP 基复合材料的制备方法

由于黑磷的化学不稳定性，亟须寻找方法提高黑磷的稳定性。此外，单一黑磷的性能并不理想，可对黑磷进行表面改性，通过与其他稳定的材料进行杂化、复合等，构建新型复合材料，提升黑磷基复合材料的性能。

（1）石墨烯/黑磷复合材料

石墨烯是一种性能优异的二维材料，它具有超高的载流子迁移率和较大的比表面积。石墨烯与黑磷复合，对黑磷形成包覆和保护作用，有益于使二者产生协同效应。理论分析表明，黑磷的 Pz 轨道与石墨烯的 π 轨道可产生耦合作用，使界面电子重新分布，对黑磷载流子产生较大影响。H. Liu 等[96]将黑磷和氧化石墨烯悬浮液分散在 N- 甲基吡咯烷酮 NMP 中，采用一步溶剂热法还原氧化石墨烯，得到黑磷 – 石墨烯复合材料。在该复合材料合成过程中，产生 P—C 键和 P—O—C 键，不仅实现了黑磷与石墨烯之间的原位结合，而且该合成方法简单，黑磷 – 石墨烯复合材料表现出较好的锂离子电池性能。在 100 mA·h·g^{-1} 电流密度下，经 200 圈循环后，电容量依然高达 1401 mA·h·g^{-1}，显示出良好的离子电池存储能力和循环稳定性。此外，在电化学电容性能方面，H.Xiao 等[97]分别将黑磷和石墨进行剥离，经层层抽滤，获得了黑磷与石墨烯相互夹裹的薄膜，制成了微型超级电容器。该电容器展现出 319 S·cm^{-1} 的电导率、11.6 mWh·cm^{-3} 的能量密度及较好的柔性。在 5 mV·s^{-1} 的扫描速率下，具有 37.5 F·cm^{-3} 的电容容量，该容量达到石墨烯薄膜的 10 倍。

以上可知，将黑磷片与石墨烯等碳材料复合，可使复合材料表现出更高的载流子迁移率及明显改善的充放电过程中的体积膨胀，展现出良好的应用前景。但目前该复合材料多用于离子电池电极，电化学电容方面的应用优势并不明显。

（2）导电聚合物/黑磷复合材料

导电聚合物具有环境稳定性高、电导率高、电化学电容性能良好的特点，常用于电容电极材料。合成导电聚合物的常用方法有电化学沉积法和化学原位聚合法，二者均在低温下进行。电化学沉积法利用恒电位或者循环伏安法，获取沉积在电极上的导电聚合物膜。该方法虽然可以得到柔性和强度均较高的导电聚合物，但成本高、产量低、产物不易与基底电极分离。化学原位聚合法是指在一定的反应介质中加入特定的氧化剂，使得单体在这种反应体系中直接聚合形成高分子并同时完成掺杂过程。该方法原料产量高、后期处理简单，但是存在产物易团聚的问题，通常需要采用大比表材料提高其分散性，从而提升高聚物电化学电容性能。

黑磷的比表面积和高电导率，可以为导电聚合物的沉积提供载体，导电聚合物对黑磷的包覆也能对黑磷起到保护作用，防止黑磷降解。从合成条件看，黑磷的热稳定性较差，更适合低温环境下与其他材料进行复合，导电聚合物的聚合温度低，二者的复合也不会造成黑磷的热分解。因此，黑磷与导电高聚物的复合材料成为一种较理想的复合体。Ali Sajedi-Moghaddam 等 [98] 将经过超声液相剥离法和高速球磨相结合得到黑磷纳米片，通过原位聚合法将聚苯胺和黑磷纳米片复合在一起。黑磷片有助于限制聚苯胺过度聚合，使得有机分子的链不至于太长，还能增加聚苯胺的活性位点，使复合材料展现出更高的电容容量。在 0.3 A · g^{-1} 时，聚苯胺 / 黑磷纳米片复合材料的容量达到 354 F · g^{-1}，相比纯聚苯胺电容提升了 3%。

（3）金属纳米颗粒 / 黑磷复合材料

黑磷具有孤对电子，易吸引带正电的金属离子。因此，利用该特点对黑磷表面进行修饰。被捕捉到的金属离子均匀地分布在黑磷表面，有助于钝化黑磷表面、防止黑磷氧化、提高黑磷的空气稳定性。且黑磷又可作为片状载体，用于负载纳米颗粒或离子。尤其是黑磷作为磷源与过渡金属离子结合而成的过渡金属磷化物表现出较好的锂离子电池性能、电化学电容性能和光催化性能。通常采用溶剂热法、低温（300 ℃左右）热处理法等温度相对温和的方法合成过渡金属磷化物，但这两种方法的产物通常为纳米颗粒状，易团聚，该问题成为影响其性能表现的重要因素。因此，黑磷作为磷源和载体，制备过渡金属磷化物，可解决过渡金属磷化物的团聚问题。Z. Luo 等 [99] 以 DMF 为溶剂，直接对黑磷进行冰水浴、超声剥离处理，经 2000 r · min^{-1} 离心去除大块，将含有黑磷片的 DMF 分散液直接与过量的镍盐进行混合，通过溶剂热反应使磷化镍分散生长在黑磷片层上，得到磷化镍 / 黑磷片复合材料。这种复合材料的载流子浓度是黑磷的 1096 倍，电导率是黑磷的 295 倍，呈现出优异的锂离子电池性能和催化产氢性能。

4.6.4　BP 基复合材料的应用

（1）场效应晶体管

高性能的场效应晶体管依赖高的载流子迁移率、高的开关比、合适的带隙，以及良好的电极与沟道接触。石墨烯由于没有带隙，并不适于直接构建晶体管。过渡金属二硫化合物往往是 N 型半导体，而黑磷是天然 P 型半导体，这为制备电子器件提供了可能性。而且，黑磷为直接带隙半导体且能带宽度随层数变化，可匹配从可见光到近红外区的光谱。当黑磷层数减少时，其主要载流子类型可由空穴主导转变为双极型。此外，黑磷场效应晶体管的开关比可以达到 10^5，其室温下的空穴迁移率可以达到 300 ~ 1000 cm^2 · V^{-1} · s^{-1}，最近的报道表明，这个值还可以达到更高。虽然基于机械剥离法制备的黑磷场效应晶体管表现出良好的特性，但大规模制备黑磷场效应晶体管仍是一个挑战。而采用液相剥离法可大量制备黑磷纳米片，因此在大规模制备黑磷场效应晶体管方面具有更大的优势。Yasaei 等 [100] 采用液相剥离法制备了黑磷纳米片，并制作了基于黑磷薄层的场效应晶体管，其开关比可以达到 10^3，但其迁移率只有大约 0.58 cm^2 · V^{-1} · s^{-1}。通过将氩气通入液体使液体中氧气耗尽的方法得到的黑磷纳米片制备的场效应晶体管表现出双极性的特征，且空穴迁移率可以达到 25.9 cm^2 · V^{-1} · s^{-1}，开关比可以达到 1.6 × 10^3。因此，黑磷纳米片性能表现较差与溶液中的氧气使黑磷退化有关。

（2）锂离子/钠离子电池

传统以石墨为阳极的锂电池的理论比容量为 400 mA·h，实验测值为 200 mA·h，很难满足实际的应用需求。元素磷（P）可以与三个 Li 原子反应，生成 Li_3P 化合物，黑磷的理论比容量高达 2596 mA·h，充放电窗口 0.4 ~ 1.2 V，因此黑磷是锂离子电池良好的电极材料。其原因还有以下 3 点：①锂离子与磷原子结合作用较强，锂离子以阳离子态存在；②锂离子沿黑磷 zigzag 方向的扩散势垒只有 0.08 eV，有望实现超快的充放电过程；③锂离子的嵌入可使黑磷从半导体向导体转变，进一步提高导电性。另外，黑磷的层间距较大，锂离子能在黑磷的层间自由传输，这些优点使黑磷在电池领域具有很高的应用潜能。然而，以黑磷为阳极的锂电池在充电过程中，由于黑磷块体的体积膨胀影响电池使用寿命，充放电不到 60 次，电池容量便只剩不到初始容量的 30%。2014 年，Jie Sun 等 [101] 通过球磨法制备黑磷与石墨的纳米复合材料，他们发现在制备过程中，石墨与黑磷形成磷碳键，并将该复合材料作为锂电池负极，在 0.2 C 充放电速率下，初始容量高达 2786 mA·h，并在 100 圈循环后仍然保持 80% 的容量，且具备较高的倍率性能，如图 4.16 所示。

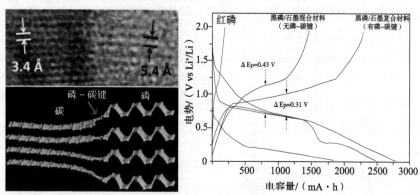

图 4.16 黑磷纳米颗粒与石墨的复合负极材料的结构表征和锂离子电池性能表现 [101]

（3）光电转化器件

黑磷作为一种直接窄带隙 P 型半导体材料，其带隙的大小随厚度的改变而变化，且具有相对较高的载流子迁移率和 100 ps 的快速光生载流子寿命，使得黑磷在光电探测和太阳能电池等光电子器件的应用中具有广阔的应用前景。

由于黑磷对红外波段的光特别敏感，因此，黑磷红外光探测器十分具有研究价值。Nathan Youngblood 等 [102] 研究了一种在近红外波段的门控多层黑磷光电探测器，与石墨烯器件相比，该光电探测器具有明显的优势，在极低暗电流的偏压下也可以工作，在黑磷厚度为 11.5 nm 和 100 nm 的器件中，分别在室温下获得高达 135 mA·W^{-1} 和 657 mA·W^{-1} 的响应率，且光电流主要由光伏效应控制，其响应带宽超过 3 Ghz。

太阳能电池方面，Ganesan VDSO[103] 在 2016 年的理论计算研究表明，黑磷可以与过渡金属硫化物（如 ZrS2、$MoTe_2$）形成紧密、接触良好的异质结界面，增强其光电转换效率，效率可达 12%，此外，施加应力可以显著提高转换效率，在黑磷的 Y 方向施加 2% 的压力应变，会使磷原子轨道的 sp 杂化得到加强，导致导带最小值降低 0.11 eV，光电转换效率增加至 20%。

参考文献

[1] ZHANG H. Ultrathin two-dimensional nanomaterials [J]. ACS Nano, 2015, 9: 9451-9469.

[2] WANG Q H, KALANTAR-ZADEH K, KIS A, et al. Electronics and optoelectronics of two-dimensional transition metal dichalcogenides [J]. Nature nanotechnology, 2012, 7: 699-712.

[3] COLEMAN J N, LOTYA M, O' NEILL A, et al. Two-dimensional nanosheets produced by liquid exfoliation of layered materials [J]. Science, 2011, 331: 568-571.

[4] EDA G, YAMAGUCHI H, VOIRY D, et al. Photoluminescence from chemically exfoliated MoS_2 [J]. Nano letters, 2011, 11: 5111-5116.

[5] NICOLOSI V, CHHOWALLA M, KANATZIDIS M G, et al. Liquid exfoliation of layered materials [J]. Science, 2013, 340: 1226419-1226436.

[6] ZENG Z, YIN Z, HUANG X, et al. Single-layer semiconducting nanosheets: high-yield preparation and device fabrication [J]. Angewandte chemie international edition, 2011, 50: 11093-11097.

[7] ZHANG C, WU H B, GUO Z, et al. Facile synthesis of carbon-coated MoS_2 nanorods with enhanced lithium storage properties [J]. Electrochemistry communications, 2012, 20: 7-10.

[8] DENG Z, JIANG H, HU Y, et al. 3D ordered macroporous MoS_2@C nanostructure for flexible Li-ion batteries [J]. Advanced materials, 2017, 29: 1603020-1602026.

[9] WANG B, ZHANG Y, ZHANG J, et al. Facile synthesis of a MoS_2 and functionalized graphene heterostructure for enhanced lithium-storage performance [J]. Acs applied materials & interfaces, 2017, 9: 12907-12913.

[10] RAMADOSS A, KIM T, KIM G S, et al. Enhanced activity of a hydrothermally synthesized mesoporous MoS_2 nanostructure for high performance supercapacitor applications [J]. New journal of chemistry, 2014, 38: 2379-2385.

[11] MIAO J, HU W, JING Y, et al. Surface plasmon-enhanced photodetection in few layer MoS_2 phototransistors with Au nanostructure arrays [J]. Small, 2015, 11: 2392-2398.

[12] BUTUN S, TONGAY S, AYDIN K. Enhanced light emission from large-area monolayer MoS_2 using plasmonic nanodisc arrays [J]. Nano letters, 2015, 15: 2700-2704.

[13] MULPUR P, YADAVILLI S, RAO A M, et al. MoS_2/WS_2/BN-silver thin-film hybrid architectures displaying enhanced fluorescence via surface plasmon coupled emission for sensing applications [J]. ACS Sensors, 2016, 1: 826-833.

[14] SINGHA S S, NANDI D, SINGHA A. Tuning the photoluminescence and ultrasensitive trace detection properties of few-layer MoS_2 by decoration with gold nanoparticles [J]. RSC Advances, 2015, 5: 24188-24193.

[15] ZHOU L, HE B, YANG Y, et al. Facile approach to surface functionalized MoS_2 nanosheets [J]. RSC Advances, 2014, 4: 32570-32578.

[16] SCHORNBAUM J, WINTER B, SCHIE L S P, et al. Epitaxial growth of PbSe quantum dots on MoS_2 nanosheets and their near-infrared photoresponse [J]. Advanced functional materials, 2014, 24: 5798-5806.

[17] CHEN D, QUAN H, LUO X, et al. 3D graphene cross-linked with mesoporous MnS clusters with high lithium storage capability [J]. Scripta materialia, 2014, 76: 1-4.

[18] GAN Y, XU F, LUO J, et al. One-pot biotemplate synthesis of FeS_2 decorated sulfur-doped carbon fiber as high capacity anode for lithium-ion batteries [J]. Electrochimica acta, 2016, 209: 201-209.

[19] WENBO, PI, TAO, et al. Durian-like NiS_2@rGO nanocomposites and their enhanced rate performance [J]. Chemical engineering journal, 2018, 335: 275-281.

[20] WANG Z, CHEN T, CHEN W, et al. CTAB-assisted synthesis of single-layer MoS_2-graphene composites

as anode materials of Li-ion batteries [J]. Journal of materials chemistry A, 2013, 1: 2202-2210.

[21] LV W, XIANG J, WEN F, et al. Chemical vapor synthesized WS$_2$-embedded polystyrene-derived porous carbon as superior long-term cycling life anode material for Li-ion batteries [J]. Electrochimica acta, 2015, 153: 49-54.

[22] ZHANG Y, WANG N, SUN C, et al. 3D spongy CoS$_2$ nanoparticles/carbon composite as high-performance anode material for lithium/sodium ion batteries [J]. The chemical engineering journal, 2018, 332: 370-376.

[23] IQBAL S, BAHADUR A, SAEED A, et al. Electrochemical performance of 2D polyaniline anchored CuS/Graphene nano-active composite as anode material for lithium-ion battery [J]. Journal of colloid & Interface science, 2017, 502: 16-23.

[24] YANG C, CHEN Z, SHAKIR I, et al. Rational synthesis of carbon shell coated polyaniline/MoS$_2$ monolayer composites for high-performance supercapacitors [J]. Nano research, 2016, 9: 951-962.

[25] ER E, ÇELIKKAN H, ERK N. Highly sensitive and selective electrochemical sensor based on high-quality graphene/nafion nanocomposite for voltammetric determination of nebivolol [J]. Sensors and actuators B: chemical, 2016, 224: 170-177.

[26] TAN C, CHEN J, WU X-J, et al. Epitaxial growth of hybrid nanostructures [J]. Nature reviews materials, 2018, 3: 17089-17091.

[27] WANG X, SHI B, FANG Y, et al. High capacitance and rate capability of Ni$_3$S$_2$@CdS core-shell nanostructures supercapacitor [J]. Journal of materials chemistry A, 2017, 5: 7165-7172.

[28] HONG Q, LU H, CAO Y. Improved oxygen reduction activity and stability on N, S-enriched hierarchical carbon architectures with decorating core-shell iron group metal sulphides nanoparticles for Al-air batteries [J]. Carbon, 2019, 145: 53-60.

[29] JIANG J, YAN C, ZHAO X, et al. A PEGylated deep eutectic solvent for controllable solvothermal synthesis of porous NiCo$_2$S$_4$ for efficient oxygen evolution reaction [J]. Green chemistry, 2017, 19: 3023-3031.

[30] TANG Q, ZHOU Z, SHEN P. Are mxenes promising anode materials for Li ion batteries? Computational studies on electronic properties and Li storage capability of Ti$_3$C$_2$ and Ti$_3$C$_2$X$_2$ (X = F, OH) monolayer [J]. Journal of the american chemical society, 2012, 134: 16909-16916.

[31] HOPE M A, FORSE A C, GRIFFITH K J, et al. NMR reveals the surface functionalisation of Ti$_3$C$_2$ MXene [J]. Physical chemistry chemical physics, 2016, 18: 5099-5102.

[32] HU T, ZHANG H, WANG J, et al. Anisotropic electronic conduction in stacked two-dimensional titanium carbide [J]. Scientific reports, 2015, 5: 16329-16336.

[33] ZHANG X, ZHAO X, WU D, et al. High and anisotropic carrier mobility in experimentally possible Ti$_2$CO$_2$ (MXene) monolayers and nanoribbons [J]. Nanoscale, 2015, 7: 16020-16025.

[34] WANG H, WU Y, ZHANG J, et al. Enhancement of the electrical properties of MXene Ti$_3$C$_2$ nanosheets by post-treatments of alkalization and calcination [J]. Materials letters, 2015, 160: 537-540.

[35] XIE J, WANG X, LI A, et al. Corrosion behavior of selected M$_{n+1}$AX$_n$ phases in hot concentrated HCl solution: effect of A element and MX layer [J]. Corrosion science, 2012, 60: 129-135.

[36] NAGUIB M, MASHTALIR O, CARLE J, et al. Two-dimensional transition metal carbides [J]. ACS Nano, 2012, 6: 1322-1331.

[37] URBANKOWSKI P, ANASORI B, MAKARYAN T, et al. Synthesis of two-dimensional titanium nitride Ti$_4$N$_3$ (MXene) [J]. Nanoscale, 2016, 8: 11385-11391.

[38] XU C, WANG L, LIU Z, et al. Large-area high-quality 2D ultrathin Mo$_2$C superconducting crystals [J]. Nature materials, 2015, 14: 1135-1141.

[39] LIU F, LIU Y, ZHAO X, et al. Pursuit of a high-capacity and long-life Mg-storage cathode by tailoring sandwich-structured MXene@carbon nanosphere composites [J]. Journal of materials chemistry A, 2019, 7: 16712-16719.

[40] CAO W T, CHEN F F, ZHU Y J, et al. Binary strengthening and toughening of MXene/cellulose nanofiber composite paper with nacre-inspired structure and superior electromagnetic interference shielding properties [J]. ACS Nano, 2018, 12: 4583-4593.

[41] YANG C, LIU Y, SUN X, et al. In-situ construction of hierarchical accordion-like TiO_2/Ti_3C_2 nanohybrid as anode material for lithium and sodium ion batteries [J]. Electrochimica acta, 2018, 271: 165-172.

[42] WU Y, NIE P, WU L, et al. 2D MXene/SnS_2 composites as high-performance anodes for sodium ion batteries [J]. Chemical engineering journal, 2018, 334: 932-938.

[43] MENG R, HUANG J, FENG Y, et al. Black phosphorus quantum dot/Ti_3C_2 MXene nanosheet composites for efficient electrochemical lithium/sodium-ion storage [J]. Advanced energy materials, 2018, 8: 1801514-1801523.

[44] ZHANG S, LI X-Y, YANG W, et al. Novel synthesis of red phosphorus nanodot/$Ti_3C_2T_x$ MXenes from low-cost Ti_3SiC_2 MAX phases for superior lithium- and sodium-ion batteries [J]. ACS applied materials & interfaces, 2019, 11: 42086-42093.

[45] LU X, ZHU J, WU W, et al. Hierarchical architecture of PANI@$TiO_2/Ti_3C_2T_x$ ternary composite electrode for enhanced electrochemical performance [J]. Electrochimica acta, 2017, 228: 282-289.

[46] JIMEI, HUANG, RUIJIN, et al. Sandwich-like $Na_{0.23}TiO_2$ nanobelt/Ti_3C_2 MXene composites from a scalable in situ transformation reaction for long-life high-rate lithium/sodium-ion batteries [J]. Nano energy, 2018, 46: 20-28.

[47] ZHAO M Q, XIE X, REN C E, et al. Hollow MXene spheres and 3D macroporous MXene frameworks for Na-ion storage [J]. Advanced materials, 2017, 29: 1702410-1702416.

[48] ZHANG Z, LI H, ZOU G, et al. Self-reduction synthesis of new MXene/Ag composites with unexpected electrocatalytic activity [J]. Acs sustainable chemistry & engineering, 2016, 4: 6763-6771.

[49] EDDAOUDI M, KIM J, ROSI N, et al. Systematic design of pore size and functionality in isoreticular MOFs and their application in methane storage [J]. Science, 2002, 295: 469-472.

[50] LI H, EDDAOUDI M, O' KEEFFE M, et al. Design and synthesis of an exceptionally stable and highly porous metal-organic framework [J]. Nature, 1999, 402: 276-279.

[51] PRESTIPINO C, REGLI L, VITILLO J G, et al. Local structure of framework Cu (II) in HKUST-1 metallorganic framework: spectroscopic characterization upon activation and interaction with adsorbates [J]. Chemistry of materials, 2006, 18: 1337-1346.

[52] MILLANGE F, SERRE C, FéREY G. Synthesis, structure determination and properties of MIL-53as and MIL-53ht: the first Cr^{III} hybrid inorganic-organic microporous solids: Cr^{III} (OH) . (O_2C-C_6H_4-CO_2) . (HO_2C-C_6H_4-CO_2H) $_x$[J]. Chemical communications, 2002, 8: 822-823.

[53] MA S, ZHOU H-C. A Metal-organic framework with entatic metal centers exhibiting high gas adsorption affinity [J]. Journal of the american chemical society, 2006, 128: 11734-11735.

[54] KOBAYASHI Y, JACOBS B, ALLENDORF M D, et al. Conductivity, doping, and redox chemistry of a microporous dithiolene-based metal-organic framework [J]. Chemistry of materials, 2010, 22: 4120-4122.

[55] TALIN A A, CENTRONE A, FORD A C, et al. Tunable electrical conductivity in metal-organic framework thin-film devices [J]. Science, 2014, 343: 66-69.

[56] CHUI S S-Y, LO S M-F, CHARMANT J P H, et al. A chemically functionalizable nanoporous material [Cu_3 (TMA) $_2$ (H_2O) $_3]_n$[J]. Science, 1999, 283: 1148-1150.

[57] SABOUNI R, KAZEMIAN H, ROHANI S. Microwave synthesis of the CPM - 5 metal organic framework [J]. Chemical engineering & technology, 2012, 35: 1085-1092.

[58] SON W J, KIM J, KIM J, et al. Sonochemical synthesis of MOF-5 [J]. Chemical communications, 2008, 6336-6338.

[59] STASSEN I, STYLES M, VAN ASSCHE T, et al. Electrochemical film deposition of the zirconium metal-

organic framework UiO-66 and application in a miniaturized sorbent trap [J]. Chemistry of materials, 2015, 27: 379-391.

[60] ZHAO Y, ZHANG J, HAN B, et al. Metal-organic framework nanospheres with well-ordered mesopores synthesized in an ionic liquid/CO_2/surfactant system [J]. Angew Chem Int Ed Engl, 2011, 50: 636-639.

[61] HU Z, CASTANO I, WANG S, et al. Modulator effects on the water-based synthesis of Zr/Hf metal-organic frameworks: quantitative relationship studies between modulator, synthetic condition, and performance [J]. Crystal growth & design, 2016, 16: 2295-2301.

[62] XU H-Q, WANG K, DING M, et al. Seed-mediated synthesis of metal–organic frameworks [J]. Journal of the american chemical society, 2016, 138: 5316-5320.

[63] HUANG H, LI J R, WANG K, et al. An in situ self-assembly template strategy for the preparation of hierarchical-pore metal-organic frameworks [J]. Nature communications, 2015, 6: 8847-8854.

[64] XU Z-X, MA Y-L, ZHANG J. Enantiopure anion templated synthesis of a zeolitic metal-organic framework[J]. Chemical communications, 2016, 52: 1923-1925.

[65] WANG J-H, ZHANG Y, LI M, et al. Solvent-assisted metal metathesis: a highly efficient and versatile route towards synthetically demanding chromium metal-organic frameworks [J]. Angewandte chemie international edition, 2017, 56: 6478-6482.

[66] PICHON A, LAZUEN-GARAY A, JAMES S L. Solvent-free synthesis of a microporous metal-organic framework [J]. Cryst Eng Comm, 2006, 8: 211-214.

[67] TSURUOKA T, MATSUYAMA T, MIYANAGA A, et al. Site-selective growth of metal-organic frameworks using an interfacial growth approach combined with VUV photolithography [J]. RSC Advances, 2016, 6: 77297-77300.

[68] HIRAI K, SADA K. Infrared laser writing of MOFs [J]. Chemical communications, 2017, 53: 5275-5278.

[69] HUAIYIN, CHEN, TAO, et al. Electrodeposition of gold nanoparticles on Cu-based metal-organic framework for the electrochemical detection of nitrite [J]. Sensors & actuators B chemical, 2019, 286: 401-407.

[70] SRIMUK P, LUANWUTHI S, KRITTAYAVATHANANON A, et al. Solid-type supercapacitor of reduced graphene oxide-metal organic framework composite coated on carbon fiber paper [J]. Electrochimica acta, 2015, 157: 69-77.

[71] WANG L, FENG X, REN L, et al. Flexible solid-state supercapacitor based on a metal-organic framework interwoven by electrochemically-deposited PANI [J]. Journal of the american chemical society, 2015, 137: 4920-4923.

[72] SUN C Y, LIU S X, LIANG D D, et al. Highly stable crystalline catalysts based on a microporous metal-organic framework and polyoxometalates[J]. Journal of the american chemical society, 2012, 131: 1883-1888.

[73] SUN X, GAO G, YAN D, et al. Synthesis and electrochemical properties of Fe_3O_4@MOF core-shell microspheres as an anode for lithium ion battery application [J]. Applied surface science, 2017, 405: 52-59.

[74] CHO K, HAN S H, SUH M P. Copper-organic framework fabricated with CuS Nanoparticles: synthesis, electrical conductivity, and electrocatalytic activities for oxygen reduction reaction [J]. Angewandte chemie international edition, 2016, 55: 15301-15305.

[75] ZHANG Y, LIN B, SUN Y, et al. Carbon nanotubes@metal-organic frameworks as Mn-based symmetrical supercapacitor electrodes for enhanced charge storage [J]. RSC Advances, 2015, 5: 58100-58106.

[76] WANG Y, ZHANG Y, HOU C, et al. Magnetic Fe_3O_4@MOFs decorated graphene nanocomposites as novel electrochemical sensor for ultrasensitive detection of dopamine [J]. RSC Advances, 2015, 5: 98260-98268.

[77] ZHAO X, ZHANG S, YAN J, et al. Polyoxometalate-based metal-organic frameworks as visible-light-induced photocatalysts [J]. Inorganic chemistry, 2018, 57: 5030-5037.

[78] KHABASHESKU V N, ZIMMERMAN J L, MARGRAVE J L. Powder synthesis and characterization of amorphous carbon nitride [J]. Chemistry of materials, 2000, 12: 3264-3270.

[79] ZIMMERMAN J L, WILLIAMS R, KHABASHESKU V N, et al. Synthesis of spherical carbon nitride nanostructures [J]. Nano letters, 2001, 1: 731-734.

[80] ANDREYEV A, AKAISHI M, GOLBERG D. Sodium flux-assisted low-temperature high-pressure synthesis of carbon nitride with high nitrogen content [J]. Chemical physics letters, 2003, 372: 635-639.

[81] BAI X, LI J, CAO C. Synthesis of hollow carbon nitride microspheres by an electrodeposition method [J]. Applied surface science, 2010, 256: 2327-2331.

[82] WANG XC, CHEN XF, Thomas A, et al. Metal-containing carbon nitride compounds: a new functional organic-metal hybrid material [J]. Advanced materials, 2009, 21: 1609-1612.

[83] FU J, CHANG B, TIAN Y, et al. Novel C_3N_4–CdS composite photocatalysts with organic–inorganic heterojunctions: in situ synthesis, exceptional activity, high stability and photocatalytic mechanism [J]. Journal of materials chemistry A, 2013, 1: 3083-3090.

[84] XU Y, XU H, WANG L, et al. The CNT modified white C_3N_4 composite photocatalyst with enhanced visible-light response photoactivity [J]. Dalton transactions, 2013, 42: 7604-7613.

[85] GE L, HAN C, LIU J. In situ synthesis and enhanced visible light photocatalytic activities of novel PANI–g-C_3N_4 composite photocatalysts [J]. Journal of materials chemistry, 2012, 22: 11843-11850.

[86] MA J, TAO X, SONG X, et al. Facile fabrication of Ag/PANI/g-C_3N_4 composite with enhanced electrochemical performance as supercapacitor electrode [J]. Journal of electroanalytical chemistry, 2019, 835: 346-353.

[87] WU D C K, WANG F, ET AL. Two dimensional graphitic-phase C_3N_4 as multifunctional protecting layer for enhanced short-circuit photocurrent in ZnO based dye-sensitized solar cells [J]. Chemical engineering journal, 2015, 280: 441-447.

[88] GONG Y, ZHANG P, XU X, et al. A novel catalyst Pd@ompg-C_3N_4 for highly chemoselective hydrogenation of quinoline under mild conditions [J]. Journal of catalysis, 2013, 297: 272-280.

[89] FAN G, LI F, EVANS D G, et al. Catalytic applications of layered double hydroxides: recent advances and perspectives [J]. Chemical society reviews, 2014, 43: 7040-7066.

[90] HUANG S, ZHU G-N, ZHANG C, et al. Immobilization of Co-Al layered double hydroxides on graphene oxide nanosheets: growth mechanism and supercapacitor studies [J]. ACS applied materials & interfaces, 2012, 4: 2242-2249.

[91] CHONG R, WANG G, DU Y, et al. Anion engineering of exfoliated Co-Al layered double hydroxides on hematite photoanode toward highly efficient photoelectrochemical water splitting [J]. Chemical engineering journal, 2019, 366: 523-530.

[92] FATMA M, ABUKHADRA M R, MOHAMED S. Removal of safranin dye from water using polypyrrole nanofiber/Zn-Fe layered double hydroxide nanocomposite (Ppy NF/Zn-Fe LDH) of enhanced adsorption and photocatalytic properties [J]. Science of the total environment, 2018, 640-641: 352-363.

[93] GUO Y, LI D, HU C, et al. Preparation and photocatalytic behavior of Zn/Al/W (Mn) mixed oxides via polyoxometalates intercalated layered double hydroxides [J]. Microporous and mesoporous materials, 2002, 56: 153-162.

[94] SHAO M, NING F, WEI M, et al. Hierarchical Nanowire Arrays Based on ZnO core-layered double hydroxide shell for largely enhanced photoelectrochemical water splitting [J]. Advanced functional materials, 2014, 24: 580-586.

[95] DU H, LIN X, XU Z, et al. Recent developments in black phosphorus transistors [J]. Journal of materials chemistry C, 2015, 3: 8760-8775.

[96] LIU H, ZOU Y, TAO L, et al. Sandwiched thin-film anode of chemically bonded black phosphorus/graphene hybrid for lithium-ion battery [J]. Small, 2017, 13: 1700758-1700766.

[97] XIAO H, WU Z S, CHEN L, et al. One-step device fabrication of phosphorene and graphene interdigital micro-supercapacitors with high energy density [J]. ACS Nano, 2017, 11: 7284-7292.

[98] SAJEDI-MOGHADDAM A, MAYORGA-MARTINEZ C C, SOFER Z, et al. Black phosphorus nanoflakes/polyaniline hybrid material for high-performance pseudocapacitors [J]. Journal of physical chemistry C, 2017, 121: 20532-20538.

[99] LUO Z-Z, ZHANG Y, ZHANG C, et al. Multifunctional 0D-2D Ni_2P nanocrystals-black phosphorus heterostructure [J]. Advanced energy materials, 2017, 7: 1601285-1601293.

[100] YASAEI P, KUMAR B, FOROOZAN T, et al. High-quality black phosphorus atomic layers by liquid-phase exfoliation [J]. Advanced materials, 2015, 27: 1887-1892.

[101] SUN J, ZHENG G, LEE H W, et al. Formation of stable phosphorus-carbon bond for enhanced performance in black phosphorus nanoparticle-graphite composite battery anodes [J]. Nano letters, 2014, 14: 4573-4580.

[102] YOUNGBLOOD N, CHEN C, KOESTER S J, et al. Waveguide-integrated black phosphorus photodetector with high responsivity and low dark current [J]. Nature photonics, 2015, 9: 331-338.

[103] GANESAN V D S O, LINGHU J, ZHANG C, et al. Heterostructures of phosphorene and transition metal dichalcogenides for excitonic solar cells: a first-principles study [J]. Applied physics letters, 2016, 108: 666-331.

第五章　聚合物基介电复合材料

新兴的柔性印刷电子技术需要使用工艺简单、低成本的可印刷介电材料。同时，介电材料对降低晶体管的工作电压、提高电容值和集成度起到至关重要的作用。随着电子工业近几十年的快速发展，原来单纯仅靠一种材料作为电介质的材料已表现出许多缺陷。例如，单纯依靠具有高介电常数的陶瓷材料制作的电容器，尽管其电容值较高，但在使用过程中其致命的弱点是陶瓷的脆性、耐温差和受到机械作用等的影响而易于开裂，此缺点决定了这种材料不适合柔性及印刷电子领域的应用；并且，从柔性及印刷电子的制造工艺和成本等方面考虑，大多数陶瓷电容器需要在 1000 ℃左右的高温下与丝印电极进行共烧，工艺复杂，耗能大，柔韧性差，易开裂。另外，单纯依靠柔性高分子材料作为电介质材料也不尽如人意，因为大多数聚合物自身低的介电常数（一般为 2 ~ 3），限制了其应用性能的提高。因此，通过材料的复合效应，利用各种无机和有机单相材料的优点，研发具有高介电常数的无机/有机复合电介质材料是解决以上问题的重要途径。

5.1　介电材料的极化理论

在外加电场中，介电材料内部的电荷不能在电场作用下自由移动，但是会发生极化。极化是指在电场作用下电介质内部沿电场方向出现宏观偶极矩，并在电介质表面出现束缚电荷（极化电荷）的现象。根据产生机制的不同，介电材料的极化主要包括电子极化、离子极化、偶极极化和界面极化 4 种[1]。

（1）电子极化

电子极化是原子周围的电子云在电场作用下发生偏移，导致电子云负电荷中心与原子核正电荷中心不再重合，从而在原子内部产生偶极矩的极化现象（图 5.1a）。当电场撤去时，电子极化将消失。所有电介质材料中都存在电子极化，且电子极化不受温度的影响。由于电子的运动速度很快，电子极化的响应时间很短，为 10^{-16} ~ 10^{-14} s，对应的极化松弛频率在 10^{16} Hz 左右。

（2）离子极化

离子极化是正、负离子在电场作用下发生相对位移，导致正、负离子形成的偶极矩矢量和不再为零，从而产生偶极矩的极化现象（图 5.1b）。离子极化通常发生在无机晶体、玻璃和陶瓷材料中，也不受温度的影响。离子极化的响应时间也很短，为 $10^{-13} \sim 10^{-12}$ s，对应的极化松弛频率在 10^{12} Hz 左右。

（3）偶极极化

偶极极化又称取向极化，是具有永久偶极矩的分子在电场作用下从无序排布变为有序排布，从而使总的偶极矩矢量和不再为零的极化现象（图 5.1c）。偶极极化通常发生在具有固有偶极子的极性材料中，如极性聚合物和陶瓷。由于分子运动会受到温度的影响，因而温度对偶极极化的影响比较明显。偶极极化的建立所需时间相对较长，响应时间在 10^{-8} s 左右，对应的极化松弛频率在 $10^{4} \sim 10^{8}$ Hz。

（4）界面极化

界面极化又称空间电荷极化、Maxwell-Wagner-Sillars 极化。在电场作用下，电介质内部的自由电子、空穴和带电杂质等将随电场发生宏观迁移，而电介质内部的相界面、杂质、缺陷等会将其捕获，导致电荷在此区域聚集，产生偶极矩，从而引起界面极化（图 5.1d）。界面极化通常发生在多相复合材料中的相界面处。由于涉及电荷的长距离迁移，界面极化的建立所需时间较长，响应时间在 10^{-4} s 左右，对应的极化松弛频率在 $10^{-3} \sim 10^{3}$ Hz。

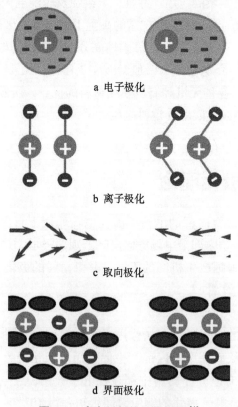

图 5.1　介电材料的极化机理 [1]

5.2　介电材料的性能参数

介电材料的性能参数主要包括介电常数、介电损耗、击穿场强和储能密度。

（1）介电常数

介电常数，即相对介电常数的简称，用来衡量电介质极化能力的强弱，常用 ε_r 或 k 表示。介电常数与电容（C）的关系如式（5.1）所示：

$$C = \frac{\varepsilon_r \varepsilon_0 S}{d} 。 \tag{5.1}$$

其中，ε_0 为真空介电常数，其值为 8.854×10^{-12} $C^2 \cdot N^{-1} \cdot m^{-2}$，$S$ 为电极正对面积，d 为电极之间的距离。

在交变电场中，电介质对电场的响应更加复杂，介电常数则通常采用复数的形式来表示，如式（5.2）所示：

$$\varepsilon^* = \varepsilon' - i\varepsilon'' 。 \tag{5.2}$$

其中，ε^* 为复介电常数，ε' 为复介电常数实部，相当于介电常数 ε_r，ε'' 为复介电常数虚部。介电常数决定了电容器储存电荷的能力，是介电材料最重要的性能参数。

（2）介电损耗

介电损耗是电介质的外加正弦电压与电流之间的相角的余角 δ 的正切值，用来衡量电介质在交变电场中部分电能转化为热能而产生的能量损耗的大小，常用 $\tan\delta$ 表示。介电损耗与复介电常数之间的关系如式（5.3）所示：

$$\tan\delta = \frac{\varepsilon''}{\varepsilon'} 。 \tag{5.3}$$

根据产生机制的不同，介电损耗主要分为电导损耗和极化损耗两种。电导损耗又称漏导损耗，是电介质中存在的少量载流子在电场作用下贯穿电介质，形成漏导电流，从而消耗电能产生的损耗。极化损耗是电介质中极化的建立滞后于外电场频率的变化而发生极化松弛，克服内阻力时引起的能量损耗。在实际应用过程中，为了降低介电材料的发热和能量损失，需要其具有较低的介电损耗。

（3）击穿场强

当外加电压超过某一临界值时，电介质材料将丧失绝缘性能而变成导电态，即发生击穿。击穿场强是电介质发生击穿时承受的电压与电介质厚度的比值，用来衡量电介质耐受电压的能力，即介电强度，击穿场强常用 E_b 来表示，如式（5.4）所示：

$$E_b = \frac{V_b}{d} 。 \tag{5.4}$$

其中，V_b 为电介质击穿时承受的电压，即击穿电压，d 为电介质的厚度。在实际材料中，可能会随机存在一些容易引起击穿的缺陷等，因而电介质击穿的发生是一种随机事件。因此，在实际测试时，需要多次测量电介质的击穿场强，并进行统计分析。对电介质材料来说，击穿场强也是决定其最高工作电压和储能密度的重要指标。

（4）储能密度

储能密度是单位体积电介质所储存的能量，用来衡量电介质储存电能的能力，常用 U_e 表示。储能密度可通过式（5.5）来计算：

$$U_e = \int E dD \text{。} \tag{5.5}$$

其中，E 为电场强度，D 为电位移。对线性电介质而言，其介电常数 ε_r 不随电场强度 E 变化，则式（5.5）可简化为：

$$U_e = \frac{1}{2} \varepsilon_r \varepsilon_0 E^2 \text{。} \tag{5.6}$$

其中，ε_0 为真空介电常数。

对线性电介质而言，由于其介电常数 ε_r 不随电场强度 E 变化，因而电位移 D 与电场强度 E 呈线性变化关系[2]，如图 5.2 所示，根据式（5.6）可知，其储能密度即为 D—E 直线与纵轴所围的三角形的面积。对铁电体、弛豫铁电体和反铁电体等非线性电介质而言，其介电常数 ε_r 随电场强度 E 的变化而变化，电位移 D 随电场强度 E 的变化表现为电滞回线，由于电滞现象和剩余极化的存在，储存在电介质中的能量不能完全释放出来，其储能密度通常用放电能量密度表示。根据式（5.5）可知，电滞回线的放电曲线与纵轴所围面积即为放电能量密度。由此可知，为了获得更高的储能密度和放电效率，需要介电材料具有较大的介电常数和较高的击穿场强，以及较小的剩余极化。

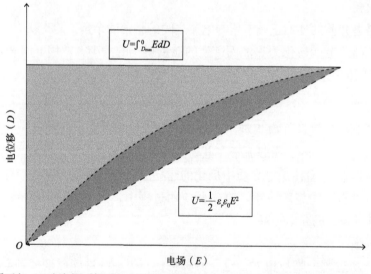

注：对非线性电介质而言，Ue 为浅色区域面积；对线性电介质而言，Ue 为浅色区域与深色区域共同组成的三角形面积。

图 5.2　电位移（D）和放电能量密度（U_e）与电场强度（E）的关系[2]

5.3　常用介电材料

目前常用的介电材料主要包括陶瓷介电材料、聚合物介电材料和聚合物基介电复合材料三大类。

5.3.1　陶瓷介电材料

作为传统的电介质材料，陶瓷在电子工业中有着非常广泛的应用。根据其性质的不同，陶瓷介电材料可以分为三大类：铁电陶瓷、非铁电陶瓷和反铁电陶瓷。

（1）铁电陶瓷

铁电陶瓷即具有铁电效应的陶瓷，铁电效应是指可自发极化的电介质在电场作用下自发极化而重新取向的现象。铁电陶瓷中所含有的永久偶极子彼此相互作用，形成许多电畴。在一个电畴范围内，偶极子取向均相同，而不同的电畴，偶极子则有不同的取向。因此，在无外电场作用时，整个晶体没有净偶极矩；但在外加电场达到一定时，取向和电场方向一致的畴变大，其他方向的畴收缩变小，随后产生净极化强度。极化强度不与施加电场呈线性关系，并具有明显的滞后效应。铁电陶瓷在居里温度时，晶体由铁电相转变为非铁电相，其光、电、热学等性质都出现反常现象。

其中最具代表性的是钛酸钡（$BaTiO_3$，简称 BT），钛酸钡属于钙钛矿结构，是最典型的铁电体陶瓷介电材料，因其具有良好的介电、铁电和压电性能，在许多电子元器件中有着广泛的应用，被誉为电子陶瓷工业的支柱。钛酸钡具有六方相、立方相、四方相、正交相和三方相 5 种晶相。在 1460 ℃以上，钛酸钡为六方相。在 1460 ℃以下，钛酸钡呈 ABO_3 钙钛矿型结构。在 120 ~ 1460 ℃，钛酸钡为立方相，在 5 ~ 120 ℃为四方相，在 -90 ~ 5 ℃为正交相，在 -90 ℃以下为三方相。其中，120 ℃为其居里温度，在此温度处钛酸钡发生铁电相四方相和顺电相立方相之间的转变。立方相钛酸钡的晶体结构如图 5.3 所示，其中 Ba^{2+} 位于立方体中心，8 个顶角处为 Ti^{4+}，每个 Ti^{4+} 被 6 个 O^{2-} 包围，形成 TiO_6 八面体[3]。低于居里温度 120 ℃时，呈四方相，晶体结构发生畸变，Ba^{2+} 和 Ti^{4+} 相对于 O^{2-} 发生位移，产生偶极矩，即自发极化，因此具有铁电性；高于居里温度时，呈立方相，无铁电性。其常温介电常数为 1600，通过一些改性手段或者工艺调整，其介电性能还可以进一步提升。但是其击穿场强比较低，理论上只有 100 MV·m⁻¹，并且由于加工工艺过程中还会产生一些杂质，使得其击穿场强进一步下降。

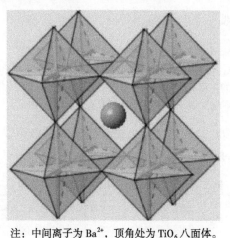

注：中间离子为 Ba^{2+}，顶角处为 TiO_6 八面体。

图 5.3　立方相钛酸钡晶体结构示意图[3]

（2）非铁电陶瓷

非铁电陶瓷是非极性的线性介质，极化强度与外加电场呈正比，且介电常数通常不高，为 $10 \sim 10^2$ 量级；高频损耗小，在工作范围内，介电常数与温度呈线性关系；其温度稳定性和频率稳定性好，因此又被称为热补偿电容器陶瓷或高频电容器陶瓷，其主要代表物质有 TiO_2、$CaTiO_3$、$SrTiO_3$ 等。

（3）反铁电陶瓷

反铁电陶瓷是指在转变温度下，邻近晶胞沿反向平行方向自发极化的材料，其极化强度与电场强度的关系呈双电滞回线，并且存在反铁电居里点。最常见的是由 $PbZrO_3$ 或以 $PbZrO_3$ 为基的固溶体所组成的反铁电体。常见的 3 类陶瓷介电材料的介电常数如表 5.1 所示。

表 5.1　不同陶瓷材料的介电常数 [1]

名称	介电常数
铌镁酸铅—钛酸铅（PMN-PT）	约 3640
锆钛酸铅镧（PLZT）	约 2600
锆钛酸铅（PZT）	约 2510
钛酸钡（$BaTiO_3$）	$80 \sim 3700$
钛酸锶（$SrTiO_3$）	$300 \sim 2100$
铌酸钾钠 [（$K_{0.5}Na_{0.5}$）NbO_3]	约 290
铌酸钠（$NaNbO_3$）	约 209
二氧化钛（TiO_2）	$48 \sim 180$
氧化镧（La_2O_3）	约 30
二氧化锆（ZrO_2）	约 25
五氧化二钽（Ta_2O_5）	约 22
氧化钇（Y_2O_3）	约 15
氧化铝（Al_2O_3）	约 9
二氧化硅（SiO_2）	约 3.9

5.3.2　聚合物介电材料

与陶瓷介电材料相比，聚合物介电材料具有击穿场强高、易加工、质量轻、柔韧性好等优点，在电子信息领域中也有较多应用，如薄膜电容器、有机场效应晶体管（OFET）等。其中，许多聚合物介电材料都已经形成了成熟的产业化应用，如经熔融挤出和双向拉伸制备的双向拉伸聚丙烯（BOPP），具有非常高的击穿场强，是应用较多的商用聚合物介电材料。常见的聚合物介电材料的介电性能如表 5.2 所示。

表 5.2　不同聚合物介电材料的介电性能 [4]

名称	介电常数（1 kHz）	介电损耗（1 kHz）	击穿场强（MV·m⁻¹）
低密度聚乙烯（LDPE）	2.3	0.003	30.89
高密度聚乙烯（HDPE）	2.3	$0.0002 \sim 0.0007$	22.29

续表

名称	介电常数（1 kHz）	介电损耗（1 kHz）	击穿场强（MV·m⁻¹）
聚四氟乙烯（PTFE）	2	0.0001	88 ~ 176
双向拉伸聚丙烯（BOPP）	2.2	0.0002	750
聚苯乙烯（PS）	2.4 ~ 2.7	0.008	200
聚对苯二甲酸乙二醇酯（PET）	3.6	0.01	275 ~ 300
聚甲基丙烯酸甲酯（PMMA）	4.5	0.05	250
聚氯乙烯（PVC）	3.4	0.018	40
聚醚醚酮（PEEK）	3.5	0.0063	470
聚碳酸酯（PC）	3.0	0.0015	252
环氧树脂	4.5	0.015	25 ~ 45
聚偏氟乙酸（PVDF）	10	0.04	500
聚酰亚胺（PI）	3.5	0.04	238
聚氨酯（PU）	4.6	0.02	20
聚乙烯醇（PVA）	12	0.3	100
聚芳醚腈（PVEN）	4	0.025	231.4

从表 5.2 中可以看到，大部分聚合物介电材料的介电常数都比较低，介电常数在 2 ~ 5，因而不利于电子元器件性能的提升，限制了聚合物介电材料的广泛应用。而在聚偏氟乙烯（PVDF）及其共聚物中，由于重复单体中含有电负性较高的氟原子，正、负电中心不重合，分子具有净偶极矩，产生自发极化，因而表现出相对较高的介电常数（> 10），同时也具有较高的击穿场强（理论上可达到 700 MV·m⁻¹），有利于聚合物电容器件的性能改善。因此，近年来，关于 PVDF 及其共聚物的研究颇多。

聚偏氟乙烯［poly（vinylidene fluoride），简称 PVDF］是一种由偏二氟乙烯（VDF）聚合而成的铁电聚合物，其化学组成为（–CH₂–CF₂–）ₙ。由于其分子结构中的 F 原子具有较高的电负性（4.193）和较小的尺寸（其范德华半径为 1.35 Å，仅略大于氢的 1.2 Å），因而使 C – F 键具有较高的偶极矩（μ=1.92 D）和较高的堆积密度。PVDF 是具有多种结晶相的半结晶聚合物，根据其分子链构象组成方式的不同，可分为 α、β、γ、δ 和 ε 5 种晶相。图 5.4 为常见的 α、β 和 γ 相 PVDF 的分子链构想示意图。

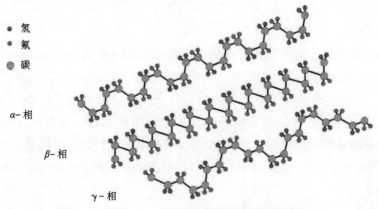

图 5.4　α、β 和 γ 相 PVDF 的分子链构象示意图[5]

5.3.3 聚合物基介电复合材料

为满足当今社会对新型、低成本和环境友好的能量转换和存储系统电容器，以及便携式电子设备等的需求，电介质材料的性能需同时具备高介电常数、高击穿场强、高极化强度、高储能密度及低介电损耗。除此之外，还应具备良好的机械性能和加工性能。

如前所述，聚合物介电材料具有高击穿场强、柔韧性好、易加工、加工温度低、成本低、质量轻等优点，但其介电常数通常较低（＜10），不利于电子器件的小型化和集成化；而陶瓷材料具有介电常数高、极化强度高等优点，但其加工温度高、成本高、柔韧性差，因而二者均很难满足实际应用的需求。近年来，研究者结合陶瓷和聚合物介电材料各自的优点，将二者复合制备聚合物-陶瓷介电复合材料，以期得到加工性能和介电性能优异（高介电常数、低介电损耗）且击穿场强高的柔性电介质材料。通常，获得聚合物基纳米介电复合材料的方式主要分为3种：其一，将一种无机纳米颗粒掺入聚合物介电材料中形成两相纳米复合材料，包括对填料的表面改性等；其二，将两种或两种以上的无机纳米颗粒掺入聚合物介电材料中形成多相纳米复合材料；其三，构筑多层结构，形成分层结构的纳米复合材料。这3种方式均可得到介电性能高和储能能力强的聚合物基介电复合材料。

然而，由于纳米尺寸填料的高表面能，以及纳米填料和聚合物基质之间不同的物理和化学表面性质，无机纳米填料在聚合物中的分散非常不均匀。这就可能会在纳米复合材料中引入大量缺陷，从而降低纳米填料和聚合物基质的各项性能。因此，研究人员对聚合物基介电复合材料进行了较多的研究。

5.4 聚合物基介电复合材料的理论模型

5.4.1 界面结构模型

在聚合物基介电复合材料介电中存在着大量的界面，且这些界面对材料的介电性能及储能密度都有较大的影响。因此，为了探索界面对性能的影响机制，研究人员提出了两种重要的模型：Lewis 模型和 Tanaka 模型[6]。

（1）Lewis 模型

在聚合物基质中添加纳米填料可在纳米尺寸范围内产生许多界面。由于纳米颗粒和聚合物基质的费米能级或化学势的差异，纳米填料表面或其至少一部分最终被带电。与此同时，聚合物基质反过来会在纳米填料表面附近产生反电荷来响应。如图 5.5b 所示，由于库仑力吸引作用，带电纳米粒子使得基质中电荷重新分布，这导致形成由 Stern 层和 Gouy-Chapman 扩散层组成的双电层结构。Stern 层在纳米颗粒表面上形成，包含有小分子、特殊离子和溶剂化离子，且不能自由移动。通过负离子和正离子的吸引在 Stern 层外围形成 Gouy-Chapman 扩散层。与 P-N 结中的空间电荷耗尽区一样，这一层作为中间区域对纳米复合材料的性能起重要作用。如果填料颗粒距离很近，自由电荷可以较自由地移动，从而使得复合材料的击穿场强下降,且在填料的渗透阈值附近变得更加突出。

（2）Tanaka 模型

Tanaka 等[7]提出多层核模型来探索有机/无机纳米复合材料的性能与界面之间的关系。他们将填料/基体之间的界面分成 3 个不同的区域（图 5.5a）；第一层为结合层（Bonded Layer）；第二层为约束层（Bound Layer）；第三层为松散层（Bound Layer）。其中第一层结合层厚度通常为 1 ~ 2 nm，其对应于与有机和无机物质紧密结合的偶联剂层，结合力有范德华力、共价键、离子键和氢键；第二层约束层厚度大约在 10 nm 以下，属于界面区域，是与无机纳米颗粒或结合层具有较强的非键合相互作用的一层，相互作用越强，这一层就越厚，这一层会通过干扰某些极性基团的偶极子运动使介电常数降低；第三层松散层厚度较大，约为几十纳米，与第二层存在松散的耦合作用，该作用力的大小与复合材料中的自由体积密切相关。尽管第一层是在颗粒和聚合物之间建立直接接触，但第二层和第三层对复合材料的性能具有更大的影响。

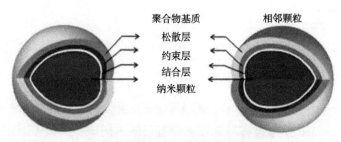

a 复合材料界面的多层核模型示意图

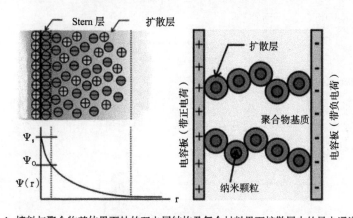

b 填料与聚合物基体界面处的双电层结构及复合材料界面扩散层中的导电通道

图 5.5 Tanaka 模型示意图[6]

5.4.2 介电常数计算模型

聚合物基介电复合材料的有效介电常数取决于填料和聚合物基体各自的介电常数,同时也与填料的含量及填料之间的相互作用有关。为了预测聚合物基介电复合材料的有效介电常数,研究者提出了许多理论模型,如 Lichtenker 模型[8]、渗流模型、Maxwell-Garnett 模型[9]和Bruggeman自洽有效介质近似模型[10]等。这些模型是基于特定的假设和简化而得出，帮助人们深入理解不同种类和性质的聚合物复合材料。这里将重点介绍 Lichtenker 模型和渗流模型。

（1）Lichtenker 模型

Lichtenker 模型是最简洁而有效的计算聚合物复合材料有效介电常数的模型，通常以对数混合公式的形式给出，其计算公式如式（5.7）所示[8]：

$$\varepsilon^{\alpha}_{eff}=\varphi_f\varepsilon^{\alpha}_f+\varphi_m\varepsilon^{\alpha}_m \text{。} \tag{5.7}$$

其中，ε_{eff} 为聚合物基介电复合材料的有效介电常数，ε_f 和 ε_m 分别为绝缘填料和聚合物基体的介电常数，φ_f 和 φ_m 分别为填料和基体所占的体积分数，α 的值从 -1 到 1 变化。Lichtenker 模型给出了聚合物基复合材料介电常数的上限和下限。当 α 的值取 -1 时，呈串联模式，可得出复合材料介电常数的最小值；当 α 的值取 1 时，呈并联模式，可得出复合材料介电常数的最大值。$-1 \sim 1$ 的任意 α 值均描述了复合材料的某一特殊的混合微几何拓扑结构。

（2）Maxwell-Gamett 模型和 Bruggeman 模型

Maxwell-Gamett 模型假设填料为球状，且填充体积分数较低，颗粒之间的距离大于其特征尺寸，此时复合材料的介电常数计算公式如下[11]：

$$\varepsilon_{eff}=\varepsilon_m[1+\frac{3\varphi_f\ (\varepsilon_f-\varepsilon_m)}{\varphi_m\ (\varepsilon_f-\varepsilon_m)\ +3\varepsilon_m}] \text{。} \tag{5.8}$$

由于 Maxwell-Gamett 模型没有考虑填料和基质的电阻率，所以不适用填料为导电颗粒的复合材料体系。Bruggeman 模型是 Maxwell-Gamett 模型的延伸，提出了适用于更高填充体积分数（$\varepsilon_f < 0.5$）的有效介质模型：

$$\varepsilon_{eff}=\varepsilon_f\frac{3\varepsilon_m+2\varphi_f\ (\varepsilon_f-\varepsilon_m)}{3\varepsilon_f-\varphi_f(\varepsilon_f-\varepsilon_m)} \text{。} \tag{5.9}$$

（3）Jayasundere-Smith 模型

由于以上模型忽略颗粒之间的相互作用，因此只适合填充量低的情况。而 Jayasundere-Smith 模型考虑到颗粒之间的相互作用，但是在假设无机填料的介电常数远大于聚合物基质的介电常数的基础上建立的。计算公式为：

$$\varepsilon_{eff}=\frac{\varepsilon_m\varphi_m+\dfrac{3\varepsilon_m\varepsilon_f\varphi_f}{2\varepsilon_m+\varepsilon_f}\ [1+3\varphi_f\dfrac{\varepsilon_f-\varepsilon_m}{\varepsilon_f+2\varepsilon_m}]}{\varphi_m+\dfrac{3\varepsilon_m\varphi_f}{2\varepsilon_m+\varepsilon_f}\ [1+3\varphi_f\dfrac{\varepsilon_f-\varepsilon_m}{\varepsilon_f+2\varepsilon_m}]} \text{。} \tag{5.10}$$

（4）Effective-Medium Theory（EMT）模型

EMT 模型不仅考虑到纳米颗粒之间的相互作用，还引入了形状因子，将颗粒的形状也纳入了考虑范围。其计算公式为：

$$\varepsilon_{eff}=\varepsilon_m[1+\frac{\varphi_f\ (\varepsilon_f-\varepsilon_m)}{\varepsilon_m+n\ (1-\varphi_f)\ (\varepsilon_f-\varepsilon_m)}]\ (n\ \text{为形状因子}) \text{。} \tag{5.11}$$

（5）渗流模型

在导电填料 - 聚合物基体介电复合材料中，当导电填料的含量超过某一临界值时，复合材料的介电常数和电导率会出现大幅非线性增加，这种现象不符合经典的混合规则，而渗流理论却可以给出解释。如图 5.6 所示，当聚合物基体中的导电填料含量较低时，导电填料之间相互隔离，在基体中形成一些微小电容器，使复合材料的介电常数得到提高，但此时复合材料的电学性能仍主要由聚合物基体决定（图 5.6a 和图 5.6b）；随着导电填料含量的增加，微小电容器的数量随之增加，基体中出现了局部颗粒团簇，介电常数也得到较大提高（图 5.6c）；当导电填料含量继续增加到某一临界值（即渗流阈值）时，基体内的局部颗粒团簇将互相连接形成三维连续导电网络，从而在基体内形成导电通路，使电导率出现大幅提高，复合材料也将从绝缘态转变为导电态（图 5.6d）。

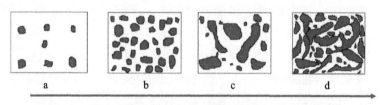

图 5.6　聚合物复合材料中渗流结构的形成过程示意图[12]

5.5　影响聚合物基复合材料介电性能的因素

基体和填料本身的特性对颗粒填充型聚合物基复合材料的介电性能起决定作用。选定某种聚合物为基体，介电性能的提高主要依靠于填料的选择，如粒径尺寸、结构形貌及对填料的表面改性等。然而由于填料的不同，填料在基体中的分散程度、填料和基体的界面问题，以及在制备过程中出现的一些缺陷等，都会对复合材料的极化特性产生影响，进而影响其介电特性。

5.5.1　填料粒子的尺寸

填料粒径大小与复合材料的性能有着极为密切的关系，填料粒子的粒径越小，其比表面积就越大，在复合材料中相界面也越大；然而，粒径过小也带来了分散均匀性的问题。研究表明，将微米尺度的填料填充到聚合物基介电复合材料中，由于粒子之间的空隙、气孔等提高了复合材料的局部电场，导致复合材料的击穿场强降低。Lewis[13] 提出当填料粒径降低到纳米尺度时，由于增大了填料和聚合物基体的界面面积，材料表现出不一样的性能。因此，在聚合物基介电复合材料中，分析和研究粒子的粒径及其粒径分布规律，有利于更好地理解和掌握介电复合材料的介电性能变化。

（1）陶瓷介电填料粒径

陶瓷介电填料填充的聚合物基介电复合材料之所以能获得高的介电常数，是因为填料与基体界面之间的极化作用。为探讨陶瓷介电填料粒径与复合材料介电性能之间的关系，Kirkpatrck[14] 对比了在 1 MHz 处由微米级和纳米级 $SrTiO_3$ 与 PEEK 复合材料的介电性能。结果发现，当 $SrTiO_3$ 的添加量为 27% 质量分数时，纳米级 $SrTiO_3$ 填充的 PEEK 级复合材料的介电常数、介电损耗及电容率温度系数都要高于微米级 SrTiO₃ 填充的 PEEK 复合材料。在 Kirkpatrck 等的研究启发下，Dang 等[15] 考察了低频下复合材料中填料粒径与介电性能的关系。他们制备了粒径为 100 nm、200 nm、300 nm、400 nm 和 500 nm 的 BaTiO₃ 纳米粒子与 PVDF 的复合材料。结果表明，当填料的填充分数为 60 vol% 时，在 10^{-1} Hz 频率下随着 BaTiO₃ 粒径的减小，复合材料的介电常数增大，100 nm BaTiO₃ 纳米粒子填充的 PVDF 复合材料的介电常数最大。以上研究均表明，无论是在高频还是低频下，随着填料粒径的减小，复合材料的介电常数增大，这主要归功于小粒径填料的使用增大了与基体的界面面积，使更多的电荷活跃聚集在界面上，进而增强了界面极化能力。然而，Kobayashi 等[16] 在对 BaTiO₃ 与 PVDF 复合材料的研究中发现，复合材料的介电常数和介电损耗均随 BaTiO₃ 粒子粒径的增大而增大，得到了相反的结果。其原因一方面是复合材料的介电性能受微米尺度填料的影响比纳米尺度填料的影响小；另一方面源于基体和有效填料之间的相互作用。然而使用微米尺度或者更大粒径的填料，由于大粒径填料之间的聚集，增大了复合材料的内部缺陷，在电场中产生缺陷的部分表现为局部电场增大和增强，材料易被击穿，降低击穿场强。

陶瓷填料的堆积密度对提高聚合物基复合材料的介电性能具有重要的影响。因此，采用不同粒径的填料要比单一粒径的粒子具有更优的效果。Chol[17] 发现，用粒径为 0.916 μm 的 BaTiO₃ 微米粒子填充的复合材料，其介电常数随着填充分数的增大而增大，当填充分数达到 60% 时，介电常数达到最大值，继续增大填充分数，介电常数反而出现下降，这主要是由于出现的气孔和缺陷造成 BaTiO₃ 的添加量超过了理论堆积密度。然而，当继续添加粒径为 60 nm 的 BaTiO₃ 纳米粒子时，情况有所不同，随着小粒径 BaTiO₃ 纳米粒子填充分数的增大，介电常数进一步增大，当添加量达到 75% 时，介电常数达到最大值，约为 90，出现此现象的主要原因是纳米级的颗粒补充了微米级颗粒之间的空隙，降低了缺陷，增大了相界面，提高了介电常数。

（2）导电填料粒径

在导电填料填充的聚合物基复合材料中，渗流现象与导电填料的粒径也有关系。本体材料的理论模型中，相比于导电填料，绝缘的聚合物基体在三维方向上具有足够大的空间，因此，导电填料的粒径大小对本体复合材料的性能影响可以忽略不计。但是，当这类材料应用于嵌入式电容器时，要求介电材料为薄膜状，此时导电填料的粒径对复合材料介电性能的影响显得尤为突出，尤其在填料的粒径接近于薄膜厚度的情形下。因此，研究导电填料的粒径及其在聚合物基体中的分散对复合材料介电性能的影响有重要意义。Choi 等[18] 考察了 BaTiO₃、Ni 和 PMMA 复合材料中不同粒径的 BaTiO₃ 粒子（1μm 和 80 nm）对介电性能的影响。研究发现，在相同的填充分数下，使用 1μm BaTiO₃ 比 80 nm BaTiO₃ 的复合材料有更高的介电常数。当混合填料的填充分数为 10 vol% 时，通过测定 Ni 的逾渗阈值发现，使用 1μm BaTiO₃ 时，Ni 的阈值为 8.5 vol%，而使用 80 nm BaTiO₃ 时，Ni 的阈值为 10 vol%。进一步增大混合填料的填充分数至 20 vol%，此时使用 1μm BaTiO₃ 时 Ni 的阈值为 13.5 vol%，而使用 80 nm BaTiO₃ 时 Ni 的阈值为 15.5 vol%（图 5.7）。这是因为 BaTiO₃ 粒子的添加阻碍和减缓了导电 Ni 粒子在复合材料中形成逾渗通路，小粒径 BaTiO₃ 粒子的隔离效果更明显，因此不同粒径的 BaTiO₃ 粒子在三组分复合材料中通过改变导电组分的逾渗阈值来影响复合材料的介电性能。

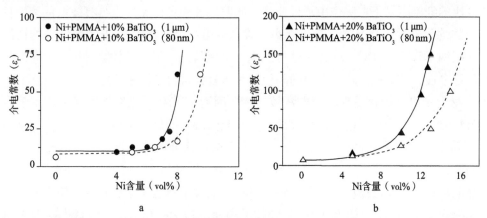

图 5.7　不同粒径的 BaTiO₃ 在不同体积分数下制备的 BaTiO₃-Ni-PMMA 复合材料的介电性能[18]

　　总之，填料粒子的粒径大小及其在复合材料中的分散状态对介电性能产生影响，填料粒子的粒径太大，则粒子的聚集造成复合材料内部出现气孔、界面弱化等缺陷，使得介电常数降低，介电损耗增大，击穿场强降低。当填料粒子的粒径为纳米尺度或者更小时，由于较大的比表面积，纳米粒子极易团聚，聚合物基体不易润湿，导致填料在复合材料中的分散不均匀，从而影响复合材料的介电性能。

5.5.2　填料粒子的形貌

　　填料粒子的形貌结构对复合材料的性能也有显著的影响。一方面，不同结构的填料有不同的比表面积，在复合材料中具有不同的相界面积，界面的不同导致极化性能也不同，从而复合材料的介电性能也不同；另一方面，填料结构的不同，造成填料在复合材料中的分布和连通性不同。

　　按照填料的形貌来分类，常见的有球形、纤维状和核-壳 3 种结构。无论是介电陶瓷填料还是导电填料，球形结构的填料是最为常见和应用最为广泛的。在前面的例子中，列举了通过添加球形的填料可以获得较高的介电常数，然而，不足之处是在复合材料中需要较高的填料填充分数，一般介电陶瓷填料的体积分数要达到 60%，导电填料的阈值在 10% 左右。虽然能获得较高的介电常数，但是较高的填充分数降低了复合材料的柔性，使材料变脆，降低材料的机械性能。

　　纤维状结构的填料具有较大的长径比，这种填料的优点在于：由于较小的比表面积，降低了表面能，减缓了填料在基体中的团聚，改善了分散性。另外，由于较大的偶极矩，在较低的体积填充分数下可以显著地提高复合材料的介电常数。因此，在获得高介电常数的同时可以改善复合材料的机械性。Song 等[19]采用多巴胺对 BaTiO₃ 纳米纤维表面进行改性，然后与聚偏氟乙烯—三氟乙烯共聚物（PVDF-TrFE）复合制备介电复合材料。当填料的填充分数为 10.8 vol%，介电常数约提高至基体的 3 倍，在 100 kHz 时可达 30，介电损耗为 0.08。Tang 等[20]进一步研究了纤维的不同长径比与复合材料介电性能的关系，结果表明，复合材料的介电常数随着纤维长径比的增大而增大，而介电损耗基本保持不变。他们认为，较大长径比的纤维更易于在基体中形成连通，同时较大长径比的纤维具有较低的表面积，可在基体中的均匀分散，从而提高介电常数，降低介电损耗。同样，当使用纤维结构的导电填料，如碳纳米管碳纤维时，相比于球形结构导电填料，由于纤维状填料具有较大的长径比和良好的导电性，可进一步降低填料的阈值，改善复合材料的机械性能。

复合材料中界面极化是影响介电常数的主要因素。当核－壳结构的填料应用于聚合物基复合材料时，在复合材料中有两个界面，即核与壳层之间的界面和壳层与聚合物基体之间的界面。降低核与壳层之间的界面缺陷，改善壳层与聚合物基体界面之间的相容性，对提高复合材料的介电常数非常重要。为了阻止导电粒子间的接触，阻碍电子在粒子间的迁移，得到高介电常数和低介电损耗的复合材料，可在导电粒子外包覆绝缘壳层，使之形成屏障和连续的势垒网。Yang 等[21]研究了金属 Al 粒子表面自钝化一层 Al_2O_3 纳米壳层作为填料与 PS 组成的介电复合材料的介电特性，当填料的质量分数为 44.6% 时，复合材料的介电常数为 74，约为 PS 基体材料的 27 倍，介电损耗约为 0.015。更为重要的是，其介电常数不随频率的变化而变化，在 10^2 ~ 10^7 Hz 的宽频率范围内能保持稳定。而采用酸洗的 Al 粒子与 PS 的复合材料的介电常数随着频率的增加而急剧下降，当 Al 的体积分数为 25.8% 时，在低频 100 Hz 处的介电常数为 1000，在高频 10^7 Hz 处介电常数下降到 10，介电损耗达到了 1，说明此时 Al 粒子之间已经相互接触形成了漏电流。所以正是由于 Al 粒子与 PS 聚合物界面之间的 2.7 nm 层厚的自钝化 Al_2O_3 纳米壳层阻碍了 Al 粒子之间的接触，限制了电子的传输，降低了漏电流。

以上研究中，无论是 Al_2O_3 壳层还是 TiO_2 壳层，与聚合物基体的相容性并没有得到改善。Shen 等[22]制备了以金属银为核、有机炭为壳的核－壳杂化填料 Ag/C，得到了高介电常数、低介电损耗的复合材料。当壳层材料为有机聚合物时，可以很好地改善核－壳杂化材料在聚合物基体中的分散性。壳层材料也可以防止填料的团聚和连通。Xie 等[23]通过原位 ATRP 聚合法制备了 $BaTiO_3$ 为核、PMMA 为壳的核－壳杂化复合材料（$BaTiO_3$/PMMA），随着壳层厚度的降低而介电常数增大，介电损耗基本保持不变。从 SEM 中可以看出，$BaTiO_3$ 在复合材料中的分散比较均匀，PMMA 壳层的接枝明显改善了填料的分散性。由于核壳结构的可设计性强、选择范围广，通过选择合适的材料来制备核壳结构的介电复合填料是一个值得关注的方向。

总之，填料的形貌是影响复合材料介电性能的重要因素之一，为了满足对介电复合材料的实际需求，要根据要求选择具有不同物化性能的填料。

5.5.3 填料粒子的表面改性

界面问题是影响复合材料介电性能的重要因素之一。无论是介电陶瓷填料还是金属导电填料，其与聚合物的相容性严重制约着复合材料的性能。另外，随着填料粒径的减小，其表面能越低，在聚合物基体中就越难被润湿，易造成粒子的团聚，造成界面相容性差和界面极化性能降低，从而增大了介电损耗，降低了击穿场强。陶瓷填料自身具有较大的介电常数，当与聚合物基体组成复合材料时，即使在较高的体积填充分数下，复合材料的介电常数仍然远远低于陶瓷填料本身的介电常数。其主要原因是高填料分数引起填料与基体界面之间弱的作用力和气孔等缺陷。因此，填料粒子的表面改性对改善复合材料的介电性能有重要作用。通过表面改性，可以降低粒子之间的相互作用，改善分散性，还可以提高粒子与聚合物基体之间的界面相容性，降低由于粒子团聚等带来的缺陷，使复合材料变得更加致密。Zhou 等 [24] 研究了表面羟基化改性的 $BaTiO_3$ 纳米粒子与 PVDF 复合材料的介电性能，相比于改性的 $BaTiO_3$ 纳米填料，$BaTiO_3$/PVDF 复合材料表现出更高的介电常数和更低的介电损耗，并且受温度和频率的影响更小。采用多巴胺、硅烷偶联剂等对 $BaTiO_3$ 纳米粒子进行表面改性，而后与 PVDF 复合制备复合材料，粒子在基体中有良好的分散性，也可有效改善粒子与基体的界面相容性，降低在高体积填充分数下材料内部的缺陷，进而提高复合材料的介电常数，降低介电损耗。

在制备介电复合材料时，一般都会选择自身具有较高介电常数的聚合物作为高介电常数复合材料的基体树脂，常用的为聚偏氟乙烯及其共聚物。然而由于含氟聚合物较低的表面能，使用碳氢化合物对填料表面改性，不能完全解决在复合材料中依然存在的粒子团聚和界面间的缺陷。然而，对填料粒子表面进行氟化物改性后，可有效改善填料与含氟聚合物基体之间的相容性问题。Kim 等 [25] 将 $BaTiO_3$ 表面用五氟苄基磷酸改性，然后与聚偏氟乙烯 – 六氟丙烯 [P（VDF-HFP）] 共聚物复合，经过表面改性后的 $BaTiO_3$ 粒子在基体中的分散性较好，当体积分数为 60% 时，介电常数最大，且介电损耗相对较低。

对导电填料进行表面处理，一方面可改善导电填料与聚合物基体的界面润湿性，提高填料的分散性；另一方面导电填料表面的绝缘层可阻碍导电填料相互之间的聚集，降低导电通路的形成，同时可以降低导电填料的阈值，在获得高的介电常数的同时可改善复合材料的柔性。

5.6 聚合物基介电复合材料

传统的介电材料远不能满足目前储能元件发展的需求，因此，在介电材料的研究和制备过程中，颗粒填充型聚合物基介电复合材料引起人们广泛关注。通过选择以聚合物作为基体，加入在电场中容易极化或者具有高介电常数的无机填料或有机填料，制备的聚合物基介电复合材料兼具介电填料高的介电常数和聚合物良好的机械性能和击穿场强。这类介电复合材料的突出优点在于性能优异，可设计性强 [26]。填料类型的不同对聚合物基介电复合材料的性能影响也不同。填料类型主要包括陶瓷填料、导电填料和有机填料。

根据填料形貌和尺寸的不同，可将其分为零维、一维、二维和三维填料。图 5.8 简要概述了聚合物介电复合材料的研究进程。从简单的一维、二维填料 / 聚合物二元共混，到对填料进行表面修饰和改性，以达到缓和局部电场、改善填料与聚合物基体的相容性和抑制损耗等目的，然后发展到将不同类型的填料通过共混、包覆、负载等方式制成复合填料，再加入聚合物基体中形成三元体系，实现多种填料的有机结合和性能的进一步改善。为了弥补单层聚合物复合材料介电常数和击穿场强不可兼得的问题，研究人员还将含有不同填料的聚合物复合材料设计组装成多层结构，以实现介电性能的综合改善。此外，还可设计填料在共混聚合物中选择性分布等。

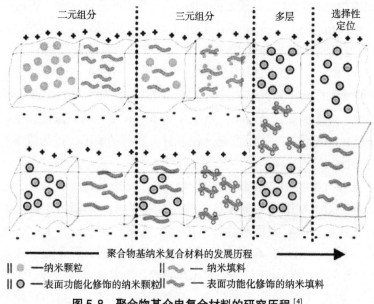

图 5.8　聚合物基介电复合材料的研究历程[4]

5.6.1　陶瓷填料

陶瓷介电材料具有较高的介电常数，将其作为填料加入聚合物基体中，可以将二者优劣互补，使聚合物复合材料的介电常数得到提高，如 $BaTiO_3$、$BaSrTiO_3$（BST）、$CaCu_3Ti_4O_{12}$（CCTO）和 $Pb(Zr,Ti)O_3$ 等。然而，陶瓷填料的加入也带来了一些问题，如填料与聚合物基体相容性差、填料与基体的介电常数相差太大导致局部电场集中从而使击穿场强降低等。

为了改善陶瓷填料与聚合物基体的相容性，提高填料在基体中的分散性，人们提出了很多针对陶瓷粉体的改性方法，以期提高介电常数，降低介电损耗，提高击穿场强。常使用的改性剂主要有 3 类：一是小分子改性剂，如磷酸、过氧化氢、硅烷偶联剂、钛酸盐等。这些小分子化合物含有或能生成不同的官能团，如—OH、—NH_2、—COOH、—COO—、—SO_3H—、—SO_4^{2-} 及 —PO_4^{3-} 等，从而增强填料与聚合物界面间的相互作用力（图5.8）。Yu 等[27]采用硅烷偶联剂 NXT 105 对 $BaTiO_3$ 纳米颗粒进行处理，改善了 $BaTiO_3$ 与 PVDF 基体的相容性。由于界面的增加和界面极化作用的增强，复合材料中 $BaTiO_3$ 含量为 20 vol% 时，$200\ MV \cdot m^{-1}$ 下的电位移提高至约 $6.28\ \mu C \cdot cm^{-2}$，相比之下，纯 PVDF 仅为约 $3.5\ \mu C \cdot cm^{-2}$。二是大分子改性剂，如聚烯烃、聚酯、聚丙烯酸、聚醚等，接枝或包覆在陶瓷表面以提高与基体的相容性。Yu 等[28]利用聚乙烯吡咯烷酮（PVP）包覆 $BaTiO_3$，PVP 可改善 $BaTiO_3$ 纳米颗粒在 PVDF 基体中的分散性，抑制颗粒团聚，当 $BaTiO_3$/PVP 的添加量为 55 vol% 时，复合材料在 1 kHz 下的介电常数约为 77，介电损耗约为 0.05；10 vol% 填料含量时，击穿场强为 336 MV·m^{-1}，能量密度达到 6.8 J·cm^{-3}，约为未处理 BaTiO$_3$/PVDF 的 2 倍。

然而，使用以上这些方法，只是纳米颗粒的分散性得到了改善，而纳米颗粒与聚合物基体之间的界面相容性和界面黏结力仍然没有得到明显的提升，这在一定程度上影响了聚合物纳米复合电介质材料的性能。首先，其中的一些方法，只对一些特定的聚合物有效或仅能增强一些特定的性能。最典型的例子是对具有高介电常数的陶瓷纳米颗粒（如 BaTiO$_3$）进行羟基化处理（图 5.9）。此方法的目的是利用引入的羟基与聚合物基体之间的氢键作用力来增强纳米颗粒的分散性，因此仅能够适用于具有较强极性的聚合物基体，如 PVDF 等。然而，羟基的引入也增强了纳米颗粒之间的相互作用，导致在高含量陶瓷纳米颗粒时制备的聚合物基纳米复合材料的加工性能变差。其次，许多表面改性是由纳米颗粒表面的羟基和改性剂的官能团通过化学反应（如缩合反应）进行的，使得纳米颗粒和改性剂之间的相互作用较强。而改性剂和聚合物基体之间的相互作用，通常是分子间力（如氢键和范德华力），这样有利于改善纳米颗粒分散性，但纳米颗粒与基体之间的界面黏结力并没有得到明显改善，相应聚合物纳米复合材料的介电性能不高。最后，静电斥力或改性剂的位阻排斥力会导致纳米颗粒表面改性剂的覆盖率较低，使得颗粒与基体之间的界面作用力得不到明显改善，不利于提高聚合物纳米复合材料的介电性能。

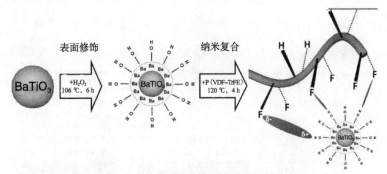

图 5.9 羟基化修饰 BaTiO$_3$ 纳米颗粒与聚合物基体间的相互作用[30]

为克服这一问题，研究者通常采用原位聚合的方法，不仅在一定程度上增强陶瓷填料的分散性，也可大大提高聚合物与纳米颗粒之间的界面相容性。Dang 等采用原位聚合法制备了 BaTiO$_3$/ 聚酰亚胺（PI）复合物。BaTiO$_3$ 纳米颗粒覆盖在薄薄的（约 5 nm 厚）聚合物层上，使 BaTiO$_3$ 在 PI 基体中能够均匀分散，从而使复合体系获得了较高的介电常数（20 左右）和击穿场强（67 MV·m^{-1}）。Xie 等[23]通过原子转移自由基聚合（ATRP）方法在 BT 纳米颗粒表面原位聚合甲基丙烯酸甲酯（MMA）单体，制备 BT/PMMA 核—壳结构纳米颗粒，然后通过热压将其直接压制成复合膜。通过改变原料比例，可以改变聚甲基丙烯酸甲酯（PMMA）壳层的厚度，进而调节复合材料的介电常数。原位聚合的 PMMA 壳层最终保证了 BT 纳米颗粒在基体中良好的分散性，同时也阻碍了载流子的运动。当 BT 含量为 76.88% 质量分数时，BT/PMMA 复合材料在 1 kHz 下的介电常数为 14.6，介电损耗为 0.0372，而纯 PMMA 的介电常数和介电损耗分别为 3.49 和 0.0412。在此基础上，Xie 等[29]

继续采用类似的方法制备了 BT/HBP/PMMA 复合材料，即首先在 BT 表面包覆一层超支化聚芳酰胺（HBP），然后再通过 ATRP 原位聚合一层 PMMA，制成核 – 双层壳结构 BT/HBP/PMMA，最后通过热压将其直接压制成复合膜。内壳层 HBP 具有较高的介电常数和电导率，外壳层 PMMA 则具有较低的介电常数和介电损耗，双壳层结构使介电常数提高的同时保持了较低的损耗。当 BT 含量为 56.7% 质量分数时，BT/HBP/PMMA 复合材料的介电常数达到 3.93，介电损耗为 0.0276。

为了缓和高介电常数填料导致的局部电场集中和介电损耗的增加，研究人员将中、低介电常数的材料包覆在填料表面制成核—壳、核—双层壳结构，形成缓冲层或绝缘层，以改善聚合物复合材料的介电性能。Pan 等[31]通过静电纺丝的方法制备了核—双层壳结构的 $BaTiO_3/TiO_2/Al_2O_3$ 纳米纤维（BT/TO/AO NFs），并用多巴胺进行包覆处理，如图 5.10 所示。介电常数梯度降低的双壳层（TiO_2 约为 100，Al_2O_3 约为 10）能够有效缓和局部电场，绝缘的 Al_2O_3 外壳层能够限制载流子的运动，从而降低漏电流和介电损耗。当添加量为 3.6 vol% 时，BT/TO/AO NFs/PVDF 复合材料在 450 MV · m^{-1} 下的放电能量密度达到 14.84 J · cm^{-3}。Rahimabady 等人[32]制备了 TiO_2 包覆的核—壳结构 $BaTiO_3/TiO_2$ 纳米颗粒，TiO_2 壳层能够作为填料和聚偏氟乙烯—六氟丙烯 [P（VDF-HFP）] 基体之间的缓冲层，缓和局部电场畸变。由于界面极化和界面 Gouy-Chapman-Stern 层的形成，当 $BaTiO_3/TiO_2$ 含量为 50 vol% 时，复合材料介电常数约为 110，在 340 MV · m^{-1} 下的能量密度达到 12.2 J · cm^{-3}。

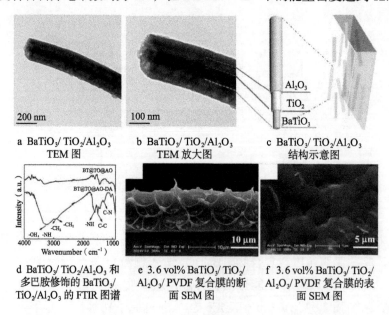

a BaTiO$_3$/ TiO$_2$/Al$_2$O$_3$
TEM 图

b BaTiO$_3$/ TiO$_2$/Al$_2$O$_3$
TEM 放大图

c BaTiO$_3$/ TiO$_2$/Al$_2$O$_3$
结构示意图

d BaTiO$_3$/ TiO$_2$/Al$_2$O$_3$ 和
多巴胺修饰的 BaTiO$_3$/
TiO$_2$/Al$_2$O$_3$ 的 FTIR 图谱

e 3.6 vol% BaTiO$_3$/ TiO$_2$/
Al$_2$O$_3$/ PVDF 复合膜的断
面 SEM 图

f 3.6 vol% BaTiO$_3$/ TiO$_2$/
Al$_2$O$_3$/ PVDF 复合膜的表
面 SEM 图

图 5.10 核 – 双层壳结构 BaTiO$_3$/TiO$_2$/Al$_2$O$_3$ 的形貌和结构表征[31]

此外，选用较高介电常数的聚合物基体，以尽量减小聚合物和填料之间介电常数的差异，也能够达到缓和局部电场集中的效果。Li 等[33]在聚偏氟乙烯—三氟乙烯—三氟氯乙烯 [P（VDF-TrFE-CTFE）] 聚合物基体中加入 TiO_2 填料，二者在 1 kHz 下的介电常数分别约为 42 和 47，由于填料和基体的介电常数接近，复合材料中的电场分布较均匀，当添加 10 vol%

TiO$_2$ 时，复合材料在 200 MV·m^{-1} 下的能量密度达到 6.9 J·cm^{-3}，比纯 [P（VDF-TrFE-CT-FE）]（约 4.7 J·cm^{-3}）提高了约 45%。

5.6.2　导电填料

在聚合物基体中加入导电填料，也可以提高复合材料的介电性能。人们发现，当导电填料浓度逐渐增大到某一值附近，复合材料的电性能将发生突变，即由绝缘物变为导体。此时的填料浓度称作渗流阈值。依据渗流模型，填料在渗流阈值附近时，导电颗粒间隔着较薄的有机介电层，类似于多个微电容并联，从而使复合材料的介电常数大幅提升。而且，导电填料的添加量通常较低（< 20 vol%），有利于保持聚合物基体的柔性。常用的导电填料包括金属材料、碳材料和有机填料等。

（1）金属导电填料

金属导电填料种类较多，常见的有 Ag、Ni、Al 等。Dang 等通过原位聚合方法制备了 Ag/PI 复合材料，结果表明在接近阈值附近，复合材料的介电常数急剧增加，当在 1 kHz 频率下，当 Ag 的添加量为 12.5 vol% 时介电常数高达 400，由于 PI 具有良好的热稳定性，在较宽的温度范围（-50 ~ 150℃）内介电常数保持了良好的稳定性。但是金属粒子的损耗主要来自电导损耗，而电导损耗主要是由于金属粒子产生的电子位移极化所致。当随着导电填料填充分数的增加及填料粒子尺寸的增大，粒子之间的间距过小，容易造成电子在各导电粒子之间发生迁移，形成导电通路，导致介电损耗较大。为此，人们进一步采用绝缘壳层包覆或与绝缘填料共混等方法，阻止导电填料的互相接触，在提高介电常数的同时抑制介电损耗的增加 [34]。Shen 等 [35-36] 通过水热法制备了 Ag/C 核—壳结构纳米颗粒，C 壳层的包覆不仅阻隔了 Ag 颗粒的直接互相接触，还能改善填料与聚合物基体的相容性，有利于填料的均匀分散。此外，还可以通过控制 C 壳层的厚度来调节复合材料的介电性能。当填料含量为 30 vol% 时，Ag/C/expoxy 复合材料在 1kHz 下的介电常数可达到 450，介电损耗仅为 0.05，击穿场强随填料含量增加而降低。

相比于陶瓷填料填充的聚合物基介电复合材料，导电填料的加入虽然可以明显降低填充分数，但仍然要 10% 左右。另外由于逾渗现象，导电填料的添加使得复合材料从介电体变成导电体的加工窗口较窄，因此对导电填料在基体中的均匀分散要求较高，否则会在材料内部局部形成导电通路，增大复合材料的介电损耗和被击穿的风险，不仅造成能量的耗散，而且降低复合材料的使用寿命。

（2）碳材料填料

导电碳材料如碳纳米管、石墨烯、碳纤维和炭黑等，具有良好的导热、导电性能，较大的长径比及特殊的结构，近年来在介电领域掀起了研究热潮。当作为填料来制备介电复合材料时，具有更低的阈值，能赋予复合材料更加良好的机械性能。对于渗流体系而言，填料的形状越偏离球状，其渗流阈值越低。也就是说，采用具有高长径比的填料有利于复合材料渗流阈值的降低，更易在低填充量下达到提高材料介电性能的目的。Wang 等人 [37] 在 PVDF 基体加入多壁碳纳米管（MWCNTs），由于渗流效应的影响，当 MWCNTs 含量为

2.0 vol% 时，MWCNTs/PVDF 复合材料在 1 kHz 下的介电常数达到 300，同时介电损耗也明显提高。Wang 等[38]采用混合酸对多壁碳纳米管进行表面改性（α-MWCNTs），当填充含量为 2.98 vol% 时，α-MWCNTs/P（VDF-TrFE）复合材料的介电常数高达 592（100 Hz），介电损耗只有 0.84，α-MWCNTs 的低填充量使得复合材料维持了聚合物良好的柔韧性，力学性能并无明显变化。在渗流型复合材料的研究中，最受关注的二维填料当属石墨烯，由于其具有巨大的比表面积，可以在体系中构筑出无数个局部微电容，实现复合材料宏观上介电常数的提升，渗流阈值可降低至 0.31 vol% 甚至更低。Fan 等[39]将氧化石墨烯（GO）还原制备得到石墨烯，并分散到 PVDF 中，实验测得的渗流阈值仅为 0.18 vol%，当体积分数为 0.177% 时，介电常数和损耗分别为 180 和 0.98（1 kHz）。Chu 等[40]构筑了一种具有独特结构的碳基填料，即由功能化多孔石墨烯、未改性石墨烯和功能化多孔石墨烯组成的石墨烯纳米片（FLGS）三明治结构，经一步碱法水热法处理后，FLGS 的大部分层被腐蚀成多孔结构，如图 5.11 所示。当石墨烯含量为 3.19 vol% 时，FLGS/PVDF 复合材料的介电常数达到 4500（1 kHz），介电损耗为 2.8。Wang 等人[41]用聚乙烯醇（PVA）修饰还原氧化石墨烯（rGO），制备 rGO-PVA/PVDF 复合材料，PVA 与 PVDF 基体之间的氢键能有效促进 rGO-PVA 填料的分散，阻止 rGO 的团聚，与 rGO/PVDF 相比，rGO-PVA/PVDF 复合材料具有更高的介电常数和更低的介电损耗。由于界面极化效应和微电容效应的作用，含有 2.20 vol% rGO-PVA 的复合材料在 100 Hz 下的介电常数达到 230。

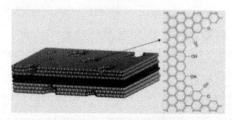

a FLGS 多孔三明治结构

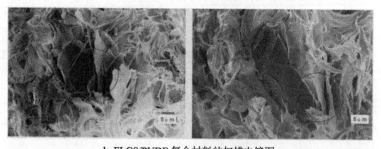

b FLGS/PVDF 复合材料的扫描电镜图

图 5.11　FLGS 多孔三明治结构的形貌[40]

（3）有机填料

为了最大限度地保持聚合物的柔性，科学家们开发了全有机、高介电聚合物/导电高分子复合材料。在介电材料领域，用于改性聚合物的导电有机高分子有聚苯胺、酞菁铜等，最常用的是聚苯胺（PANI）。Huang C 等[42]制备了 PANI/P（VDF-TrFE-CTFE）全有机复合材料，发现当导电 PANI 的含量为 23 vol% 时，复合材料在 100 Hz 的介电常数可达 2000。

Yuan J K 等[43]制备了 PANI/PVDF 复合材料，发现当导电 PANI 的含量为 5 vol% 时，所得复合材料在 1 kHz 时的介电常数为 385，介电损耗为 1.1。Lu J 等[44]采用原位聚合法制备了 PANI/EP 全有机类电介质材料，发现当 PANI 的含量为 25% 质量分数时，所得复合材料 10 kHz 下的介电常数为 2980，介电损耗为 0.48。

（4）混合填料

陶瓷填料的加入虽然可以提高聚合物复合材料的性能，但为了获得较高的介电常数，通常需要较高的填料含量（＞50%），这样会导致基体柔性的劣化和击穿场强的降低；导电填料虽然可在较少添加量下大幅提高介电常数，但介电损耗也容易随之升高，且填料含量可调节窗口较窄。为此，人们将多种填料进行合理设计、复合，利用不同填料的优势，制备出三元或多元聚合物复合体系，以实现聚合物复合材料介电性能的进一步改善。

Xie 等[45]、Yang 等[46]和 Wang 等[47]分别在 BT 颗粒表面负载了超小尺寸（＜10 nm）的 Ag 颗粒及 Pt 颗粒，得到卫星 - 核结构 Ag/BT、Ag/PDA/BT、Pt/PDA/BT 复合填料，将其加入聚合物基体中，利用超小尺寸 Ag、Pt 颗粒的库仑阻塞效应和量子限域效应，降低复合材料的损耗，同时介电常数也随之降低。Wang 等[48]将聚苯胺修饰的还原氧化石墨烯（fRGO）和 BT 纳米颗粒共同加入 PVDF 基体中，fRGO 和 BT 共同作用可提高介电常数，另外，BT 纳米颗粒可阻碍 fRGO 形成导电网络，与 fRGO/PVDF 相比，fRGO-BT/PVDF 获得了更高的介电常数和更低的介电损耗。当 fRGO 和 BT 的添加量分别为 1.25 vol% 和 30 vol% 时，fRGO–BT/PVDF 复合材料在 100 Hz 下的介电常数约为 250，介电损耗为 0.35，在 1 MHz 下的介电常数为 65，介电损耗也为 0.35。

在多组分复合体系中，获得高介电常数的同时保持复合材料良好的柔性依然是人们不懈的追求。具有较大长径比的导电碳材料，如碳纳米管、石墨烯、碳纤维等，可在较低的体积填充分数下形成逾渗结构。因此，将导电碳材料、陶瓷介电填料与聚合物三组分复合制备介电材料，以实现其高介电和高柔性。Nan 等[49]制备 CF/BaTiO$_3$/PVDF 三组分介电复合材料，固定 BaTiO$_3$ 纳米粒子的填充分数为 20%，当 CF 的填充分数为 f=0.12 时，复合材料的介电常数急剧增大，在 100 kHz 处介电常数约为 100，介电损耗约为 0.06，同时填料的填充分数得到明显的降低，并且所得复合材料对频率和温度的依赖性较小。其主要原因是当 CF 的填充分数为 f=0.12 时，达到 CF 的逾渗阈值，此时复合材料在微观结构上形成了电容器。MWCNTs 由于长径比更大，导电性更好，阈值更低。Dang 等人[50]研究了 MWCNTs/BaTiO$_3$/PVDF 三组分复合材料的介电性能。当 MWCNTs 的添加量一定时（f=0.12），复合材料的介电常数依赖于 BaTiO$_3$ 纳米粒子的填充分数，随着 BaTiO$_3$ 体积分数从 0.05 增大到 0.20，介电常数得到显著提高。他们认为，BaTiO$_3$ 纳米粒子的加入起到了隔离 MWCNTs 的作用，改善了 MWCNTs 的分散性，能够更好地形成三维导电网络结构，在界面处形成了微观电容器，使得 MWCNTs/BaTiO$_3$/PVDF 复合材料具有较大的介电常数。

除此之外，混合填料复合材料的优点在于材料的功能化和可设计性，选择不同特性的填料，赋予复合材料不同的功能。Li 等[51]将 β-SiC 添加到 BaTiO$_3$/PVDF 中，所得复合材料的介电性和导热性随着 β-SiC 的加入均得到提高。这类混合填料复合材料具有较大的封装密度和良好的散热性能，在电子设备中具有良好的应用前景。

5.6.3 聚合物基多层膜结构设计

在聚合物基体中加入陶瓷和导电填料可以提高介电复合材料的介电常数，但由于局部电场分布不均，介电常数的提高通常是以击穿场强的降低为代价的。为解决介电常数和击穿场强二者不可兼得的问题，除了填料颗粒的微观结构设计以外，人们还尝试进行多层膜结构设计，这为聚合物基介电复合材料的研发提供一个新的思路和方向。在多层膜结构中，不同层的复合膜分别作为高介电层提供较高的电位移（D），或作为高击穿层提供较高的击穿场强，达到优劣互补，实现介电常数和击穿场强的协同改善，进而提高复合膜的放电能量密度（U_e）。Diao 等[52]通过溶胶—凝胶法制备夹层结构的 $SrTiO_3/BiFeO_3/SrTiO_3$（ST/BF）薄膜，用于储能设备。该薄膜在测量频率范围内表现出良好的介电常数频率稳定性、低介电损耗和宽电容—温度变化。该研究还发现，相比简单三层薄膜，ST/BF 薄膜具有更多的界面，且其材料储能密度值增强 80%，说明夹层结构的 ST/BF 薄膜对于储能领域来说是一种成本效益高、潜在应用性强的选择。

近些年来，具有高压电性能的柔性聚偏氟乙烯（PVDF）基渗透纳米复合材料的制备一直受到学术界和工业界的关注。然而，渗透性纳米复合材料的击穿场强急剧下降的问题，为提高导电纳米填料的压电性能带来了障碍。Yang 等[53]通过溶液浇铸法和热压操作构建一个夹层结构，在高含量（接近渗透阈值）导电纳米填料层内插入一层高击穿场强层，整体纳米复合材料的击穿场强得到显著增强，然后使外层进行充分极化，从而实现导电纳米填料产生压电增强的目的。实验证明，通过适当的拓扑结构和组分调制，可以显著提高聚偏氟乙烯基渗透纳米复合材料的击穿场强和压电性能。

线性介电材料的能量密度主要与材料的击穿场强和介电常数两个参数有关。有机介电材料一般具有很高的击穿场强，但是介电常数较低，目前的一些方法可以提高有机介电材料的介电常数，但通常以降低击穿场强为代价。Liu 等[54]采用热压的方法将 3 层纳米复合材料结合在一起。该复合材料的外层是由氮化硼纳米片分散于 PVDF 基质中所制备的纳米复合材料（PVDF/BNNS），起到减小材料漏导电流和提高材料击穿场强的作用；中间层是由 PVDF 与钛酸锶钡纳米棒构成的纳米复合材料（PVDF/BST），目的是使最终的层状材料具有高的介电常数。该多层膜纳米复合材料具有击穿场强高、能量密度和功率密度大、放电速率快和循环特性好的特点，大大推动了聚合物基介电复合材料在有机薄膜电容器中的应用。

5.7 聚合物基介电复合材料的制备方法

填料的分散性对复合材料的性能有着关键性的影响，因此，选择合适的加工工艺制备复合材料也是获取高性能复合材料的关键之一。在制备聚合物基高介电复合材料领域，其加工制备手段通常可分为固相加工和液相加工两种。固相加工是指利用机械力直接将聚合物基体与填料混合的方法；液相加工则是指在溶剂存在下将填料与聚合物基体共混的方法。

5.7.1　固相加工法

固相加工包括直接热压法和熔融共混法两种。

（1）直接热压法

直接热压是指将聚合物与填料直接通过热压成型的制备方法。Wong SC 等[55] 通过球磨将石墨片层与聚合物粉体共混，然后采用热压成型的方法制备了复合材料。党智敏[56] 通过研磨的方式将 PVDF 粉末与 Ni 粉混合在一起，然后利用热压成型法制备 Ni/PVDF 复合材料。直接热压成型的最大缺点就是填料在树脂基体中很容易团聚，造成体系不稳定，复合材料的介电损耗较高，故这种加工方法在制备聚合物基高介电复合材料领域已很少使用。

近年来，有研究者采用多层热压法制备聚合物基复合薄膜。多层热压法首先需要通过共混法或者原位聚合法制备出聚合物基复合薄膜，然后通过热压法将该复合薄膜与其他热塑性聚合物进行热压成型，从而制备出具有多层结构的聚合物基复合薄膜。通过调整各层聚合物的厚度和复合薄膜中纳米填料的含量来调节复合薄膜的介电性能。

Jiang 等[57] 将 PVP 修饰的 $(Na_{0.5}Bi_{0.5})_{0.93}Ba_{0.07}TiO_3$ 纳米片（NBBT/PVP）添加到 P（VDF-HFP）聚合物基体中，制备出体积分数分别为 1 vol%、5 vol% 和 30 vol% 的 NBBT/PVP/P（VDF-HFP）复合薄膜，如图 5.12 所示。随着 NBBT/PVP 含量的增加，复合薄膜的介电常数逐渐增高，然而击穿场强却逐渐降低。为了改善复合薄膜的击穿场强，笔者制备了具有多层结构的复合薄膜，其中间层是体积分数为 1 vol% 的 NBBT/PVP/P（VDF-HFP）复合薄膜，上下层是体积分数为 30 vol% 的 NBBT/PVP/P（VDF-HFP）复合薄膜，通过调节中间层的厚度来调整复合薄膜的介电性能。当中间层是 3 层 1 vol% 的 NBBT/PVP/P（VDF-HFP）复合薄膜时，复合薄膜的储能密度达到最高。Wang 等[58] 发现相比于传统的单层薄膜，具有三明治结构的复合薄膜更适合作为介电材料用于储能设备。他们采用纯的 PVDF 薄膜作为中间层，含有 $BaTiO_3$ 纳米颗粒的 $BaTiO_3$/PVDF 复合薄膜作为上下层，研究了上下层中 $BaTiO_3$ 纳米颗粒的含量对整个复合薄膜的介电性能和储能性能的影响。当 $BaTiO_3$ 纳米颗粒的体积分数达到 3 vol% 时，复合薄膜具有最高的储能密度 $16.2\ J\cdot cm^{-3}$。

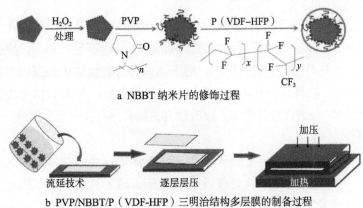

a NBBT 纳米片的修饰过程

b PVP/NBBT/P（VDF-HFP）三明治结构多层膜的制备过程

图 5.12　多层热压法制备聚合物基复合薄膜[57]

（2）熔融共混法

熔融共混法主要是通过高温和剪切力的作用将填料分散到基体材料中去，是制备聚合物基介电复合材料的重要方法。Zhu 等[59]通过熔融共混法制备聚碳酸酯（PC）/聚偏氟乙烯薄膜材料，研究不同厚度的薄膜和不同体积分数的 PVDF（10%～70%）对电滞回线的影响，结果发现复合材料的电滞现象与电荷的转移有关。Mackey 等[60]以 PC 和聚偏氟乙烯 - 六氟丙烯（PVDF-HFP）为原料，通过熔融共混制备得到 PC/PVDF-HFP 薄膜材料。研究发现，PC 具有较高的击穿场强，PVDF-HFP 具有较高的介电常数，二者复合可以提高薄膜材料的电击穿场强。汪令生[61]通过熔融共混法制备得到 PVDF/有机蒙脱土（OMMT）纳米复合材料。研究发现，OMMT 的加入可诱导 β- PVDF 晶体的生成，当 OMMT 的含量为 3% 质量分数时，PVDF/OMMT 复合材料的介电性能最佳。

熔融共混法制备聚合物基介电复合材料的优点在于操作简单，可用于工业上的大规模生产，制备过程中不使用溶剂，可以避免溶剂对复合材料的污染，但是熔融共混容易出现填料在高分子基体中的分布难以控制，容易出现团聚或者相分离的缺陷，从而影响复合材料的综合性能。

5.7.2 液相加工法

液相加工法包括溶液共混法和原位聚合法。

（1）溶液共混法

溶液共混法是将基体材料溶解于良性溶剂中，再加入功能化填料，在搅拌或超声分散的作用下使功能化填料能够更好地分散于高分子基体材料中，再干燥成膜后热压成型，此法可使两相复合得更均匀、更充分。Yang 等[62]将钛酸铜钙（$CaCu_3Ti_4O_{12}$，CCTO）与聚酰亚胺共混制备得到具有高介电常数的 CCTO/PI 复合薄膜。Zhang 等人[63]分别将柔性石墨、碳纳米管和柔性石墨改性的碳纳米管与氰酸酯共混，所得介电复合材料表现出不同的介电性能。Song 等[64]分别将 $BaTiO_3$ 颗粒和 $BaTiO_3$ 纤维与 PVDF 共混，并研究填料形状对复合薄膜介电性能和击穿场强的影响，结果表明，纤维比颗粒更容易提高复合材料的介电性能。

溶液共混法是制备高分子基介电复合材料最常用的方法，优点在于操作简单，两种或多种共混物溶于溶剂中，能够分散得相对均匀，但也存在一些不足：第一，溶剂易残留于复合材料内部，影响复合材料介电性能；第二，纳米填料具有较大的比表面积和表面能，在有机溶剂中的分散性较差，在聚合物基体中容易出现团聚的现象。因此，该方法通常需要使用化学改性的方法对纳米填料表面进行修饰，以改善其在聚合物基体中的分散性。

（2）原位聚合法

原位聚合法是将填料均匀地分散于基体材料单体中或将填料单体加入聚合物基体中，并在一定条件下引发聚合，再经过处理后得到高分子纳米复合材料。Fang 等[65]采用对苯二胺修饰羧基化的氧化石墨烯（PPD-CFGO），然后通过原位聚合的方法制备得到介电常数高、介电损耗低、耐高温和机械性能优异的 PPD-CFGO/PI 复合薄膜，如图 5.13 所示。

当 PPD-CFGO 的质量分数为 0.04 % 时，其介电常数在 1 kHz 时高达 36.9，是纯聚酰亚胺的 12.5 倍，介电损耗仅只有 0.007，且击穿场强仍能高达 132.5 kV·mm⁻¹。同时，热重分析结果显示，所有的 PPD-CFGO/PI 复合薄膜在 500 ℃ 以下均具有良好的热稳定性。Zhang 等 [66] 将 4，4-二氨基二苯醚和四氨基酞菁铜（锌）一起共混，然后与 4，4-氧基双酞酸酐共聚制备得到聚酞菁铜酰亚胺［P（Cu Pc）I］和聚酞菁锌亚胺［P（Zn Pc）I］。由于金属酞菁的引入，［P（Cu Pc）I］和［P（Zn Pc）I］表现出比传统的聚酰亚胺更高的介电常数。含有碳纳米管的 P（Cu Pc）I/MWCNTs 复合薄膜通过原位复合的方法制备而成。结果表明，原位复合的方法使得 MWCNTs 在 P（Cu Pc）I 中具有良好的分散性，当 MWCNTs 的质量分数达到 12% 质量分数时，在室温、1 kHz 时，P（Cu Pc）I/MWCNTs 复合薄膜的介电常数高达 200 以上。

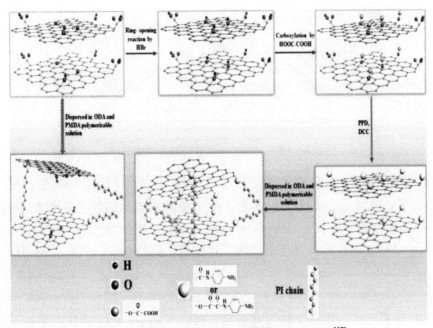

图 5.13　PPD-CFGO/PI 复合薄膜的合成路线 [65]

原位聚合可以使填料在基体材料中分散得更均匀，有利于改善填料与基体材料的相容性，增强复合材料中相与相之间的界面相互作用，加强极化作用，但这种制备工艺相对比较复杂，成本较高。

5.8　聚合物基介电复合材料的应用

具有高介电常数的新型介电材料在微电子封装、信息技术、电力工程、储能装置等领域有着重要的应用前景，高性能聚合物纳米复合材料的研究与开发对促进国民经济的发展具有重要意义，因此引起人们的广泛关注。聚合物基介电复合材料的应用领域包括有机场效应晶体管、嵌入式电容器、储能元件及可穿戴设备等。

5.8.1　有机场效应晶体管

有机场效应晶体管（Organic Field-Effect Transistor，OFET）是一种通过电场效应控制电流的单极型半导体器件。其典型结构如图 5.14 所示，主要包括电极（栅极、源极、漏极）、有机半导体层和介电绝缘层[67]。当对栅极施加电压时，在半导体层和介电层的界面处会产生移动载流子，源极和漏极间的电流增加，晶体管处于"开"的状态；当栅极电压变为零的时候，源漏电流很低，晶体管处于"关"的状态。使器件处于"开"状态所需的最低栅电压称为阈值电压。

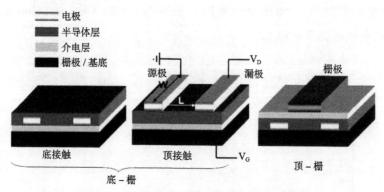

图 5.14　有机场效应晶体管的结构示意图[67]

最为常见的器件结构是在 Si 基片上热生长 200 ～ 400 nm 厚的 SiO_2 氧化层来分别作为基板和介电层，然而 SiO_2 的低介电常数（≈4）使阈值电压和漏电流增大，导致高能量损耗并且严重影响器件的灵敏度，从而影响 OFET 的进一步产业化。采用高介电常数的金属氧化物替代 SiO_2 可以在某种程度上解决上述问题，但是制备金属氧化物层的过程中往往需要真空系统，并且需要表面处理才能继续生长有机半导体层，不仅使制备工艺繁琐，而且还增加了生产成本。此外，金属氧化物的机械性能较差，限制了器件在柔性电路中的应用。采用具有柔韧性的聚合物作为介质层，可以使整个 OFET 构筑在柔性基板上，从而制备出轻质、可弯曲甚至折叠的器件，而且聚合物可以通过溶液法成膜，有助于实现低温、大面积、低成本的生产。然而，聚合物也存在介电常数过低的缺点。通过将聚合物和无机金属氧化物复合制备聚合物基复合材料，可以有效地结合二者的优势，制备出电学性能优良、柔韧性好、易于大面积低成本加工的复合材料，从而有效提高有机场效应晶体管的性能。

5.8.2　嵌入式电容器

目前，高密度大规模集成电路封装技术被广泛地应用于制造高性能、多功能的电子产品。随着对电子产品小型化和低成本需求的增长，系统封装（System in a Package，SiP）等新的集成技术逐渐成为人们关注的热点。系统封装是指在一个系统中同时封装了几种类型的芯片，如逻辑电路、存储器、模拟电路和无源器件（电容、电感、电阻）等。在典型的电子系统中，分立的无源器件的数目通常是有源集成电路的数十倍，而目前大多数无源器件采取的是分立的表面贴装技术，大量布线导致了它们占据基板 70% 以上的区域并损害电性能，同时大量焊点降低电路的可靠性。通过从基板表面移除这些分立的无源器件，并将它们嵌入基板的内层中，可以解决上述由分立式器件引发的问题。嵌入式无源技术不仅可以减小电路尺寸和重量，同时还可以提高产品的可靠性，改善性能并降低成本。

在无源器件中，电容器所占的比例在 60% 以上，可见采用嵌入式电容代替表面贴装电容是促进电子器件微型化的有效手段。嵌入式电容器要求介质材料具有高介电常数、低成本、良好的加工性能和有机相容性，而单一的聚合物或陶瓷电介质无法同时满足所有要求。因此，发展高性能的聚合物基复合材料成为实现嵌入式无源技术，促进电子产品小型化的关键。

5.8.3　储能元件

常规的储能器件包括燃料电池、普通电池、电化学电容器（赝电容、双电层电容）和静电电容器，电介质电容属于静电电容器。Whittingham[68] 比较了这些储能器件的能量密度和功率密度，静电电容器的功率密度最高（$10^4 \sim 10^7$ W·kg^{-1}），但是能量密度最低。这是由其储能方式决定的，静电电容是将能量以电容器对极板间的富集电荷电势场的形式贮存，是一个纯粹的物理过程，没有物质的扩散和活性物质的相变化，所以和其他涉及化学过程的储能器件相比，静电电容具有充放电速度快（$10^{-6} \sim 10^{-3}$ W·kg^{-1}）、循环寿命长、性能稳定等优点。可见，电介质电容器可以在短时间内迅速储存或者释放出大量的电荷，特别适用于短时间需要高能量的场合，如电动/混动汽车、医疗装置、电力调节设备、导弹武器装备等。

电动汽车和混合动力汽车在行驶过程中会频繁地启动、加速或制动，在启动或加速时，驱动系统应该提供足够高的功率输出；在制动时，电机在短时间内会产生较大的回馈电流，不仅很难回收多余的电能，反而使蓄电池的使用年限减少。此时可以将储能电容器作为辅助电源与电池配合使用，以满足瞬时提供高功率输出和贮存多余能量的需求。Dupont 公司研发了应用于电动/混动汽车薄膜电容器的聚萘酯薄膜（Teonex® PEN），介电常数 2.9，击穿场强 300 MV·m^{-1}，可在 180 ℃ 的高温下持续工作，他们正在开发工作温度范围更高的超薄聚酰亚胺介电膜（DuPont™ Kapton®）以适应车内复杂的工作环境。

电容器也可广泛用于电子医疗装置中，如心脏除颤器。心脏除颤器是一种通过电击抢救和治疗心律失常患者的装置，它可以在 5 ～ 10 秒内提供几微焦耳到数十焦耳的能量。由于除颤器需要植入人体内部，所以电源在提供高功率输出的同时，要尽可能地具有高储能密度（> 5 J·cm^{-3}），以减小装置的体积。

储能电容器另一个独特的应用在于需要强流脉冲电能、连发的武器装备。例如，应用于船舶、航空和战车的电磁推进系统，通常需要高达 250 MJ 的能量，相应的电容器储能密度的基本指标为 1.0 ～ 1.5 J·cm^{-3}，操作电压 15 ～ 25 kV；在电磁炮中，需要脉冲电源系统在几毫秒之内提供高达 100 MJ 的能量以使弹丸达到所需要的速度；对于每分钟发射 4 次的坦克用电热化学炮、电磁炮和电热炮而言，需要的平均功率为 250 kW、2000 kW 和 4500 kW，相应电容器的储能密度要达到 7 J·cm^{-3} 以上。目前，研究者们采用的电容器介质主要是 BOPP 薄膜。例如，美国的通用原子公司（General Atomics，GA）开发了放电时间为毫秒级的电容器 GA Model 32944，其储能密度和循环寿命分别为 2.4 J/cm^3 和 1000 次，他们还开发了直流寿命长达 2000 小时的微秒级电容器 GA Model 38300，储能密度为 1.5 J·cm^{-3}；最近，我国华中科技大学的团队报道了一种用于电磁炮的 16 MJ 脉冲功率系统，所采用的电容器储能密度为 1.5 J·cm^{-3}，循环寿命 3000 次。可见，受介质材料限制，目前的电容器储能密度均在 3 J·cm^{-3} 以下，如果用聚合物基复合材料制得更高储能密度的电容器，不仅可以拓宽武器装备的作用范围，还可以大大减轻装备的重量。

5.8.4　可穿戴设备

为了使人们生活更加便捷，可穿戴设备应运而生。可穿戴设备与普通设备最大的不同是具有与传统配饰相融合的形态，这对材料提出了更高的要求，在满足设备运行所必备的性能外，还需要有优异的机械性能和加工性能。聚合物基介电复合材料因其体积小、质量轻及优异的柔韧性使其在可穿戴设备领域有非常广阔的发展前景。

参考文献

[1] 杨科.高介电低损耗聚合物纳米复合材料的可控制备与性能调控 [D].上海：上海交通大学，2015.

[2] SHEN Y, LIN Y, ZHANG Q M. Polymer nanocomposites with high energy storage densities [J]. Mrs bulletin, 2015, 40: 753−759.

[3] BARBER P, BALASUBRAMANIAN S, ANGUCHAMY Y, et al. Polymer composite and nanocomposite dielectric materials for pulse power energy storage [J]. Materials, 2009, 2: 1697−1733.

[4] PRATEEK, THAKUR V K, GUPTA R K. Recent progress on ferroelectric polymer-based nanocomposites for high energy density capacitors: synthesis, dielectric properties, and future aspects [J]. Chemical reviews, 2016, 116: 4260−4317.

[5] MARTINS P, LOPES A C, LANCEROS-MENDEZ S. Electroactive phases of poly（vinylidene fluoride）: determination, processing and applications [J]. Progress in polymer science, 2014, 39: 683−706.

[6] PAN Z, YAO L, ZHAI J, et al. Interfacial coupling effect in organic/inorganic nanocomposites with high energy density [J]. Advanced materials, 2018, 30: 1705662−1705668.

[7] TANAKA T, KOZAKO M, FUSE N, et al. Proposal of a multi-core model for polymer nanocomposite dielectrics [J]. IEEE transactions on dielectrics & electrical insulation, 2005, 12: 669−681.

[8] SIMPKIN R. Derivation of lichtenecker's logarithmic mixture formula from maxwell's equations [J]. IEEE transactions on microwave theory and techniques, 2010, 58: 545-550.

[9] SIHVOLA A. Mixing rules with complex dielectric coefficient [J]. Subsurface sensing technologies & applications, 2000, 1: 393−415.

[10] WILSON S A, MAISTROS G, WHATMORE R W. Structure modification of 0–3 piezoelectric ceramic/polymer

composites through dielectrophoresis [J]. Journal of physics D：applied physics，2005，38：175-182.

[11] 徐诺心. TiO2/聚合物复合材料的设计、制备与介电性能研究 [D]. 杭州：浙江大学，2017.

[12] DANG Z M，YUAN J K，ZHA J W，et al. Fundamentals，processes and applications of high-permittivity polymer-matrix composites[J]. Progress in materials science，2012，57：660-723.

[13] LEWIS T J. Interfaces：nanometric dielectrics [J]. Journal of physics D：applied physics，2005，38：202-212.

[14] KIRKPATRICK，SCOTT. Percolation and conduction [J]. Reviews of modern physics，1973，45：574-588.

[15] DANG Z M，WU J P，XU H P，et al. Dielectric properties of upright carbon fiber filled poly（vinylidene fluoride）composite with low percolation threshold and weak temperature dependence [J]. Applied physics letters，2007，91：072912-072914.

[16] KOBAYASHI Y，TANASE T，TABATA T，et al. Fabrication and dielectric properties of the $BaTiO_3$-polymer nano-composite thin films [J]. Journal of the European Ceramic Society，2008，28：117-122.

[17] ZHA J W，DANG Z M，YANG T，et al. Advanced dielectric properties of $BaTiO_3$/polyvinylidene-fluoride nanocomposites with sandwich multi-layer structure [J]. IEEE transactions on dielectrics and electrical insulation，2012，19：1312-1317.

[18] CHOI H W，HEO Y W，LEE J H，et al. Effects of $BaTiO_3$ on dielectric behavior of $BaTiO_3$-Ni-polymethyl methacrylate composites [J]. Applied physics letters，2006，89：132910-132912.

[19] SONG Y，SHEN Y，LIU H，et al. Enhanced dielectric and ferroelectric properties induced by dopamine-modified $BaTiO_3$ nanofibers in flexible poly（vinylidene fluoride-trifluoroethylene）nanocomposites [J]. Journal of materials chemistry，2012，22：8063-8068.

[20] TANG H，ZHOU Z，SODANO H A. Relationship between $BaTiO_3$ nanowire aspect ratio and the dielectric permittivity of nanocomposites [J]. ACS applied materials & interfaces，2014，6：5450-5455.

[21] YANG C，SONG H S，LIU D B. Dielectric composites containing core@shell structure particles [J]. Advanced materials research，2011，239-242：3113-3118.

[22] SHEN Y，LIN Y H，et al. Interfacial effect on dielectric properties of polymer nanocomposites filled with core/shell - structured particles [J]. Advanced functional materials，2010，17：2405-2410.

[23] XIE L，HUANG X，WU C，et al. Core-shell structured poly（methyl methacrylate）/$BaTiO_3$ nanocomposites prepared by in situ atom transfer radical polymerization：a route to high dielectric constant materials with the inherent low loss of the base polymer [J]. Journal of materials chemistry，2011，21：5897-5906.

[24] ZHOU T，ZHA J W，CUI R Y，et al. Improving dielectric properties of $BaTiO_3$/ferroelectric polymer composites by employing surface hydroxylated $BaTiO_3$ nanoparticles [J]. ACS applied materials & interfaces，2011，3：2184-2188.

[25] KIM P，DOSS N M，TILLOTSON J P，et al. High energy density nanocomposites based on surface-modified $BaTiO_3$ and a ferroelectric polymer [J]. ACS Nano，2009，3：2581-2592.

[26] NAN C W，SHEN Y，MA J. Physical properties of composites near percolation [J]. Annual review of materials science，2010，40：131-151.

[27] KE YU H W，ZHOU Y，BAI Y，et al. Enhanced dielectric properties of $BaTiO_3$/poly（vinylidene fluoride）nanocomposites for energy storage applications [J]. Journal of applied physics，2013，113：034105-034110.

[28] YU K，NIU Y，ZHOU Y，et al. Nanocomposites of surface-modified $BaTiO_3$ nanoparticles filled ferroelectric polymer with enhanced energy density [J]. Journal of the American Ceramic Society，2013，96：2519-2524.

[29] XIE L，HUANG X，HUANG Y，et al. Core@double-shell structured $BaTiO_3$-polymer nanocomposites

with high dielectric constant and low dielectric loss for energy storage application [J]. The journal of physical chemistry C, 2013, 117: 22525-22537.

[30] ALMADHOUN M N, BHANSALI U S, ALSHAREEF H N. Nanocomposites of ferroelectric polymers with surface-hydroxylated BaTiO$_3$ nanoparticles for energy storage applications [J]. Journal of materials chemistry, 2012, 22: 11196-11200.

[31] PAN Z, ZHAI J, SHEN B. Multilayer hierarchical interfaces with high energy density in polymer nanocomposites composed of BaTiO$_3$/TiO$_2$ /Al$_2$O$_3$ nanofibers [J]. Journal of materials chemistry A, 2017, 5: 15217-15226.

[32] RAHIMABADY M, MIRSHEKARLOO M S, YAO K, et al. Dielectric behaviors and high energy storage density of nanocomposites with core–shell BaTiO$_3$/TiO$_2$ in poly (vinylidene fluoride-hexafluoropropylene) [J]. Physical chemistry chemical physics, 2013, 15: 16242-16248.

[33] LI J, SEOK S I, CHU B, et al. Nanocomposites of ferroelectric polymers with TiO$_2$ nanoparticles exhibiting significantly enhanced electrical energy density [J]. Advanced materials, 2009, 21: 217-221.

[34] CHEN Z, LI H, XIE G, et al. Core-shell structured Ag@C nanocables for flexible ferroelectric polymer nanodielectric materials with low percolation threshold and excellent dielectric properties [J]. RSC Advances, 2018, 8: 1-9.

[35] SHEN Y Y, LIN H. Interfacial effect on dielectric properties of polymer nanocomposites filled with core/shell-structured particles [J]. Advanced functional materials, 2007, 17: 2405-2410.

[36] SHEN Y, LIN Y, LI M, et al. High dielectric performance of polymer composite films induced by a percolating interparticle barrier layer [J]. Advanced materials, 2007, 19: 1418-1422.

[37] WANG L, DANG Z M. Carbon nanotube composites with high dielectric constant at low percolation threshold [J]. Applied physics letters, 2005, 87: 042903-042905.

[38] WANG J, WEI N, WANG F, et al. Significantly enhanced dielectric response in composite of P (VDF-TrFE)and modified multi-walled carbon-nanotubes [J]. e-Polymers, 2012, 12: 74-84.

[39] FAN P, WANG L, YANG J, et al. Graphene/poly (vinylidene fluoride) composites with high dielectric constant and low percolation threshold [J]. Nanotechnology, 2012, 23: 365702-365709.

[40] CHU L, XUE Q, JIN S, et al. Porous graphene sandwich/poly (vinylidene fluoride)composites with high dielectric properties [J]. Composites science & technology, 2013, 86: 70-75.

[41] WANG D, BAO Y, ZHA J W, et al. Improved dielectric properties of nanocomposites based on poly (vinylidene fluoride) and poly (vinyl alcohol) -functionalized graphene [J]. ACS applied materials & interfaces, 2012, 4: 6273-6279.

[42] HUANG C, ZHANG Q M, SU J. High-dielectric-constant all-polymer percolative composites [J]. Applied physics letters, 2003, 82: 3502-3504.

[43] YUAN J, DANG Z, YAO S H, et al. Fabrication and dielectric properties of advanced high permittivity polyaniline/poly (vinylidene fluoride) nanohybrid films with high energy storage density [J]. Journal of materials chemistry, 2010, 20: 2441-2447.

[44] LU J, MOON K S, KIM B K, et al. High dielectric constant polyaniline/epoxy composites via in situ polymerization for embedded capacitor applications [J]. Polymer, 2007, 48: 1510-1516.

[45] XIE L, HUANG X, LI B W, et al. Core-satellite Ag@BaTiO$_3$ nanoassemblies for fabrication of polymer nanocomposites with high discharged energy density, high breakdown strength and low dielectric loss [J]. Physical chemistry chemical physics , 2013, 15: 17560-17569.

[46] KE Y, HUANG X, HE J, et al. Strawberry-like core-shell Ag@polydopamine@BaTiO$_3$ hybrid nanoparticles for high-k polymer nanocomposites with high energy density and low dielectric loss [J]. Advanced materials interfaces, 2015, 2: 1500361-1500370.

[47] WANG L, HUANG X, ZHU Y, et al. Enhancing electrical energy storage capability of dielectric polymer nanocomposites via the room temperature coulomb blockade effect of ultra-small platinum nanoparticles [J]. Physical chemistry chemical physics, 2018, 20：5001-5011.

[48] WANG D, ZHOU T, ZHA J W, et al. Functionalized graphene–BaTiO$_3$/ferroelectric polymer nanodielectric composites with high permittivity, low dielectric loss, and low percolation threshold [J]. Journal of materials chemistry A, 2013, 1：6162-6168.

[49] DANG Z M, FAN L Z, SHEN Y, et al. Study on dielectric behavior of a three-phase CF/（PVDF + BaTiO$_3$）composite [J]. Chemical physics letters, 2003, 369：95-100.

[50] YAO S H, DANG Z M, JIANG M J, et al. BaTiO$_3$-carbon nanotube/polyvinylidene fluoride three-phase composites with high dielectric constant and low dielectric loss [J]. Applied physics letters, 2008, 93：182905-182907.

[51] LI Y, HUANG X, HU Z, et al. Large dielectric constant and high thermal conductivity in poly（vinylidene fluoride）/barium titanate/silicon carbide three-phase nanocomposites [J]. ACS applied materials & interfaces, 2011, 3：4396-4403.

[52] DIAO C, LIU H, LOU G, et al. Structure and electric properties of sandwich-structured SrTiO$_3$/BiFeO$_3$ thin films for energy storage applications [J]. Journal of alloys and compounds, 2019, 781：378-384.

[53] YANG L, ZHAO Q, HOU Y, et al. High breakdown strength and outstanding piezoelectric performance in flexible PVDF based percolative nanocomposites through the synergistic effect of topological-structure and composition modulations [J]. Composites part A：applied science and manufacturing, 2018, 114：13-20.

[54] LIU F, LI Q, CUI J, et al. High-energy-density dielectric polymer nanocomposites with trilayered architecture [J]. Advanced functional materials, 2017, 27：1606292.

[55] WONG S C, SUTHERLAND E M, UHL F M. Materials processes of graphite nanostructured composites using ball milling [J]. Materials and manufacturing processes, 2006, 20：159-166.

[56] 党智敏. 高介电无机 / 有机复合材料的研究 [D]. 北京：清华大学，2003.

[57] JIANG C, ZHANG D, ZHOU K, et al. Significantly enhanced energy storage density of sandwich-structured（Na$_{0.5}$Bi$_{0.5}$）$_{0.93}$Ba$_{0.07}$TiO$_3$/P（VDF-HFP）composites induced by PVP-modified two-dimensional platelets [J]. Journal of materials chemistry A, 2016, 4：18050-18059.

[58] WANG Y, CUI J, WANG L, et al. Compositional tailoring effect on electric field distribution for significantly enhanced breakdown strength and restrained conductive loss in sandwich-structured ceramic/polymer nanocomposites [J]. Journal of materials chemistry A, 2017, 5：4710-4718.

[59] ZHU L, MACKEY M, SCHUELE D, et al. Reduction of dielectric hysteresis in multilayered film via nanoconfinement [J]. Macromolecules, 2012, 45：1954-1962.

[60] MACKEY M, HILTNER A, BAER E, et al. Enhanced breakdown strength of multilayered films fabricated by forced assembly microlayer coextrusion [J]. Journal of physics D applied physics, 2009, 42：175-304.

[61] 汪令生. 聚偏氟乙烯复合材料介电性能研究 [D]. 秦皇岛：燕山大学，2012.

[62] YANG Y, ZHU B P, LU Z H, et al. Polyimide/nanosized CaCu$_3$Ti$_4$O$_{12}$ functional hybrid films with high dielectric permittivity [J]. Applied physics letters, 2013, 102：042904.

[63] ZHANG X, LIANG G, CHANG J, et al. The origin of the electric and dielectric behavior of expanded graphite–carbon nanotube/cyanate ester composites with very high dielectric constant and low dielectric loss [J]. Carbon, 2012, 50：4995-5007.

[64] SONG Y, SHEN Y, LIU H, et al. Improving the dielectric constants and breakdown strength of polymer

composites: effects of the shape of the $BaTiO_3$ nanoinclusions, surface modification and polymermatrix [J]. Journal of materials chemistry, 2012, 22: 16491-16498.

[65] FANG X, LIU X, CUI Z K, et al. Preparation and properties of thermostable well-functionalized graphene oxide/polyimide composite films with high dielectric constant, low dielectric loss and high strength via in situ polymerization [J]. Journal of materials chemistry A, 2015, 3: 10005-10012.

[66] ZHANG G, MU J, LIU Y, et al. In-situ preparation of high dielectric poly (metal phthalocyanine) imide/MWCNTs nanocomposites [J]. Synthetic metals, 2014, 188: 86-91.

[67] ORTIZ R P, FACCHETTI A, MARKS T J. High-k organic, inorganic, and hybrid dielectrics for low-voltage organic field-effect transistors [J]. Chemical reviews, 2010, 110: 205-239.

[68] WHITTINGHAM M S. Materials challenges facing electrical energy storage [J]. MRS bulletin, 2008, 33: 411-419.